科学出版社“十四五”普通高等教育本科规划教材
高等师范院校一流专业计算机系列教材

算法分析与设计实践

主　编　王小明　张立臣
副主编　林亚光　郭龙江　任美睿　于汪洋　王　亮

科学出版社
北　京

内 容 简 介

算法无处不在，算法思维已成为当今人类的基本思维方式之一。本书以经典算法为主线，首先系统介绍算法的基本概念、设计策略与设计方法，将课程思政元素融入算法知识体系，注重基础性；然后介绍不确定问题求解中的经典概率算法和群体智能算法，强调高阶性；最后介绍计算复杂性基本理论，并设计了复杂问题求解算法的工程实践应用案例，突出挑战性。

本书适用于计算机科学与技术专业本科生教学，特别是师范类本科生，通过系统学习本书内容，能够建立良好的计算思维能力，并能够将理论应用于实践之中。同时，本书也可作为计算机类相关专业本科生、研究生和算法工程师的参考书。

图书在版编目（CIP）数据

算法分析与设计实践 / 王小明，张立臣主编. —北京：科学出版社，2023.10

科学出版社“十四五”普通高等教育本科规划教材·高等师范院校一流专业计算机系列教材

ISBN 978-7-03-076359-4

Ⅰ. ①算… Ⅱ. ①王… ②张… Ⅲ. ①算法分析–高等学校–教材 ②算法设计–高等学校–教材 Ⅳ. ①TP301.6

中国国家版本馆 CIP 数据核字（2023）第 177704 号

责任编辑：滕 云 董素芹 / 责任校对：周思梦

责任印制：赵 博 / 封面设计：无极书装

科学出版社出版

北京东黄城根北街 16 号

邮政编码：100717

http://www.sciencep.com

北京建宏印刷有限公司印刷

科学出版社发行 各地新华书店经销

*

2023 年 10 月第 一 版 开本：787×1092 1/16

2025 年 1 月第四次印刷 印张：16

字数：420 000

定价：59.00 元

（如有印装质量问题，我社负责调换）

序

算法无处不在，算法思维已成为当今人类的主要思维方式之一。近年来随着人工智能的快速发展，先进算法已经成为数字经济时代的新生产力，是推动科技进步和社会经济发展的重要因素之一。如何有效地学习并正确地理解算法相关概念和理论，进一步针对实际应用需求设计高效的算法，已成为培养高质量计算机相关专业人才的关键之一。算法分析与设计作为计算机科学与技术及相关专业的核心课程，通过对计算机学科经典算法的系统梳理与详细介绍，紧密结合理论与实践，使学生理解并掌握算法设计的主要策略思想和具体方法，培养学生对相关典型算法的分析能力，为其进一步独立设计先进算法奠定必要的理论基础、提高理论思维能力。因此，本课程也是培养计算机领域拔尖创新人才的基础核心课程之一。

教材主编王小明教授的算法教学团队十余年来在陕西师范大学计算机科学学院讲授本科生“算法分析与设计”课程，基于多年讲授算法课程的教学实践与经验，遵循教育教学规律，契合本科生的学习认知过程，提出了一套讲授和学习计算机算法课程的有效方法。该书以经典算法为主线，首先介绍算法基本概念、设计策略与设计方法，帮助学生打好基础；其次介绍不确定问题求解的算法设计策略与方法，包括经典算法、概率算法、近似算法和智能算法，提升学生分析问题的能力；最后介绍计算复杂性理论，并通过设计复杂问题求解的实践应用案例，培养学生设计算法解决实际问题的系统能力。为系统培养学生的算法思维，该书从问题描述、问题分析、数学模型、计算模型、算法设计、程序设计和算法优化等关键环节出发，开展算法设计策略的讲解，突出问题导向，强调学生体验，注重培养学生举一反三和学以致用的系统能力。为了降低学生对算法的理解难度，该书的部分算法实例给出了自然语言描述；为了方便学生理解算法的关键步骤并对其计算复杂性进行分析，该书的部分算法实例用伪代码描述；为了增强学生对算法策略学习的体验感，该书的绝大多数算法实例给出了可执行的 C、C++、Python 或 MATLAB 语言源程序和执行结果截图，从而使学生能够从抽象的算法策略思想到具体的编程实践得到系统性的算法思维训练与实践能力培养。

该书将课程思政元素自然融入算法知识体系中，在讲授算法理论与实践的同时，强化对学生的价值塑造与引领。相信该书的出版，可以为计算机科学与技术专业本科生，特别是师范类本科生系统有效地学习计算机经典算法，培养良好的计算思维能力，并进一步将理论应用于实践中提供有效的教材支持。同时，该书也可以作为计算机类相关专业本科生、研究生、工程师以及信息技术相关领域研究人员的参考书，是一部算法设计与分析的优秀教材。

（西北大学教授、国家教学名师、全国优秀科技工作者）

2023 年 8 月于西安

序

前　　言

数据、算法、算力是新一代信息技术和人工智能的三大核心要素。算法分析与设计是一门理论与实践紧密结合的课程，是计算机科学与技术及相关专业的核心课程，是培养计算机领域拔尖创新人才的基础课程。算法是编程的核心，编程以往被认为是熟练程序员的专属领域，是需要花费大量脑力劳动才能掌握的。然而，随着算力的不断提升和数据量的急剧增长，人工智能技术不断取得突破，计算机求解问题的能力日新月异。2017 年 5 月，谷歌公司研发的围棋程序 AlphaGo 击败了世界排名第一的中国选手柯洁；2017 年 10 月，AlphaGo 新变种 AlphaGo Zero，以 100：0 打败 AlphaGo；2022 年 10 月和 2023 年 3 月，OpenAI 公司相继发布了聊天机器人程序 ChatGPT 和 GPT-4，实现了像人类一样聊天交流，并能够编写相对复杂问题求解的算法程序。然而，现实世界中的问题求解往往受许多复杂不确定因素的影响，解决此类问题需要人们具备良好的算法思维能力，并熟练掌握算法分析与设计理论和方法。学习算法分析与设计理论和方法，开展算法设计实践，能够系统培养和有效提升算法思维能力。

编者基于多年讲授本科生算法课程的教学实践，遵循教育教学和学习认知过程的基本规律，提出了一套如何深入浅出讲授和学习计算机算法课程的方法。从通用问题求解角度，将算法分为经典算法、概率算法、近似算法和智能算法；从算法的策略思想、算法适用的问题特征、算法步骤、典型问题和经典算法实例等环节出发，开展算法设计策略的讲解，突出问题驱动，强调学生体验，注重举一反三和即学即用。本书算例用自然语言、伪代码和高级语言程序源代码描述，并辅之以计算机执行结果截图，从而使读者从抽象的算法策略思想到具体的编程实践得到系统性的算法思维训练与实践体验。

本书以经典算法为主线，首先系统介绍算法的基本概念、设计策略与设计方法，包括迭代策略、蛮力策略、分治策略、递归策略、贪心策略、动态规划策略和图搜索策略，并将课程思政元素融入算法知识体系，注重基础性；其次，介绍不确定问题求解的算法设计策略与方法，包括经典算法、概率算法、近似算法和智能算法，强调高阶性；最后，介绍计算复杂性基本理论，并设计了复杂问题求解算法的工程实践应用案例，突出挑战性。

本书由王小明、张立臣任主编，林亚光、郭龙江、任美睿、于汪洋及王亮任副主编，全书共 7 章，具体章节内容如下。

第 1 章算法概述。本章主要介绍算法的基本概念，包括算法的表示和算法的评价指标。此外，对算法相关概念进行分析，并对算法、计算机与人的关系进行讨论。

第 2 章经典算法设计策略与方法。本章是全书的重要内容，主要介绍经典的算法设计与分析方法，对经典算法进行分类，列出算法设计的基本步骤，重点介绍迭代策略、蛮力策略、分治策略、递归策略、贪心策略和动态规划策略，在此基础上，介绍图搜索策略，按照搜索方式，将其分为广度优先搜索策略、深度优先搜索策略、队列制导搜索策略、栈制导搜索策略和优先队列分支限界搜索策略。

第 3 章概率算法设计策略与方法。本章介绍概率算法基本思想，重点介绍数值概率算法、蒙特卡罗算法、舍伍德算法和拉斯维加斯算法。

第 4 章计算复杂性理论初步。主要介绍计算复杂性基础知识，包括 NP 完全性理论、NP 难与 NP 难问题，并给出对应的问题实例分析与证明方法。

第 5 章近似算法设计策略与方法。介绍近似算法基本思想和性能评价指标，并从经典的顶点覆盖问题、旅行商问题和最小集合覆盖问题出发，介绍相应的近似算法设计步骤和分析方法。

第 6 章智能算法设计策略与方法。主要面向具有复杂不确定性的问题，介绍智能算法设计方法，包括启发式搜索算法、群体智能算法和神经网络算法。

第 7 章算法策略综合应用与实践。从工程实践角度出发，以背包问题和最短路径问题为例，介绍综合应用算法策略解决实际问题的基本过程和算法性能评价方法。

在本书编写过程中，参考和引用了很多国内外学者的研究成果和著作，在此对相关作者表示衷心感谢！

由于编者水平有限，书中难免存在不足之处，恳请读者批评指正。

编　者

2023 年 4 月

目录

第 1 章 算法概述

1.1 什么是算法

我们先从人们日常生活中的几个事例谈起。首先看图 1.1(a)，这是学生一天中从早上起床到晚上就寝的活动过程：吃早饭、上课、吃午饭、午休、上课、吃晚饭、自习、睡觉，正常情况下每天这些活动按由上到下的顺序进行。然后，我们看图 1.1(b)，当学生要离开宿舍去上课时，针对天气是否下雨的情形需要做出如下决策：如果下雨，那么需要撑雨伞，否则(也就是不下雨)，可以不带雨伞出门，其中，“撑雨伞”和“不撑雨伞”是一对互斥事件，只能发生其中一个事件。

> 算法无处不在，算法就是为了解决问题而产生的。人们在日常生活、学习和工作中都需要解决各种问题或参加活动，这都包含一系列的步骤或决策。

回顾图 1.1(a)表示的学生一天的活动，如果我们把时间尺度放大到一个月(假设 30 天)、一年(假设 365 天)、两年(假设 730 天)、三年(假设 1095 天)或四年(假设 1460 天)，并且假定学生在假期每天的活动与非假期每天的活动相似。从宏观角度观察学生在一个月内的活动，如图 1.1(c)所示，学生一个月的活动实际是对一天活动的 30 次重复。那么，我们可以很容易得出结论：学生一年重复一天的活动 365 次，两年重复一天的活动 730 次，三年重复一天的活动 1095 次，四年共重复一天的活动 1460 次。

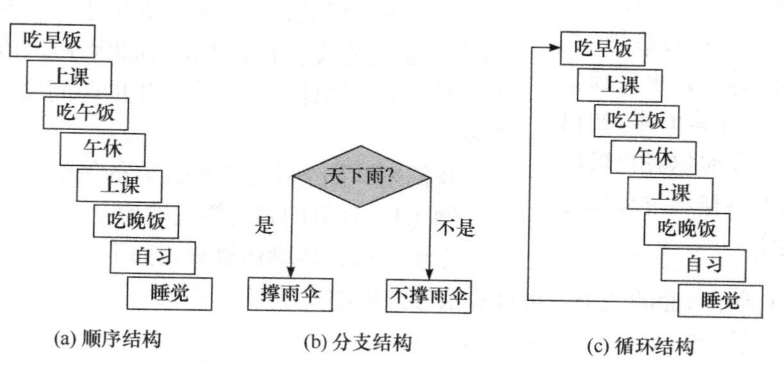

(a) 顺序结构 (b) 分支结构 (c) 循环结构

图 1.1 学生生活的日常实例

从辩证思维的观点深入分析上述学生的三个生活实例将会发现，学生的活动规律有且仅有上述三种结构：图 1.1(a)表示活动具有顺序结构，图 1.1(b)表示活动具有分支结构，图 1.1(c)表示活动具有循环结构。事实上，任何事物的运动、发展和联系通常都可以用上述顺序、分支和循环结构来表示，而且这种表示的逻辑关系和层次结构十分清晰。对于复杂的事物运动规律，则可以用上述三种结构的组合(特别是嵌套)表示出来。尽管我们在实际生活和工作中面对的问题形形色色、各种各样，但是我们从辩证思维的观点深入分析，每一个复杂的问题或现象本质上都是上述三种结构的复杂组合，如果我们熟练掌握了上述三种结构的分析方法，就能够逐层“剥离”复杂问题或现象，使其结构简单而清晰地呈现在眼前，从而深入认识问题或现象的本质，为有效解决问题建立基础。

那么，上述生活实例与算法又有什么关系呢？我们从算法的观点看，上述三个活动都可以看作算法。通俗地说，算法就是解决问题的过程与步骤。事实上，早在 8 世纪，阿拉伯数学家、天文学家花拉子米(al-Khwarizmi)就用阿拉伯语写了一本教科书，如图 1.2 所示，系统介绍了+、−、×、÷、平方根和圆周率的计算规则，“算法”的雏形由此诞生，最初算法表示阿拉伯数字的十进制运算法则。

بسم الله الرحمن الرحيم

图 1.2　花拉子米及所著教科书

> 中国古代进行数字计算的方法主要包括筹算和珠算，其运算规则均体现了算法的思想。在珠算发明以前，筹算是中国独创并且是最有效的计算工具。2013 年，联合国教科文组织将中国珠算项目列入《人类非物质文化遗产代表作名录》。

几百年之后，当十进制计数法在欧洲被广泛使用时，“算法(algorithm)”这个单词被人们创造出来以纪念花拉子米先生。由此可见，算法概念诞生于 9 世纪，而现代计算机(准确地说是数字电子计算机)却诞生于 1946 年美国宾夕法尼亚大学，因此算法概念产生的时间比现代计算机要早得多。

我们来看如下算术四则运算的例子。

例 1.1　计算四则运算式的值：$5 + (7 - 1) \div 3 = ?$

众所周知，四则运算规则如下。

(1) 先计算括号里面的式子，再计算括号外面的式子。

我们得到式子：$5 + (7 - 1) \div 3 = 5 + 6 \div 3$。

(2) 先乘除，后加减。

我们得到式子：$5 + 6 \div 3 = 5 + 2$。

进而得到：$5 + 2 = 7$。

最终结果：7。

我们再看一个算术四则运算的例子。

例 1.2　计算四则运算式的值：$5 + (7 - 1) \div (3 - 3) = ?$

根据四则运算的规则，计算过程如下。

(1) 先计算括号里面的式子，再计算括号外面的式子。

我们得到式子：$5 + (7 - 1) \div (3 - 3) = 5 + 6 \div 0$。

(2) 先乘除，后加减。

这时，我们发现 6 ÷ 0 不符合“除数不能为 0”这一法则，因此我们说这个算式无解，也就是说最终结果为无解。

概括以上两个十分简单的算法实例，我们对广义算法和狭义的计算机算法的基本概念可以进行如下理解。

算法：指人或机器解决特定问题时，按照某种机械步骤一定可以得到问题结果的处理过程。当问题有解时，给出求解的结果；当问题无解时，给出无解的结论。

计算机算法：指计算机解决特定问题时的操作步骤，是计算机操作指令的有限序列。当问题有解时，给出求解的结果；当问题无解时，给出无解的结论。

可见，广义算法与计算机算法都是机械地解决问题的操作步骤，并且当算法执行结束时，一定会给出问题求解的结果。问题、算法与求解结果的关系用图 1.3 表示。

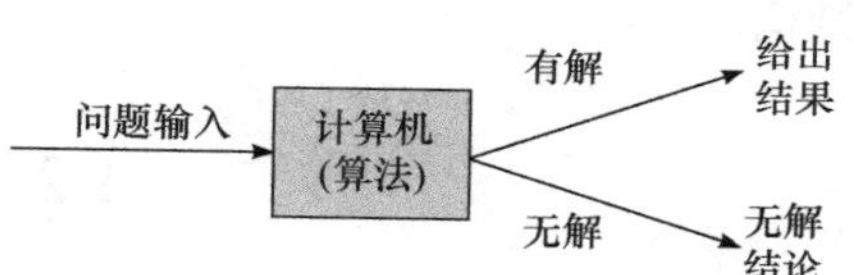

图 1.3　问题、算法与求解结果的关系

值得注意的是，“无解结论”也是一种输出，算法一定要有输出。那么，我们很自然地会想到一个问题：计算机算法与早期的算法概念相同吗？早期的算法由人设计并由人作为算法步骤的执行者来完成计算任务，而计算机算法也是由人设计但最终由计算机代替人作为算法步骤的执行者来完成计算任务。因此，我们说计算机算法的概念与早期的算法的概念没有本质差别，早期的算法是由人设计并执行以完成特定的计算任务，而计算机算法是在计算机系统上自动执行从而完成特定的问题求解。在本书后续章节中，我们所说的“算法”都是指计算机算法，为了方便表述，把“计算机算法”简称为“算法”。

> 我们可以通过对比理解普通算法和计算机算法。珠算和计算机都是工具，其中，珠算运算口诀属于算法步骤，人需要操作算盘完成珠算口诀，而计算机则可以自动执行由人设计的程序从而完成计算，人的主要工作是设计程序，即设计适合计算机的运算“口诀”。

在对算法概念有了上述理解之后，我们再分析算法具有哪些重要特征。一般来说，算法具有以下五个主要特征。

(1) 有穷性：一个算法必须在执行有穷步之后结束，即构成算法的步骤是有限的，并且每一步都可以在有穷时间内完成，因此不能包含无限循环。

(2) 确定性：算法中每一条指令必须有确切的含义，并且在给定问题输入的条件下算法只有唯一的一条执行路径，即对于相同的输入只能有相同的输出(这个特性对确定性算法成立，对概率算法等不确定性算法例外，有关详细分析请参考第 3 章)。

(3) 可行性：算法中描述的操作都可以通过现有计算机的基本运算及其组合来实现。

(4) 输入：算法有 0 个或多个输入数据，即算法可以没有输入数据，其所需数据可能包含在算法内部。

(5) 输出：算法有 1 个或多个输出结果，即算法必须至少有一个处理结果，否则算法就毫无意义了，即使“无解”也是一种处理结果。

算法除了具有上述五个重要特征之外，还具有三大构成要素：操作(运算)、控制结构(规则)和数据结构，具体描述如下。

(1) 操作。

算术运算：+, –, *, /, ^。

关系运算：>, <, =, <=, >=, ≠。

逻辑运算：and, or, not, …。

数据传送：输入、输出、赋值、过程调用等。

(2) 控制结构：算法的控制结构给出了算法的框架，决定了操作步骤之间的逻辑次序，共有如图 1.1 所示的三种控制结构，即顺序结构、分支结构(也称选择结构)和循环结构。

(3) 数据结构：算法操作的对象是数据，数据之间的逻辑关系、存储方式和处理方式就是数据结构。

1.2 为什么学习算法

图灵奖是国际计算机领域的最高奖项，素有“计算机界的诺贝尔奖”之称。目前，图灵奖获得者中有三分之二的科学家是由于在算法和编程语言方面的贡献而获奖。

2020 年，由于在编程语言实现的基础算法和理论上做出的贡献，哥伦比亚大学计算机科学名誉教授阿尔弗雷德·阿霍(Alfred Aho)与斯坦福大学计算机科学名誉教授杰弗里·厄尔曼(Jeffrey Ullman)获得图灵奖。

自 1966 年图灵奖设立以来，有超过 70 位计算机科学家荣获图灵奖，截至目前，仅有一位华人科学家——姚期智获此奖。

姚期智在哈佛大学攻读物理学博士学位期间，师从诺贝尔物理学奖得主谢尔登·格拉肖(Sheldon Glashow)。后又在伊利诺伊大学攻读计算机科学博士学位，最终凭借对计算理论，包括伪随机数生成、密码学与通信复杂度做出的突出贡献，2000 年获得图灵奖。

姚期智 2004 年回到清华大学任教，先后创办“姚班”“智班”“清华量子信息中心”“交叉信息研究院”，以推动多元化的信息科学研究、教学，发展量子计算，推进人工智能的创新理论及交叉学科应用，培养出大批人才。

需要掌握信息技术(如计算机科学与技术、软件工程、人工智能、数据科学与技术等)的人员不仅仅包含编程人员，还包括复合型人才，他们既能用数学方法严谨分析问题、求证问题和描述问题(数学建模)，也能够以工程师的务实品格来解决问题，而系统训练思维和能力的最佳课程就是“算法”。

首先，算法思维已成为现代社会的基本思维方式。如果认为只有学习计算机的人才要了解算法，那就太片面了。算法其实是解决问题的步骤描述，这些步骤是解决问题的人通过思考和分析得出的。只有具备算法思维能力，才能设计相应的算法来解决不同领域中的复杂问题，而学习算法正是为了构建这种严谨思维和帮助做出最佳判断。在现代社会和未来高度智能化的社会中，算法无处不在，算法思维已经成为现代社会解决各种问题的基本工具和思维方式，算法思维训练能够使我们的思维变得更清晰、更有逻辑，而且学习算法不仅能使自己面对复杂事件时思维分析能力更强，也能够在大数据和人工智能时代为自己打下坚实的理论和技术基础，成为智能时代的高端人才和复合型人才，而不是一直停留在低水平的编程层次。

其次，算法设计与分析方法是计算机工作者需要掌握的必备技能。对于一个给定的算法，我们通常需要做两项分析工作：一是从数学上证明算法的正确性，主要用到形式化证明的方法及相关推理模式，如循环不变式、数学归纳法等；二是在证明了算法正确性的基础上，分析算法的时间复杂度和空间复杂度，也就是算法的时空效率分析。算法的时空复杂度在很大程度上能很好地反映算法性能的优劣。因此，作为计算机工作者(如程序员、算法工程师、软件工程师等)，掌握基本的算法设计与分析方法对设计高质量的算法和计算机程序或软件是很有必要的。

最后，算法能够使我们从本质上理解以计算机为核心的现代网络化社会的运行模式中的安全风险和面临的严峻挑战，从而在现代社会中不盲从、不惶恐，更加主动地适应信息技术不断升级带来的社会和生活巨变。

> 算法已成为现代人的一种思维模式。就像电灯、汽车一样，包括智能手机、智能家电在内的智能设备已成为人们日常生活、工作、学习必不可少的工具。理解算法思维能够为人们使用这些工具提供便利，进而为个人和社会的发展发挥巨大的推动作用。

总之，生活在以计算机为主流的现代社会，一个人如果不了解算法和算法思维方法，就很难在即将到来的智能社会中生活和工作得游刃有余。

1.3 如何表示算法

由于算法是计算机解决问题的一系列操作步骤，那么任何一个计算机可以执行的步骤序列从广义上说都可以看作一个算法。当然，构成算法的一系列操作步骤必须满足算法的基本特性。例如，图 1.1 所描述的操作步骤都可以看作一个算法，是用流程图描述的。例 1.1 和例 1.2 的四则运算是用自然语言描述的。除了可以用自然语言和流程图描述之外，算法还有许多其他描述方法，如盒图方法、问题分析图(problem analysis diagram, PAD)方法、伪代码方法、程序设计语言方法等，读者可以参阅程序设计语言相关的书籍。

本书使用自然语言、伪代码和程序设计语言(主要是 C 语言和 C++语言)来描述和实现算法。我们使用上述三种方法的出发点是，虽然学习者容易理解自然语言描述的算法，但是与算法在计算机上的最终实现差别比较大，有些算法步骤之间复杂的逻辑关系用自然语言描述既冗长又往往存在歧义，而伪代码方法主要使用顺序、分支和循环三种逻辑关系描述结构，人们适当约定一些操作和运算，则能够比较简洁、清晰、逻辑严密地描述算法的关键步骤及其逻辑关系，特别是容易分析算法的正确性和时空复杂性，也比自然语言更接近计算机程序设计语言，它是介于自然语言和程序设计语言之间的一种算法描述方法，因此用伪代码描述的算法更容易变换为在计算机上能够执行的具体的计算机程序。然而，伪代码终究不是人们普遍熟悉和习惯的语言，看上去还是有一些专业性和陌生的感觉。如果使用程序设计语言描述算法，学习者能够比较容易地体验算法在计算机上最终执行时的形式，即算法对应的计算机程序。但是，用程序设计语言描述算法一般比较冗长，需要描述许多辅助操作细节，容易陷入程序设计语言的细节泥潭中，学习者必须熟悉所使用的程序设计语言才能正确理解算法。那么为什么还要用程序设计语言来描述算法呢？我们认为绝大多数学习者学习算法的最终目的是设计高质量的算法，并将自己所设计的算法转换为计算机可执行的程序，为用户提供服务。从这个意义上说，在学习和理解算法的过程中熟悉和体验算法的实现是一件快乐的事情。另外，把所学习的算法知识运用于具体实践与创新的过程，并将创新的成果服务于社会则具有更加重要的意义。

下面我们针对一个具体问题，首先给出用自然语言描述的算法，然后给出用伪代码描述的算法，最后给出程序设计语言描述的程序代码，供学习者体验如何描述算法。

例 1.3　狱吏问题。

【问题定义】　谁能从监狱获得自由？古代有个国王要对囚犯进行大赦，让一个狱吏依次通过一排共 n 间锁着的牢房，并规定：每通过一次，按规则转动某些牢房中的门锁，每转一次，原来锁着的门被打开，而原来开着的门被锁上；通过 n 次后，门锁开着的牢房中的犯人获得释放。转动门锁的规则：狱吏第 1 次通过牢房，要转动每间牢房的门锁；第 2 次通过牢房时，从第 2 间开始转动，每隔 1 间转动 1 次；第 k 次通过牢房时，从第 k 间开始转动，每隔 $k-1$ 间转动 1 次。求输出狱吏通过 n 次后，门锁开着的牢房编号。

【问题分析】　对上述游戏规则的分析如下。

(1) 第 1 次通过后，每间牢房的门锁都被打开(初始时所有牢房的门锁是被锁上的)。

(2) 第 2 次通过时，从第 2 间开始转动，每隔 1 间转动一次。

(3) 第 3 次通过时，从第 3 间开始转动，每隔 2 间转动一次。

……

(k) 第 k 次通过时，从第 k 间开始转动，每隔 $k-1$ 间转动一次。

共有 n 间牢房，编号依次为 1，2，…，n，那么狱吏每从牢房前通过一次，门锁被转动的牢房编号如下：

第 1 次从牢房前通过后，被转动的牢房编号是 1，2，…。

第 2 次从牢房前通过后，被转动的牢房编号是 2，4，6，…。

第 3 次从牢房前通过后，被转动的牢房编号是 3，6，9，…。

归纳推理可知，第 i 次从牢房前通过后，被转动的牢房编号是 i，$2i$，$3i$，…，即起点为 i，公差为 i 的等差数列，其中，i 的取值范围为 1～n。

【算法设计】　用一维数组 a 表示牢房的门锁状态，其中数组下标变量 i 表示牢房编号(i 的取值范围为 1～n)，$a[i]$取值为 0 或 1，$a[i]=0$ 表示第 i 间牢房的锁处于“开”状态，$a[i]=1$ 表示第 i 间牢房的锁处于“锁”状态。每次狱吏转动门锁的动作就是使该牢房的门锁从“锁”状态到“开”状态的转换，或者从“开”状态到“锁”状态的转换，而狱吏未施加“开”或“锁”动作则门锁状态保持不变。因此，第 i 间牢房的锁从“开”状态到“锁”状态，或从“锁”状态到“开”状态的转换可以用程序设计语言中的赋值运算表示为：$a[i]=1-a[i]$。这里，赋值号(=)右侧的 $a[i]$的值为狱吏转动门锁 i 之前的值，赋值号左侧的 $a[i]$的值为狱吏转动门锁 i 之后的值。例如，若 $a[i]=0$，表示此时第 i 间牢房门锁处于“开”状态，如果狱吏转动一次则该锁将处于“锁”状态，表示为 $a[i]=1-a[i]=1-0=1$。

【算法描述】　用自然语言描述如下。

输入：牢房的数量 n。

输出：门锁为“开”状态的牢房编号。

(1) 初始状态设置：把每一间牢房的门锁均锁上，用 $a[i]=1$ 实现，i 的取值范围为 1～n。

(2) 将 i 的值设为 1。

(3) 从下标 i 到 n 以步长 i 遍历数组 a，实施赋值操作，即 $a[j]=1-a[j]$，其中 j 的取值范围为 i～n。

(4) 将 i 的值增加 1，若 $i \leqslant n$，则转到步骤(3)。

【算法描述】　用伪代码形式描述如下。

算法 1.3.1：狱吏问题算法

输入：整数 n

输出：门锁为“开”状态的牢房编号

```
for i = 1 to n do //初始化数组
    a[i] = 1 //对应门锁被设置为“锁”
endfor
for i = 1 to n do //实施 n 次遍历
    for j = i to n step i do //每次遍历，只转动部分门锁
      a[j] = 1−a[j]
    endfor
endfor
for i = 1 to n do
    if a[i] = 0 then //输出数组中为 0 的元素下标
      output i
    endif
endfor
```

【算法描述】　用 C 语言程序描述如下。

```c
#include "stdio.h"
#include "stdlib.h"
void jailor(int n)
{
  int i, j, *a=malloc(sizeof(int)*(n+1));
  for(i=1; i<=n; i++)
     a[i]=1;
  for(i=1; i<=n; i++)
     for(j=i; j<=n; j=j+i)
        a[j]=1-a[j];
  printf("最后被打开的牢房编号依次是：");
  for(i=1; i<=n; i++)
     if(a[i]==0)
        printf("%d", i);
}
```

```c
int main(int argc, char *argv[]) //主程序，输入数据，调用算法，输出
{
  int n;
  printf("请输入牢房数量：");
  scanf("%d", &n);
```

```
        jailor(n);//调用狱吏算法
        return 0;
}
```

由此可知，算法可以有多种描述方式，其中，自然语言描述较为直观，但有些步骤不容易理解，且需要有足够的编程能力才能将其实现，伪代码形式较为简洁，比较适合具备一定编程基础的人员，而程序设计语言虽然能够直接运行，但比较繁琐，阅读起来有时不太方便。

1.4 如何评价算法

一个具体问题可能存在多种解决方案，每一种方案对应一种算法，然后用某一种计算机程序设计语言实现算法，即设计实现算法的计算机程序，再把计算机程序在具体的计算机上执行，从而解决问题。那么，在同一台计算机上执行不同的算法必然存在效率高低之分。因此，算法性能评价成为一个十分重要的问题。在使用某种计算机程序设计语言(或混合使用几种计算机程序设计语言)把算法转换为计算机可以执行的程序之前，我们可以对算法性能进行理论分析和评价。

1.4.1 算法评价指标

算法性能的主要评价指标包括正确性、时间复杂度、空间复杂度、易理解性、最优性。

(1) 正确性。算法的正确性涉及数学证明，通常复杂算法的正确性证明十分复杂，有些甚至难以实现。

(2) 时间复杂度。算法的时间复杂度是指算法从开始执行到结束所需要的时间，与机器性能以及输入数据密切相关，通常用算法中包含的基本操作的执行次数来度量。时间复杂度指标反映了算法时间效率。

(3) 空间复杂度。算法的空间复杂度用于评估算法执行过程中所需要的计算机存储空间的大小。空间复杂度指标反映了算法空间效率。

(4) 易理解性。算法的易理解性是指算法不仅可被设计者本人理解，其他相关人员也容易阅读和理解，这就需要良好的算法描述，如缩进、规范用语等。

(5) 最优性。算法的最优性是指算法在上述一个或多个性能指标上达到最佳程度。

显而易见，无论从哪个角度评价一个算法的性能，算法的正确性始终是最重要的，是进行后续算法性能评价的前提和基础。不正确的算法是没有实际意义的。对于一个正确的算法而言，衡量其性能好坏最直接的指标就是该算法的计算速度和所需要的计算机内存空间，即算法执行所需要的时间和内存空间。事实上，人类对计算速度的追求如同对高速运输工具(如飞机、高铁等)速度的追求一样迫切。与此同时，算法及其所需要的数据首先要“装入”具体的计算机内存空间中“存储”起来，然后才能被执行，从而完成计算任务。然而，计算机的内存空间是采用高科技把稀有物质(如硅晶体)制造成具有“记忆”功能的信息存储材料，其制造成本非常高，原材料总是有限的。因此，仅次于算法正确性的算法性能评价指标就是算法时间复杂度和空间复杂度。

事实上，我们更需要针对大规模问题分析算法的时间复杂度，这是因为小规模问题用计算机求解是比较容易的事情，一般在很短时间内使用一定量的内存空间都能得到计算结果，因此，通常无须考虑小规模问题的算法时间复杂度和空间复杂度。

算法执行时间与很多因素相关，如计算机的硬件配置、计算机系统的运行状态、问题的输入数据的规模等。为了能够公平地评价算法的时间效率，我们通常选择影响最大、最关键的因素——问题规模来进行考虑。问题规模一般指待解决问题的输入数据量。例如，对于排序问题、找最大值问题，其规模通常为数据的个数，对于图的最短路径问题、旅行商问题、哈密顿回路问题，其问题的规模一般为图的顶点个数和边的条数。当待解决问题的输入数据量为 n 时(n 为正整数)，解决该问题的算法 A 执行所需的时间估计值记为 $T(n)$，它是问题规模 n 的函数。这里，我们称 $T(n)$为算法 A 的时间复杂度，在后面的分析中将对算法的时间复杂度概念进行深入讨论。

值得注意的是，对于一个具体问题 P 和解决该问题的算法 A 而言，规模相同、数值不同的输入数据也可能影响算法 A 的执行时间。也就是说，对解决同一个问题 P 的算法 A 而言，在不同的输入实例下其执行时间可能不同。因此，算法时间复杂度通常包含三种情况：最好情况、平均情况、最坏情况。最好情况是指算法在某些理想输入数据情形下执行最快的时间复杂度；平均情况是指在一般输入数据情形下算法的时间复杂度；最坏情况是指算法在某些最不理想的输入数据情形下执行最慢的时间复杂度。事实上，如果我们能够接受算法在最坏情况下的执行时长，那么平均情况和最好情况下该算法执行所需要的时长我们都能够接受，这也是“算法执行越快越好”的用户心理和实际工作需求。于是，我们往往只需要分析最坏情况下算法的时间复杂度。

对一个算法而言，算法的时间复杂度反映了实现这个算法的程序在计算机上执行时所需要的时间随着待解决问题的输入规模 n 的增长而增长的量级，在很大程度上能够反映出算法时间效率的优劣程度。一个算法的执行时间是指实现该算法的计算机程序在具体的计算机上成功执行一次所消耗的时间。然而，影响一个计算机程序执行时间的因素很多，如算法设计所采用的策略和方法、程序设计语言、编译产生的代码质量、待解决问题的输入数据量 n 的大小、机器执行指令的速度等。因此，准确度量程序的执行时长是与具体的计算机软件和硬件系统相关的，同一程序在不同的计算机上执行所用的时长可能不同。一般情况下，有两种方法可以度量算法的时间复杂度：算法实际执行之后的统计方法和算法实际执行之前的分析估计方法，分别称为事后统计分析估计方法和事前理论分析估计方法。

1) 事后统计分析估计方法

算法时间复杂度的事后统计分析估计方法通常是算法对应的计算机程序在计算机上执行的过程中，计算从程序开始执行到结束所耗费的时间。这种方法常用程序设计语言中的系统时钟函数 clock 实现。例如，在实现算法的计算机程序中，可以把执行语句的第一句设为 T1 = clock( )，把程序执行的最后一条语句设为 T2 = clock( )，那么这两个系统时钟变量的差值(T2−T1)就是程序执行总共所花费的时间，即算法的实际执行时间。通过在大量不同规模的输入数据上执行算法的程序，可以获得一系列执行时间，然后采用数理统计方法对这些数据进行统计分析，最终得出算法执行时间随问题规模 n 增长的变化规律。

例 1.4　累加求和算法的时间复杂度估计。

【问题定义】　计算：$1+2+\cdots+n$ 的值，n 是正整数。

【算法步骤】

(1) 初始化累加求和结果 sum 为 0。

(2) 将 i 从 1 增长到 n，每次将 i 的值累计到 sum 中。

(3) 输出 sum 的值。

【C 语言程序】

```
#include "stdio.h"
#include "time.h"
long summation(int n)
{
  long sum=0;
  for(int i=1; i<=n; i++)
     sum +=i;
  return sum;
}
```

```
int main(int argc, char *argv[]) //主程序，输入数据，调用算法，输出
{
  int n;
  long sum;
  clock_t start_t, end_t;
  printf("请输入整数: ");
  scanf("%d", &n);
  start_t=clock( );
  sum=summation(n);//调用累加求和算法
  end_t=clock( );
  printf("从 1 累加到%d 的结果是%d: \n", n, sum);
  printf("程序运行时间为: %dms", end_t - start_t);
  return 0;
}
```

当程序的输入数据量 n 取不同的数值时，可以测得算法在计算机上执行的时间基本上与输入规模 n 呈线性关系。但是，需要指出的是，由于现代计算机的运行速度极快，上述程序只有在 n 极大时(如超过 10^6 时)，才能显示运行时间。改进办法主要有两个：一是采用精度更高的获取时间函数；二是重复计算多次，然后取平均时间。

显然，这种事后估计方法存在两个缺陷。一是要想对算法执行时间进行评测，必须编制算法的计算机程序，然后设计计算机程序执行所必需的数据，最后在具体的计算机上执行程序，并获取程序实际的执行时间。然而，对稍微复杂的算法而言，设计其程序是一项技术难度比较大的工作，费时费力。特别是，安全攸关的算法往往无法进行一次又一次的实际执行时间测试，风险太大，甚至是不可行的，例如导弹目标识别与追踪算法、医学手术机器人病灶定位算法等。二是计算机程序的执行时间紧密依赖于具体计算机的硬件和软件系统环境，受计算机系统性能影响很大，导致在不同计算机系统中运行同一程序的时间可能并不一致，有时容易掩盖算法本身的特征。因此，人们常常采用算法未实际执行之前的分析估计方法，即事前理论分析估计方法。

2) 事前理论分析估计方法

一个算法是由控制结构(顺序结构、分支结构和循环结构共三种结构)和基本操作(如赋值操作、比较操作、计算操作等)以及数据结构实现的，算法执行时间取决于基本操作执行的总次数。

为了比较同一问题的不同算法的执行时间，通常的做法是从算法中选取一种对于待解决的问题来说最基本的操作，称为基本操作，以该基本操作重复执行的次数作为算法执行时间的量度。一般情况下，我们把算法中执行次数最多的那个操作看作基本操作。

算法时间复杂度的事前理论分析估计方法建立在“当待解决问题的输入数据量 n 不断增大时，解决该问题的算法执行时间在很大程度上取决于算法中的基本操作被执行的次数”这个基本事实基础上。算法中基本操作执行次数通常表示为待解决问题的输入数据量 n 的某个函数 $T(n)$。使用比较简单的 $T(n)$ 的近似函数 $f(n)$ 刻画算法时间复杂度 $T(n)$。例如，$T(n)=O(f(n))$，表示随着待解决问题的输入数据量 n 不断增大，算法执行时间的增长率和 $f(n)$ 的增长率相同，称它为算法的渐进时间复杂度或时间复杂度，简称为大 O 表示法，该概念在 1.4.2 节详细定义。显然，这种分析估计的方法是在算法未实际执行(甚至未使用具体的程序语言设计该算法的程序)之前，通过对算法基本操作执行次数的分析估计，即可对该算法的实际执行所需要的时间随待解决问题的输入数据量 n 不断增大时的变化规律给出一个大概的估计。虽然这种分析估计方法给出的结果并不十分准确，但它能够使算法时间复杂度的测度与具体的程序设计语言无关，也与具体的计算机软件和硬件系统无关，这体现了时间复杂度分析估计与具体计算机系统的无关性，从而使算法的时间复杂度度量具有统一公平的测度指标(基本操作执行次数)，极大地降低了算法时间复杂度估计的难度。

1.4.2　算法的渐进时间复杂度

对于一个算法，给定问题规模为 n，则基本操作的语句频度可以表示成一个问题规模的函数 $T(n)$，那么，该算法的时间复杂度可以用 $T(n)$ 表示，其含义是算法在输入规模为 n 时的基本操作的执行次数，称为算法的时间复杂度。换句话说，一个算法中的基本操作执行的总次数 $T(n)$ 与算法待解决的问题的输入数据量(或规模)n 相关，是待解决的问题的输入量的一个函数。

对算法的时间复杂度 $T(n)$ 而言，当待解决问题的输入规模 n 不断变化时，$T(n)$ 也会随之不断变化。当评价算法执行的时间复杂度时，我们通常只需要知道算法执行的时间呈现什么规律，而并不需要关心每个算法的操作频度的精确值。为此，我们用算法的渐进时间复杂度来近似表示算法的时间复杂度随待解决问题的输入规模 n 不断增大时的变化规律。渐进时间复杂度的含义就是：在问题规模 n 趋于无穷大时，算法时间复杂度 $T(n)$ 的渐进上界，即函数 $T(n)$ 的数量级(阶)。渐进时间复杂度的严格定义如下。

定义 1.1　如果存在两个正常数 c 和 n_0，对于任何 $n \geqslant n_0$，都有 $|T(n)| \leqslant c \cdot |f(n)|$，则记 $T(n)=O(f(n))$，称 $f(n)$ 是 $T(n)$ 的一个渐进时间复杂度。

如果一个算法的时间复杂度为 $T(n)$，满足 $T(n)=O(f(n))$，则称 $f(n)$ 是算法的一个渐进时间复杂度，它也是算法的时间复杂度的一个上界。同理，我们还可以定义算法的时间复杂度的下界，用数学符号 Ω 表示，定义如下。

定义 1.2　如果存在两个正常数 c 和 n_0，对于任何 $n \geqslant n_0$，都有 $|T(n)| \geqslant c \cdot |f(n)|$，则记 $T(n)=\Omega(f(n))$，称 $f(n)$ 是 $T(n)$ 的时间复杂度的一个下界。

从定义 1.1 和定义 1.2 可知，一个算法的时间复杂度既可以有上界，也可以有下界。如果其上界和下界相同，则称它为该算法的时间复杂度的界，用数学符号 Θ 表示，定义如下。

定义 1.3　如果存在 3 个正常数 c_1，c_2 和 n_0，对于任何 $n \geqslant n_0$，都有 $|T(n)| \leqslant c_1 \cdot |f(n)|$ 以及 $|T(n)| \geqslant c_2 \cdot |f(n)|$ 成立，则记 $T(n)=\Theta(f(n))$，称 $f(n)$ 是 $T(n)$ 的时间复杂度的一个界。

从定义 1.3 可知，如果 $T(n)=\Theta(f(n))$，则 $f(n)$ 既是 $T(n)$ 的时间复杂度的一个上界，也是它的一个下界，即同时满足：$T(n) = O(f(n))$，$T(n) = \Omega(f(n))$。

一般情况下，设待解决问题的输入规模为 n，解决该问题的一个算法的基本操作执行次数，即算法的时间复杂度为函数 $T(n)$。当 n 趋近于无穷大时，计算 $T(n)/f(n)$的极限，设该极限为 c。若 c 等于 0，则 $f(n)$是算法时间复杂度的一个上界；若 c 为大于 0 的常数，则 $f(n)$是算法时间复杂度的一个界；若 c 为∞，即极限不存在，则 $f(n)$是算法时间复杂度的一个下界。

值得注意的是，算法的时间复杂度更加关注在处理大规模问题时的表现，即 n 趋于无穷时，算法的运行时间与其他函数的变化情况。根据数学中极限的特征，$O(f(n))$中的 $f(n)$可以忽略常系数和低次项。例如，设 $T_1(n) = 2n^2+3n+5$，$T_2(n) = 8n^2+999$，则 $T_1(n) = O(n^2)$，$T_2(n) = O(n^2)$，即当 n 趋于无穷大时，函数 $T_1(n)$和 $T_2(n)$的上界在数量级上是相同的。显然，n^3 是比 n^2 更高阶的函数，也是 $T_1(n)$和 $T_2(n)$的上界。

渐进时间复杂度的优点是它能够极大地降低算法分析的难度。从本质上说，算法复杂度分析就是当算法所解决的问题的输入规模增大时，算法的基本操作执行次数的计数统计。然而，对算法基本操作的精确计数往往并不容易，有时甚至是不可能的，而渐进分析方法是一种近似而且有效的估计方法，避免了精确计数的困难，从而极大地降低了算法时间复杂度分析的难度。

1.4.3　算法时间复杂度分析举例

上面给出了算法时间复杂度的三种渐进表示方法，即大 O 表示法、大 Ω 表示法、大 Θ 表示法。但具体到某个问题时，如何计算和分析一个算法的时间复杂度 $T(n)$呢？方法是：首先，确定算法的基本操作，我们假设算法中每一个基本操作的执行只占用一个时间单元，这样算法执行时间就近似转变成算法执行基本操作的总次数，即统计算法执行了多少次基本操作，也就是找出算法基本操作的执行频度函数 $T(n)$；然后，分析计算 $T(n)$，在此基础上分析其渐进时间复杂度 $O(f(n))$，$\Omega(f(n))$或 $\Theta(f(n))$。下面以实际例子予以说明。

例 1.5　在数组 a 中找最大数，算法用伪代码描述如下。

算法 1.4.1：找最大数算法

输入：数组 $a[n]$，其中 $n > 0$

输出：所输入数据的最大数

```
max = a[1]
for i = 2 to n do
    if max < a[i] then
        max = a[i]
    endif
endfor
output max
```

算法的基本操作是赋值操作。为了计算找最大数算法的时间复杂度的上界，需要考虑算法的最坏情况，即执行基本操作次数最多的情况，此时，最大数在数组末尾。在最坏情况下，算法的基本操作总共执行 $T(n) = 1+1+2(n-1) = 2n$ 次。根据上述大 O 的性质，可得到算法时间复杂

度 $T(n) = O(2n) = O(n)$，我们称该算法具有线性时间复杂度。

1.4.4　大 O 表示法的若干特点

常见的算法时间复杂度有以下几种。

(1) $O(1)$：常数阶时间复杂度，简称常数时间复杂度，这种时间复杂度的算法时间效率最高，其执行时间与问题规模无关。

(2) $O(\log n)$和 $O(n\log n)$：对数阶时间复杂度，简称对数时间复杂度，这种时间复杂度的算法时间效率次于常数阶时间复杂度。

(3) $O(n)$，$O(n^2)$，$O(n^3)$，…：多项式阶时间复杂度，简称多项式时间复杂度，我们见到的很多问题的算法往往具有多项式时间复杂度。

(4) $O(2^n)$：指数阶时间复杂度，简称指数时间复杂度，这种时间复杂度的算法时间效率次于多项式时间复杂度的算法效率。指数函数增长极快，所以指数时间复杂度只对小规模(n 比较小)的问题有意义，当待解决问题的输入数据量 n 稍大时，这种算法在现有的计算机系统上执行所需要的时间太长，以至于在预期的时间范围内无法终止，也就是无法给出正确的结果，所以指数时间复杂度的算法不实用或根本不可行，也许未来人类发明新一代计算机(如量子计算机、生物计算机等)之后，指数时间复杂度的算法有可能变得可行。

(5) $O(n!)$：阶乘函数时间复杂度，这种时间复杂度的算法时间效率与指数时间复杂度相当。阶乘函数增长特别快，甚至比指数 2^n 还快，所以阶乘函数时间复杂度的算法不实用或根本不可行。

一般情况下，算法时间复杂度从低到高依次是 $O(1)$，$O(\log n)$，$O(n)$，$O(n\log n)$，$O(n^2)$，$O(2^n)$，$O(n!)$，如图 1.4 所示。

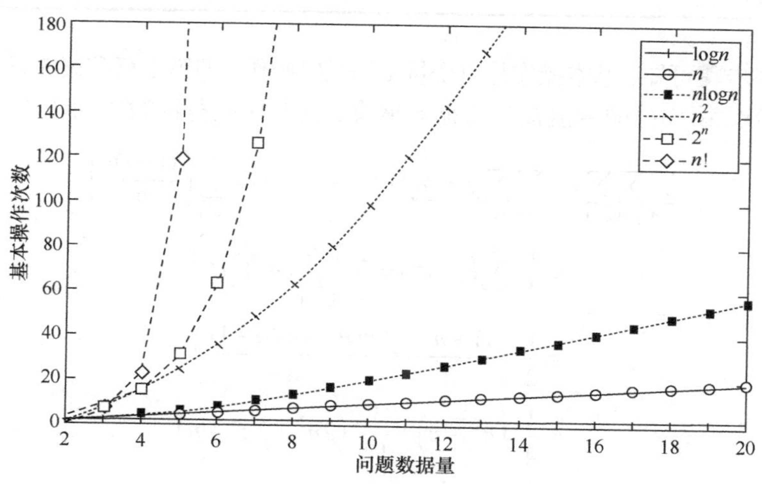

图 1.4　时间复杂度函数的比较

算法时间复杂度的大 O 表示法具有如下特点。

(1) 设算法 A 可以解决问题 P，当问题 P 的输入数据量为 n 时，算法 A 总共执行的基本操作次数是关于 n 的函数 $f(n)$，那么算法 A 的时间复杂度为 $T(n) = O(f(n))$。

(2) 设算法 A 可以解决问题 P，当问题 P 的输入数据量为 n 时，算法 A 顺序完成两组操作，完成第一组操作时共执行基本操作次数为函数 $f(n)$，完成第二组时共执行基本操作次数为函数

$g(n)$，那么这个算法 A 的时间复杂度为 $T(n)=O(f(n)+g(n))=O(\max\{f(n),g(n)\})$，称为算法时间复杂度的串行结构加法法则。

(3) 设算法 A 可以解决问题 P，当问题 P 的输入数据量为 n 时，算法 A 的时间复杂度为 $O(f(n)+g(n))$，并且对于任何足够大的 n，函数 $f(n)$均大于 $g(n)$，那么算法 A 的时间复杂度可简化为 $T(n)=O(f(n))$，称为算法时间复杂度的大数占优法则。例如，$f(n)=n^3$，$g(n)=n^2$，则 $T(n)=O(\max\{f(n),g(n)\})=O(n^3)$。

(4) 设算法 A 可以解决问题 P，当问题 P 的输入数据量为 n 时，算法 A 执行了时间复杂度为 $O(f(n))$的操作，而对于操作中的每一步又执行了时间复杂度为 $O(g(n))$的操作，这个算法的总体时间复杂度为 $O(f(n)\times g(n))$，这称为算法时间复杂度的嵌套结构乘法法则。

(5) 如果 C 是一个常数，则有 $O(C\times f(n))=O(f(n))$，并且 $O(f(C\times n))=O(f(n))$，即忽略常数的倍数。

例 1.6 计算如下算法的时间复杂度。

```
输入：整数 n，其中 n > 0
输出：整数 x

1:  x=1
2:  for i=1 to n do
3:      for j=1 to i do
4:          for k=1to j do
5:              x++
6:  return x
```

从上述算法步骤可知，基本操作是对变量 x 的赋值操作，即第 1 行和第 5 行，其中，第 1 行的赋值只执行 1 次，第 5 行的赋值被三重循环嵌套，其对应执行次数可由以下计算公式得到：

$$
\begin{aligned}
\sum_{i=1}^{n}\sum_{j=1}^{i}\sum_{k=1}^{j}1 &= \sum_{i=1}^{n}\sum_{j=1}^{i}j = \sum_{i=1}^{n}(1+2+\cdots+i) = \sum_{i=1}^{n}\left(\frac{(1+i)i}{2}\right) \\
&= \frac{1}{2}\cdot\sum_{i=1}^{n}\left(i+i^2\right) = \frac{1}{2}\cdot\left(\sum_{i=1}^{n}i+\sum_{i=1}^{n}i^2\right) \\
&= \frac{1}{2}\cdot\left(\frac{(1+n)n}{2}+\frac{n(n+1)(2n+1)}{6}\right) \\
&= \frac{1}{4}\cdot\left(n^2+n\right)+\frac{1}{12}\cdot\left(2n^3+3n^2+n\right) \\
&= \frac{1}{6}\cdot n^3+\frac{1}{2}\cdot n^2+\frac{1}{3}\cdot n
\end{aligned}
$$

因此，根据大 O 表示法的特点，上述算法的时间复杂度 $T(n)=1+\frac{1}{6}\cdot n^3+\frac{1}{2}\cdot n^2+\frac{1}{3}\cdot n = O\left(\frac{1}{6}\cdot n^3\right)=O(n^3)$。

例 1.7 已知某算法的时间复杂度 $T(n)$的递推式如下所示，求该算法的渐进时间复杂度。

$$T(n)=\begin{cases}2T(n-1)+1, & n>1\\ 1, & n=1\end{cases}$$

上述算法的渐进时间复杂度即用大 O 表示法的时间复杂度。通常，递归算法和分治算法的时间复杂度的计算都是通过类似上述递推公式计算的。具体求解过程如下。

解：根据 $T(n)$的递推公式，我们有如下推导，即

$$\begin{aligned}T(n)&=2T(n-1)+1\\&=2(2T(n-2)+1)+1\\&=2^2T(n-2)+2+1\\&=2^3T(n-3)+2^2+2+1\\&\cdots\\&=2^kT(n-k)+2^{k-1}+2^{k-2}+\cdots+2+1\\&=2^kT(n-k)+2^k-1\end{aligned}$$

由于上式还有未知符号 k，需要将其消除。因此，我们利用 $T(1)=1$，即令 $n-k=1$，$k=n-1$，继续进行推导，可得 $T(n)$的解析式，即算法的渐进时间复杂度：

$$T(n)=2^kT(1)+2^k-1=2^n-1=O\left(2^n\right)$$

上述 $T(n)$的解析式还可以通过数学归纳法进行验证。

1.4.5 算法空间复杂度分析方法

算法的空间复杂度是指随着待解决问题的输入数据量 n 的增大，算法执行过程中所需要的计算机内存空间(包括虚拟内存空间，但不考虑外部存储空间，如计算机硬盘、U 盘等)数量的近似表示，也称作算法渐进空间复杂度，简称为算法空间复杂度。类似于时间复杂度的讨论，一个算法的空间复杂度 $S(n)$也是待解决问题的输入数据量 n 的函数，是对一个算法在执行过程中临时占用的计算机内存空间的度量。当一个算法在计算机上执行时，其所占用的内存空间包括存储算法的程序代码本身所占用的内存空间、算法的输入输出数据在内存中所占用的存储空间和算法在执行过程中临时占用的内存空间这三个部分。

当一个算法在某个计算机系统中执行时，首先算法本身(程序代码)需要“驻留(存储)”在计算机内存中，算法所占用的内存空间通常与算法编写的程序代码长度成正比。为了节省内存空间，通常需要编写较短的算法。算法在执行过程中往往需要一些临时变量辅助执行来完成任务，这些临时变量所占用的内存空间与具体算法有关，有的算法只需要占用少量的临时内存空间，且不随着待解决问题的输入数据量 n 的大小而改变，这类算法是比较节省内存空间的算法；而有些算法需要占用的临时内存空间与解决问题的规模 n 有关，它随着 n 的增大而增大，当 n 较大时，将占用较大的内存空间，这类算法是比较耗费内存空间的算法。当然，在不影响算法执行速度的前提下，内存空间节省得越多，算法性能越好。

与算法时间复杂度表示方法类似，算法的空间复杂度也可以采用大 O 表示法、大 Ω 表示法和大 Θ 表示法。例如，算法空间复杂度 $S(n)$通常为待解决问题的输入数据量 n 的某个函数 $g(n)$，表示为 $S(n)=O(g(n))$，$O(g(n))$称为算法的渐进空间复杂度。空间复杂度的分析估计与时间复杂度的分析估计类似，算法空间复杂度表示中的大 O 运算法则与算法时间复杂度分析估计中的大 O 运算法则也是相同的，只需要把时间复杂度分析中的“基本操作执行次数”看作“所需

要的内存空间单元数”即可，这里不再重复。事实上，在计算机发展的早期，计算机的存储材料十分昂贵，因此计算机的存储容量普遍很小，所以对空间复杂度十分关注。近年来，随着材料科学和计算机行业的迅速发展，计算机的存储容量已经达到了很大的程度，所以当前实际应用中已经不再特别关注一个算法的空间复杂度，而更加注重算法执行的速度，即时间复杂度。但是，随着大数据的广泛应用，从资源有限的观点看，计算机的存储容量仍然是稀缺资源，因此理解算法空间复杂度仍然具有实际意义。

例 1.8 用事前分析估计方法分析例 1.3 中狱吏问题求解算法的空间复杂度。为了便于阅读分析，我们再给出狱吏问题求解算法的伪代码描述如下。

算法 1.4.2：狱吏问题算法

输入：整数 n

输出：门锁为“开”状态的牢房编号

```
for i = 1 to n do //初始化数组
    a[i] = 1 //对应门锁被设置为“锁”
endfor
for i = 1 to n do //实施 n 次遍历
    for j = i to n step i do //每次遍历，只转动部分门锁
        a[j] = 1-a[j]
    endfor
endfor
for i = 1 to n do
    if a[i] = 0 then //输出数组中为 0 的元素下标
        output i
    endif
endfor
```

该算法中共有 4 个辅助变量：i，j，n，a，其中，前 3 个辅助变量为简单变量，每一个只需要分配一个内存单元，共 3 个内存单元，第 4 个辅助变量是一个一维数组变量，共需要分配 n 个内存单元。因此，算法总共需要 $f(n)=3+n$ 个内存单元。所以算法的空间复杂度为 $S(n)=f(n)=3+n=O(n)$，其中 n 是牢房的个数。

1.5 算法、程序、数据、数据结构、软件之间的关系

首先，算法是解决问题的步骤描述，可以用流程图、伪代码、程序等描述。由此可知，程序是算法的某种描述，是适合计算机执行的描述。计算机程序(computer program)是一组计算机能识别和执行的指令，运行于电子计算机上，满足人们某种需求的信息化工具。但是，算法必须满足有限性(又称有穷性)，即必须在有限步骤内结束，而程序可以包含无限循环，因此，无限循环执行的程序不是算法，例如，操作系统、数据库系统一旦运行，在没有收到关机或停止指令之前，将一直运行下去。

其次，算法和程序的运行都需要数据，它们都可以看作对数据的处理，使输出与输入满足某种映射关系。例如，一般的程序或算法都有输入数据，且在运行过程中都需要辅助存储空间。因此，数据是算法和程序必不可少的部分。数据是算法和程序处理的对象，算法和程序是处理数据的方法、步骤和过程。程序在计算机硬件平台和软件平台的支持下运行，是实现对数据进行处理的动态过程；数据按某种构造形式存储在存储设备中，随程序的处理而变换。

需要指出的是，Pascal 语言之父、结构化程序设计的先驱尼克劳斯·沃斯(Niklaus Wirth)指出：算法+数据结构 = 程序。这种说法让读者感觉程序包含了算法，算法是程序的一部分。事实上，对于编程人员来说，算法和数据结构都是十分重要的，只有将算法和数据结构都掌握好，才能写出好的程序。

尼克劳斯·沃斯是瑞士计算机科学家，与数学家帕斯卡(Pascal)一样喜欢动手动脑，在美国加利福尼亚大学伯克利分校获得博士学位。在斯坦福大学成功开发出 ALGOL W 语言以及 PL360 语言后，爱国心极强的他于 1967 年回到祖国瑞士，于 1968 年在他的母校苏黎世联邦理工学院发明了一种高级程序设计语言——Pascal 语言，成为当时世界上最受欢迎的语言之一。

尼克劳斯·沃斯提出了“结构化程序设计”概念，并提出了“算法+数据结构 = 程序”这一著名公式，1984 年获得图灵奖。

再次，数据结构是计算机存储、组织数据的方式。数据结构通常是指相互之间存在一种或多种特定关系的数据元素的集合。通常情况下，精心选择的数据结构可以带来更高的运行或者存储效率，也可为算法和程序的运行提供便利。

最后，软件(software)是一系列按照特定顺序组织的计算机数据和指令的集合。软件一般被划分为系统软件、应用软件和介于这两者之间的中间件。软件并不是只包括可以在计算机上运行的计算机程序，与这些计算机程序相关的文档一般也被认为是软件的一部分。简单地说，软件就是程序加文档的集合体。

1.6　算法、计算机、人三者之间的关系

首先，没有算法就不可能有现代计算机。算法是计算机的灵魂，而操作系统是计算机的心智。事实上，操作系统也是大量算法的有机集合。可以说，没有算法就不会有计算机的诞生。因此，现代计算机紧密依赖于算法而存在。

其次，算法不一定依赖于计算机而存在。追根溯源，算法概念由生活在 9 世纪的波斯国科学家花拉子米最先在一本教科书中提出，他创立了四则运算法则，很早就有人使用，直至现在我们仍然在使用。然而，9 世纪时并没有计算机，第一台现代计算机直到 1946 年才诞生于美国宾夕法尼亚大学。可见，算法比计算机的出现早得多，所以算法可以不依赖于具体的计算机而存在。然而，现在人们所说的算法一般都是指计算机算法。

最后，无论算法还是计算机，都是由人创造的，也由人来使用，人使算法“装配”在计算机中，二者密不可分地为人服务。

综上所述，人始终是计算机的主宰者，计算机及计算机算法都是人创造的先进计算工具，在现代社会中已处于核心地位。

习　题

1. 如何理解计算思维？列举日常生活中算法应用的例子。

2. 简述算法、问题之间的区别和联系，简述算法时间复杂度与问题难度之间的关系。

3. 计算以下程序段的时间复杂度。

```
count=0
for(i=1; i<=n; i=i*2)
   for(j=1; j<=n; j++)
       count++;
```

(a)

```
int x
x=n*n
while(x>1)
     x=x/2;
```

(b)

```
int fun(int n){
  if(n=1) return 1;
  else
  return n*fun(n-1);}
```

(c)

4. 请写出伪代码形式的算法，将两个大小均为 n 的有序数组 A 和 B 合并为一个新的有序数组，并分析该算法的时间复杂度。

第 2 章　经典算法设计策略与方法

2.1　算法设计策略知识导图

算法设计策略是对算法步骤的高度抽象，从策略思想的角度对算法进行刻画和描述。待解决的问题不同，所需要的算法设计策略往往不同；针对同一个问题，往往存在着解决该问题的多种算法。本书从算法体现的策略思想的角度，将算法设计策略分为 4 类，分别是经典算法设计策略、概率算法设计策略、近似算法设计策略和智能算法设计策略。其中，经典算法设计策略进一步分为 7 种，具体包括迭代策略、蛮力策略、分治策略、递归策略、贪心策略、动态规划策略和图搜索策略。更进一步，图搜索策略包括深度优先搜索策略、广度优先搜索策略和分支限界搜索策略。图 2.1 列出了算法设计策略的知识导图。

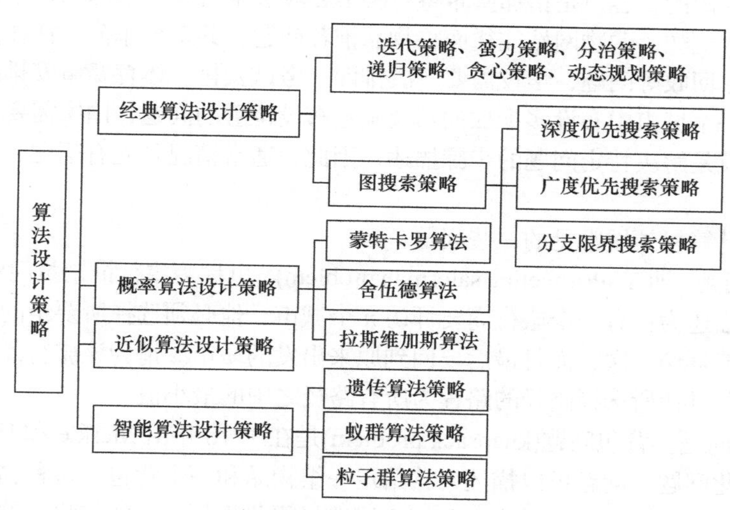

图 2.1　算法设计策略的知识导图

需要指出的是，虽然经典算法设计策略被分为 7 种不同的类型，但这些类型之间存在很多相似之处。例如：分治策略、递归策略和动态规划策略的基本思想都包含了将大问题分为若干相似小问题的思想；图搜索策略和蛮力策略的基本思想都包含了遍历问题解空间中的每个解的思想；迭代策略和动态规划策略都包含了迭代求解的基本思想；贪心策略和动态规划策略都包含最优决策的基本思想。除了上述相似之处，这些算法设计策略之间也存在着显著差别，读者在学习过程中，如果能够分析每种算法策略的基本思想并与其他算法策略进行对比，就能深刻理解这些算法设计策略。

在学习算法设计策略的过程中，只有深刻理解算法设计策略的基本思想，才能灵活运用所学算法解决实际问题。一种可行的学习思路如下。

首先，理解某一算法设计策略的基本思想并能够分析其与其他算法设计策略的区别和联系。

其次，深刻理解适合该算法解决的问题的基本特征，并掌握该算法策略能够解决的一些典型问题，举一反三，展开联想，不断列举适合该算法解决的实际问题。

最后，对每个典型问题的算法进行编程实现，在此过程中积累编程技巧；熟能生巧，实践出真知，只有不断编程实践，在未来面对实际问题时，才能设计出更好、更高效的算法。

2.2 算法设计七步曲

针对一个具体的问题，算法设计只是解决该问题的一个重要步骤，除此之外，还需要其他一系列步骤。概括地说，利用计算机求解问题的步骤主要有 7 步，包括问题定义、问题分析、数学模型、计算模型、算法设计、算法分析、算法优化，即算法设计七步曲。本节将详细讲解这些步骤的主要任务。

1. 问题定义

问题定义(problem definition)也称为问题描述，一般是用自然语言对一个特定问题进行阐述，详细说明问题背景、问题的输入和输出、问题所涉及的约束条件。从行业背景看，问题定义一般是由客户提出的，客户是指那些希望解决本领域、本行业、本部门、本团体中的实际问题的人员或部门。例如，购物网站往往面临物品推荐问题，共享单车公司往往需要解决共享单车的布设、定价、回收等问题，学校需要解决排课、考试安排、体育赛事安排问题，石油销售公司需要解决在一个城市中布设多少加油站及确定布设位置的问题，国家需要制定明年经济增长指标等。算法就是解决特定问题的步骤描述，因此，通常情况是先有问题，才有解决该问题的算法。

以下列举了计算机领域常见的一些问题。

(1) 旅行商问题，即 TSP(traveling salesman problem)，也称为旅行推销员问题、货郎担问题。旅行商问题一般描述为：有一个旅行商要拜访 n 个城市，他必须选择所要走的路径，路径的限制是每个城市只能拜访一次，而且最后要回到原来出发的城市。请为该旅行商确定一条满足上述条件的路径，并且使所选择路径的路程为所有路径之中的最小值。

(2) 0-1 背包问题。背包问题(knapsack problem)是在 1978 年由 Merkle 和 Hellman 提出的，它是一种组合优化问题。问题可以描述为：给定一组物品和一个背包，每种物品都有自己的重量和价值，在限定的背包的总容量内，我们应该选择哪些物品，才能使物品的总价值最大。其中，所选择的物品不能拆分。

(3) 批处理作业调度问题(batch-job scheduling problem)，也称为流水作业调度问题。问题可以描述为：给定一组作业和两台机器。每个作业需要在两台机器上处理，必须先由机器 1 处理，然后由机器 2 处理，每台机器处理每个作业所需的时间已知，需要确定这组作业的最优处理顺序，使得从第一个作业在机器 1 上处理开始，到最后一个作业在机器 2 上处理结束所需时间最少。

(4) 排课问题，也称为课程编排问题。是指学校为了正常进行教学工作，对班级、教师、课程及学校教学资源进行合理安排，制定课程表的行为。

2. 问题分析

问题分析是对问题定义的深入描述和刻画，其主要任务是帮助算法工程师理解该问题，使算法工程师和客户对问题的理解保持一致，消除问题的歧义性。在问题分析过程中，可以采用实例化方法，即建立一个小规模(例如，只用 10 以内的数据)的具体问题，确定问题的已知条件、需要满足的约束条件、要达到的目标、已知的输入数据和最后的输出结果等。对一些较大的工程问题，例如，构建一个实用的信息管理系统，则需要专门的需求分析人员与客户深入沟通，使双方在理解所要构建系统的功能和需求方面保持一致，并为后续开发提供需求分析文档。

3. 数学模型

数学模型是对问题的数学描述，用形式化(即符号化)方法对问题进行抽象，即建立问题的形式化模型，也称建立问题的数学模型。数学模型是对问题的精确描述和抽象表达，是一种最为精确的、无歧义的描述和刻画。问题描述往往是由客户以口头或书面形式阐述的，而这种形式可能存在歧义和不精确的地方；相反，数学模型是由若干符号和特定含义的算符描述的，其含义往往是具体和固定的，不存在歧义。因此，建立问题的数学模型是解决该问题的一个重要步骤。

需要特别指出的是，既然数学模型是特定问题的抽象，那么通常情况下，一个数学模型可以对应多个具体问题，即存在很多类似的问题，它们都可以用同样的数学模型刻画。因此，如果一个算法可以解决一个数学模型,那么该算法就可以解决该数学模型所对应的所有具体问题，从而达到举一反三的良好效果。这是建立问题的数学模型的一个好处，很多科研论文对于待解决的问题通常会建立相应的数学模型。

我们给出两个具体的问题实例，它们都可以用同样的数学模型刻画。

(1) 购物单问题。小张在学校获得了一项荣誉，他妈妈决定奖励他。小张开始做预算，他想买的东西很多，费用超过了他妈妈所给的资金。于是，他对每件物品规定了一个重要程度，并且通过查询获得了每种物品的价格。他希望在不超过妈妈给他的资金的前提下，选择若干物品，使所选择的物品的价格与重要度的乘积的总和最大。

(2) 0-1 背包问题。给定一组物品，每种物品都有自己的重量和价值，在限定的总重量内，我们应该选择哪些物品，才能使物品的总价值最大？其中，所选择的物品不能拆分。

上述两个问题均可以用同样的数学模型刻画，其模型描述如下：

$$\begin{cases} \max\sum_{i=1}^{n} x_i \cdot v_i \\ \text{s.t. } \sum_{i=1}^{n} x_i \cdot w_i \leqslant C \\ x_i \in \{0,1\}, i \in \{1,2,\cdots,n\} \end{cases}$$

上述模型中的数学符号针对不同的问题具有不同的含义，每个符号的含义如表 2.1 所示。

表 2.1　数学模型中符号的具体含义

符号	在问题(1)中的含义	在问题(2)中的含义
n	可以购买物品的总数量	可选择物品的总数量
i	第 i 种物品	第 i 种物品
v_i	第 i 种物品的价格与其重要程度的乘积	第 i 种物品的价值

续表

符号	在问题(1)中的含义	在问题(2)中的含义
w_i	第 i 种物品的价格	第 i 种物品的重量
x_i	小张是否购买第 i 种物品	是否将第 i 种物品装入背包
C	妈妈所给的资金的总额	背包的总容量

由此可见，为问题建立数学模型十分重要。如果我们设计了解决上述数学模型相应的算法，那么该算法就可以解决所有能够用该数学模型刻画的问题。因此，读者在学习特定算法时，需要重点关注一个算法所解决问题的数学模型。能够设计某个数学模型的算法，就掌握了解决一系列类似问题的算法。此外，在实际生活或工作中，要善于分析所面临的问题，并尝试将其进行形式化建模，建立对应的数学模型，然后寻求适合该问题的算法。

特别需要指出的是，计算机领域相关的学术论文一般都含有“问题定义和形式化建模”小节，该小节将对所要解决的问题进行分析并建立相应的数学模型。因此，问题抽象与建模能力是科研人员的一种基本能力。

4. 计算模型

计算模型是依附于具体算法的，是从计算机的角度给出求解问题的核心操作。首先，确定问题所需的数据结构，即采用何种方式组织输入数据、中间数据和最终结果；然后，确定采用何种方式对数据进行处理，以得到最终的输出结果。

计算模型是算法设计的核心部分。对于一个特定问题，给出了计算模型，往往就确定了所采用的具体算法。例如，对于求整数 n 的阶乘问题，我们知道，0 的阶乘等于 1，大于 0 的整数 n 的阶乘等于 $n-1$ 的阶乘与 n 的乘积。因此，我们可以采用如下三个计算模型。

(1) 采用迭代计算方式。通过循环，依次计算 1～n 的每个整数的阶乘，在此过程中，用新的阶乘取代旧的结果。设置循环变量 i 取值为 1～n，令初始阶乘 v 的值等于 1，在循环体中不断更新 v 的值，从而得到循环变量 i 的阶乘，其核心操作为：$v \leftarrow v * i$。当循环结束时，变量 v 的值就是整数 n 的阶乘。

(2) 采用数组存储的迭代方式。首先，定义数组 v，大小为 n，假设下标从 1 开始，数组中的每个元素值为对应下标的阶乘，即数组的第 i 个元素值等于整数 i 的阶乘，初始化 $v[1]$的值为 1，然后，依次计算每个整数的阶乘并填充到数组，设置循环变量 i 取值为 2～n，在循环体中不断更新计算整数 i 的阶乘，其核心代码为：$v[i] \leftarrow v[i-1] * i$。当循环结束时，数组的第 i 个元素值等于整数 i 的阶乘，因此，元素 $v[n]$即为所求整数 n 的阶乘。

(3) 采用递归思想。根据阶乘的递归定义，可以很自然地设计递归函数 $f(i)$，其核心代码就是分支语句，当 i 等于 0 时，返回 0 的阶乘 1，否则，返回整数 i 与函数 $f(i-1)$的乘积。该递归函数可以表示如下：

$$f(i)=\begin{cases}1, & i=0 \\ i \times f(i-1), & i>0\end{cases}$$

可以看出，计算模型不同，其实现方式也不同，因而对应着不同的算法设计。

5. 算法设计

算法设计是根据问题的输入，设计详细的操作步骤，通过这些步骤最终产生问题的输出结果，其核心在于：采用合适的算法策略和数据结构，并实现计算模型的核心代码。算法设计是计算机解决具体问题的关键。算法设计一般采用常见的顺序结构、分支结构和循环结构来具体实现问题输入到输出的转换。在此过程中，要重点关注算法的 5 个特征，即确定性、可行性、有穷性、输入和输出。我们可以采用多种算法描述方式，比较通用的是伪代码。在采用伪代码形式描述算法时，需要重点关注算法的确定性和有穷性。

例如，对于整数阶乘问题，我们设计了上述 3 个计算模型，其所对应的算法描述如下。

算法 2.2.1：阶乘算法(针对计算模型(1))

输入：整数 n，其中 $n>0$

输出：整数 n 的阶乘

```
v = 1 //阶乘的初始值
for i = 1 to n do
    v = v * i
endfor
return v
```

算法 2.2.2：阶乘算法(针对计算模型(2))

输入：整数 n，其中 $n>0$

输出：整数 n 的阶乘

```
v[1] = 1 //初始化 1 的阶乘
for i = 2 to n do //依次计算整数 i 的阶乘
    v[i] = v[i − 1] * i
endfor
return v[n]
```

算法 2.2.3：阶乘算法(针对计算模型(3))

输入：整数 n，其中 $n>0$

输出：整数 n 的阶乘

```
value = f (n) //调用递归函数 f
return value
```

int f(int n) //递归函数

```
if n = 1 then
    return 1
else
    return n * f (n − 1)
endif
```

此外，我们还可以设计相应的高级语言程序，并在此基础上调试和运行，以评估算法的效率和正确性。

6. 算法分析

算法分析的主要任务是对所设计的算法进行正确性、时空效率相关的分析，在保证算法正确性的前提下，重点分析算法的时空复杂度。通过算法分析，可以在算法实现之前确定算法理论上的性能，从而判断所设计的算法是否满足时间、空间方面的实际需求。在算法效率方面，重点是进行时间效率的评估和分析，一般以渐进时间复杂度为评估标准。

需要指出的是，即使时间复杂度相同的两个算法，其实际的运行时间也可能存在很大差别。例如，对于整数 n 的阶乘问题，上面所设计的 3 个算法的时间复杂度相同，均为 $O(n)$，但是，它们的效率存在较大差别。算法 2.2.1 时空效率最高；算法 2.2.2 采用了一维数组，要比算法 2.2.1 效率低；算法 2.2.3 虽然没有采用数组存储，但是却采用了效率极低的递归函数，而在多次递归调用递归函数时，系统会使用大量的辅助存储空间和时间以完成递归函数的调用和返回，导致其实际效率最低。

7. 算法优化

算法优化的主要任务是针对所设计的算法，采用效率更高的等价算法替换它，或者采用效率更高的操作替换原算法的部分，其目的是提高算法的时空效率。优化有 3 个层次，第 1 个层次就是算法优化，第 2 个层次是高级语言源程序的优化，第 3 个层次是编译系统对高级语言源程序进行编译时的优化，其中，算法优化是最高级的优化。针对同一个问题，可以设计出很多种不同的算法，这些算法根据时空复杂度可以进行优劣排序。针对一个算法，可以有不同的实现方式，采用不同的数据结构或程序设计语言实现算法，这属于第 2 个层次的优化。一旦算法确定了，其理论时间复杂度往往也就确定了，在对其进行具体实现时，所能带来的算法效率改善往往不大。第 3 个层次的优化无须用户参与，这是高级语言编译程序自动完成的。因此，我们需要关注第 1、2 个层次的优化，重点是第 1 个层次的优化，就是通过分析问题，设计多种不同的算法解决该问题。

在具体问题的求解过程中，算法设计七步曲并不完全是必需的。为了简单起见，我们往往采用更为灵活的步骤，即将多个步骤合并为一个步骤，例如，可以采用如下步骤：问题定义与数学模型、算法设计、算法分析与实现。此外，由于算法的时空复杂度一般是基于理论推导的渐进时间复杂度，人们往往用某种高级语言对算法进行编程实现并运行，以实际数据测试算法的实际性能，在此基础上进行算法优化。

2.3 迭代策略与算法设计方法

迭代(iteration)就是用变量的旧值通过循环机制不断递推出该变量的新值的过程，直到某种条件(如循环次数达到指定数值、新值与旧值的差在一定的范围内等)得到满足。迭代算法策略是利用待解决的问题所包含的子问题之间的某种递推关系求解问题的一种方法。通常递推算法策略包括顺序递推算法策略和倒序递推算法策略。迭代策略通常用于求解数值计算问题，如求解定积分、数列求和、函数求值等。

2.3.1　顺序递推算法策略与设计方法

【策略思想】 按从小到大的顺序，采用递推规则计算一系列问题的解。顺序递推算法策略的基本思想是求解规模为 n 的问题时，通常 $n=1$ 时的子问题的解是已知的，或者能非常方便地得到；然后，用 $n=1$ 时的子问题的解构造 $n=2$ 时的子问题的解的公式是已知的；同理，用 $n=2$ 时的子问题的解构造 $n=3$ 时的子问题的解的公式也是确定的。以此类推，直至得到规模为 n 的问题的解。

> 要循序渐进！我走过的道路，就是一条循序渐进的道路。
>
> ——华罗庚
>
> 不积跬步，无以至千里；不积小流，无以成江海。……锲而不舍，金石可镂。
>
> ——荀子

【问题特征】

(1) 初始小问题的解是已知的，需要依据初始小问题的解，不断重复地推导，最终推导出待解决的大问题的解。

(2) 从初始小问题的解推导次小问题的解的规则是已知的或能够观察得出的。以此类推，一系列中间较小问题的解可以由解的推导规则从其前一个更小问题的解依次推导得到。

【算法步骤】

(1) 计算初始小问题的解，并设置为当前小问题的解。

(2) 处理：判定当前小问题的解是否是待解决问题的最终解，如果当前小问题的解不是待解决问题的最终解，则根据当前小问题的解和后继次小问题的解之间的递推规则(问题描述中已知)，求解次小问题的解，并将次小问题设置为当前小问题，然后继续执行第(2)步；否则(即当前小问题的解是待解决问题的最终解)，执行第(3)步。

(3) 输出：待解决问题的最终解。

【典型问题】

(1) 累加求和问题。

(2) 求两个整数的最大公约数问题。

(3) 兔子繁殖问题(即斐波那契数列问题)。

【算法实例】 累加求和问题。

问题描述： 计算 $1+2+3+\cdots+100$ 的值。

问题分析： 这是一个 1～100 的自然数求和问题，需要使用一个加法器完成 1～100 的自然数累加。

数学模型： 该问题的数学模型为

$$S=1+2+3+\cdots+100$$

求 S 的值。

计算模型： 该问题的递推公式为 $S\leftarrow S+i$，其中，S 的初值为 0。递推的约束条件为 $1\leqslant i\leqslant 100$。

算法设计： 1～100 的自然数求和算法(自然语言描述)。

(1) 加法器 S 赋初值 $S\leftarrow 0$，变量 i 赋初值 $i\leftarrow 1$，然后执行步骤(2)。

(2) 如果 $i\leqslant 100$，那么将变量 S 的当前值和变量 i 的当前值求和，然后用求和之后所得到的结果替换 S 的当前值，即对变量 S 的值进行迭代 $S\leftarrow S+i$，之后执行步骤(3)；否则，即 $i>100$ 时，执行步骤(4)。

(3) 用 i 的当前值加 1 后得到的结果替换 i 的当前值，即 $i \leftarrow i+1$；然后重复执行步骤(2)。

(4) 输出求和结果 S 的值。

算法设计： 1～100 的自然数求和算法 2.3.1(伪代码描述)。

算法 2.3.1：1～100 的自然数求和算法

输入：无

输出：1～100 的自然数累加值 S

```
1:  S = 0 //初始化累加值
2:  for i = 1 to 100 do //进行迭代计算
3:      S = S+i
4:  endfor
5:  return S
```

算法分析： 上述算法执行最频繁的是第 3 行，共执行 100 次。一般来说，当 i 的上限为 n 时(任意大小的加法累加器)，第 3 行共执行 n 次。因此，算法时间复杂度是 $T(n) = O(n)$，即该算法具有线性时间复杂度。

程序设计： 算法 2.3.1 的 C 语言程序 2.3.1-1。

```c
# include <stdio.h>
int main(int argc, char *argv[])//主程序
{
  int i, S=0;
  for(i=1; i<=100; i++)
     S=S+i;
  printf("1 到 100 的自然数累加值为: %d\n", S);
  return 0;
}
```

程序执行： 在 C 语言环境下执行程序 2.3.1-1，得到图 2.2 所示的结果。

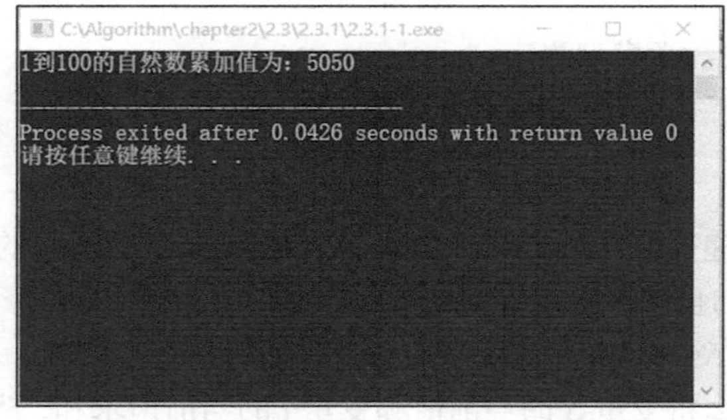

图 2.2　求 1～100 的自然数求和程序 2.3.1-1 的运行结果截图

算法优化：值得注意的是，程序 2.3.1-1 第 5 行中“i< = 100”直接导致了程序能且只能计算 1～100 的自然数累加结果，而不能计算其他多个自然数的累加结果。那么，如何修改程序 2.3.1-1 使其能够成为对任意自然数序列求和的通用加法器呢？既然语句“i< = 100”导致了上述问题，那么自然而然的程序修改思路是：把语句“i< = 100”中的 100 改为一个任意数，任意数通常用一个变量表示，如用 n 表示任意自然数。也就是说，我们把语句“i< = 100”修改为语句“i< = n”。但是，仅仅做这样的修改之后再执行被修改后的程序，系统会给出错误提示，因为没有给变量 n 赋一个确定的数值(自然数)。因此我们还需要在第 5 行语句之前增加一个语句，专门给 n 赋值，从而形成通用的自然数求和程序。事实上，修改程序也是修改算法，因为程序是算法的具体实现，所以算法与程序必须是一致的。

为了体验算法与程序的一致性，我们在这里不厌其烦地说明对算法 2.3.1 进行修改以后得到的通用自然数求和算法。首先在算法 2.3.1 的步骤(1)中预先确定加法器中的最后一项 n 的值，然后把步骤(2)中的条件 $i\leqslant 100$ 修改为 $i\leqslant n$，再把步骤(2)中的 $i>100$ 修改为 $i>n$，就得到了通用自然数求和算法。

算法设计：通用自然数求和算法 (自然语言描述)。

(1) 加法器 S 赋初值 $S\leftarrow 0$，变量 i 赋初值 $i\leftarrow 1$，并确定加法器最后一项的值 n。

(2) 如果 $i\leqslant n$，那么将变量 S 的当前值和变量 i 的当前值求和，然后用求和之后所得到的结果替换 S 的当前值，即对变量 S 的值进行迭代 $S\leftarrow S+i$，之后执行步骤(3)；否则，即 $i>n$ 时，执行步骤(4)。

(3) 用 i 的当前值加 1 后得到的结果替换 i 的当前值，即 $i\leftarrow i+1$；然后重复执行步骤(2)。

(4) 输出求和结果 S 的值，算法结束。

算法设计：通用自然数求和算法 2.3.2(伪代码描述)。

算法 2.3.2：通用自然数求和算法

输入：自然数 n

输出：1～n 的自然数累加值 S

```
1:  S = 0 //初始化累加值
2:  for i = 1 to n do //进行迭代计算
3:     S = S+i
4:  endfor
5:  return S
```

算法分析：当 i 的上限为 n 时(任意大小的加法累加器)，第(2)步(对应程序第 3 行)共执行 n 次，即算法基本操作执行频度为 n。因此上述任意大小的加法累加器算法的时间复杂度为 $T(n)=O(n)$，即该算法具有线性时间复杂度。算法执行过程中总共有 3 个辅助变量 i，n 和 S，分别需要 1 个内存单元，共需 3 个内存单元。因此，算法空间复杂度是 $S(n)=O(3)=O(1)$，即常数级空间复杂度。

程序设计：算法 2.3.2 的 C 语言程序 2.3.2-2。

```
# include <stdio.h>
```

```
int main(int argc, char *argv[ ])//主程序
{
  int i, n, S=0;
  printf("请输入一个自然数：");
  scanf("%d", &n);
  for(i=1; i <= n; i++)
     S=S+i;
  printf("求和结果为：%d\n", S);
  return 0;
}
```

程序执行：在C语言环境下执行程序2.3.2-2，则得到图2.3所示的结果。

图2.3　通用自然数求和程序2.3.2-2的运行结果截图

这里，我们之所以详细解析这个简单算法的优化过程，主要是让初学者体会如何完善和扩展一个算法及其程序，在本书后续章节对简单程序的扩展不再详细解析。

思考：算法2.3.2能够被进一步优化吗？请读者讨论、分析和体验。

2.3.2　倒序递推算法策略与设计方法

【策略思想】　倒推求源，由果溯因。倒序递推算法策略是顺序递推算法策略的逆过程，倒序递推算法策略是对某些特殊问题所采用的从后向前推导问题的解的方法。

【问题特征】

(1) 初始时，能够得到问题最后阶段的值，设为当前值。

(2) 前后两个阶段的值之间的递推关系已知。

(3) 按照从后到前的顺序和递推关系，依次计算当前值，直到得到问题的解。

【算法步骤】

(1) 输入：问题最后阶段的值(问题描述中已知)，设为当前解。

(2) 处理：判定当前解是否是待解决问题的最终解，如果当前解不是待解决问题的最终解，则根据当前解和递推规则(问题描述中已知)，求解前一阶段的值，并设为当前解，然后继续执行第(2)步；否则，即当前解是待解决问题的最终解，执行第(3)步。

(3) 输出：待解决问题的最终解。

【典型问题】　猴子吃桃问题。

【算法实例】　猴子吃桃问题。

问题描述：一群猴子开始时摘了若干个桃子，从第一天开始，每天吃现有桃子的一半多一个，到第十天就只有一个桃子了，问猴子最初共摘了多少桃子？

问题分析：我们用 i 表示天数，$d[i]$表示每天剩余的桃子数，则每天剩余的桃子数推算如下，$d[10]=1$，$d[10]=d[9]/2-1$，$d[9]=d[8]/2-1$，…，$d[2]=d[1]/2-1$。变换上述公式得到：$d[10]=1$，$d[9]=2(d[10]+1)$，$d[8]=2(d[9]+1)$，…，$d[1]=2(d[2]+1)$。把 $d[10]=1$ 代入 $d[9]=2(d[10]+1)$，得 $d[9]=4$，这样依次倒推，直到求得 $d[1]$。

数学模型：已知 $d[10]=1$，$d[i]=2(d[i+1]+1)$，$i=9$，8，…，1，求 $d[1]$的值。

计算模型：$d[i]\leftarrow 2(d[i+1]+1)$，$i=9$，8，…，1。

算法设计：猴子吃桃问题的求解算法(自然语言描述)。

(1) 初始设置 $d[10]=1$；$i=9$。

(2) 如果 $i\geqslant 1$，那么计算 $d[i]\leftarrow 2(d[i+1]+1)$求得 $d[i]$，然后执行步骤(3)；否则，即 $i<1$ 时，执行步骤(4)。

(3) 用 i 的当前值减 1 后得到的结果替换 i，即 $i\leftarrow i-1$；然后执行步骤(2)。

(4) 输出 $d[1]$的值。

算法设计：猴子吃桃问题算法 2.3.3(伪代码描述)。

算法 2.3.3：猴子吃桃问题算法

输入：第 10 天的桃子数 m

输出：第 1 天的桃子数

```
1:  d[10] = m
2:  for i = 9 to 1 do //进行迭代计算
3:     d[i] = 2 * (d[i + 1] + 1)
4:  endfor
5:  return d[1]
```

算法分析：该算法执行次数最为频繁的是第 3 行，共执行 9 次，即基本操作 $d[i]\leftarrow 2(d[i+1]+1)$共执行 9 次，算法的基本操作执行次数 $f(n)=9$。因此，算法的时间复杂度记为 $T(n)=O(f(n))=O(9)=O(1)$，即常数级时间复杂度。算法执行过程中总共有两个辅助变量即 i 和 d，其中数组变量 $d[\,]$共需要 10 个内存单元，i 需要 1 个内存单元，算法需要的内存单元数为 $g(n)=11$。因此，算法空间复杂度是 $S(n)=O(g(n))=O(11)=O(1)$，即常数级空间复杂度。

程序设计：算法 2.3.3 的 C 语言程序 2.3.3-1。

```
# include <stdio.h>
int main(int argc, char *argv[])//主程序
{
  int i;
  int d[11];
  d[10]=1;
  for(i=9; i>=1; i--)
     d[i]=2*(d[i+1]+1);
  printf("第一天的桃子个数为: %d\n", d[1]);
  return 0;
}
```

程序执行：在 C 语言环境下执行程序 2.3.3-1，则得到图 2.4 所示的结果。

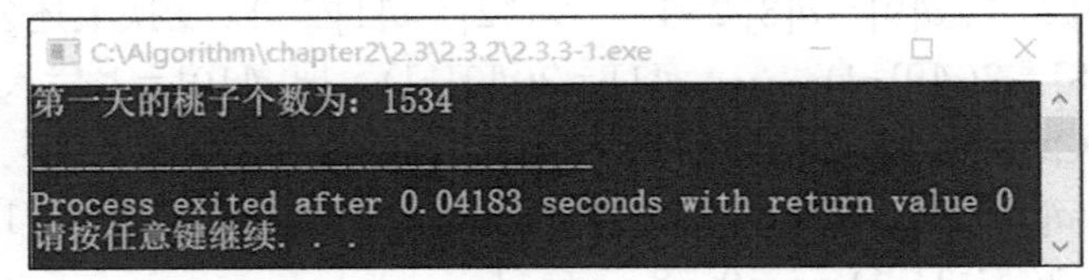

图 2.4　猴子吃桃程序 2.3.3-1 的运行结果截图

思考：如果最后一天是任意动态指定的，最后一天剩余的桃子数也是任意动态指定的，例如，已知第 48 天剩余的桃子数是 5，问第 1 天猴子共摘了多少桃子？如何修改算法 2.3.3 解决类似这样的问题？请参考算法 2.3.1 的修改思路，把算法 2.3.3 扩展为解决此类问题的通用算法，设计相应的程序，并分析算法的时间复杂度，然后在计算机上执行，体验改进后的算法的优点。

可以看出，递推算法与数学归纳法证明具有很多相似之处，都需要知道递推的基础和递推的依据。请读者仔细体会。

2.4　蛮力策略与算法设计方法

【策略思想】　蛮力策略，也称蛮力搜索策略、暴力搜索策略、穷举策略，其基本思想是把待解决问题的解的所有可能情况交给计算机一一检查或尝试，从中找出问题的正确解。该策略的关键是采用某种方式将待解决问题的所有可能解一一列举出来，在列举过程中，逐一尝试或检查，从而找出满足条件的解。

> 一般来说，蛮力策略常常是最容易实现的方法，在面对规模较小的问题时，其效率较高。
>
> 蛮力策略的“力”指的是计算机的“算力”，而不是人的“智力”。
>
> 蛮力策略可能是唯一一种几乎什么问题都能解决的一般性方法。

【问题特征】

(1) 待解决问题的所有可能解是已知的并具有有限个数。

(2) 待解决问题的正确解必须满足的条件是已知的。

(3) 能够采用某种方式将待解决问题的所有可能解遍历一遍。

【算法步骤】

(1) 确定待解决问题的所有可能解的范围。

(2) 采用某种方式将所有可能解依次处理，检查当前解是否为待解决问题的解。若是，则输出并结束，若不是，则考虑下一个可能解，直到所有可能解均检查完毕，此时，输出原问题无解。

【典型问题】

(1) 查找问题。

(2) 百钱百鸡问题。

(3) n 个数中找最值问题。

(4) 密码的暴力破解。

【算法实例 1】 查找问题。

问题描述：在 n 个数构成的序列中查找是否存在指定的数(如 23)，如果这个序列中存在指定的数 23，那么输出 23 是第几个数；否则，输出“不存在 23”的提示。

问题分析：我们用 9 以内的数字实例来理解问题。例如，假设这个数据序列由 3 个数构成(即 $n=3$)：20，11，16，那么如何在这个序列中查找是否存在 23 呢？这样，我们就把 n 个数据构成的序列具体化为 3 个数构成的序列，极大地简化了问题，很容易理解。当然，这个序列可以由 1 个、2 个、3 个或更多个数构成，我们之所以使用 3 个数的序列来理解这个问题，是因为 1 个数的序列太简单，没有普遍的代表性；2 个数的序列比 1 个数的序列稍微有代表性，但仍然太简单，不利于想象 n 个数的序列情况将会如何；3 个数的序列似乎具有一定的代表性，如果理解清楚 3 个数中查找 23 的过程步骤，那么很容易推广到 n 个数的序列中如何查找 23 的情形；4 个数的序列也是可以的，只是比 3 个数的序列稍微繁琐了一些。理解问题的实例越简单越好，这符合人的认识从简单到复杂的自然过程。现在的问题是：究竟如何在序列{20，11，16}中查找 23 呢？人们很自然想到的是从第一个数 20 开始按顺序依次比较判断：比较 20 与 23，不相等；接下来比较 11 与 23，也不相等；再比较 16 与 23，也不相等。因此判定序列中不存在指定的数 23。注意，比较过程是从序列第一个数开始依次进行比较判断直至最后一个数，对每一个数是否等于 23 都进行判断，这正是蛮力算法思想的体现。

数学模型：从 n 个实数构成的集合$\{d_1, d_2, \cdots, d_n\}$中查找是否存在数 23，其中 n 是任意正整数，d_i是任意实数，$1 \leqslant i \leqslant n$。

计算模型：把集合$\{d_1, d_2, \cdots, d_n\}$中的 n 个数依次存储在一维数组 d 中，令 i 分别为 1，2，…，n，如果 $d[i]=23$ 成立，那么第 i 个数是 23，否则在数组 d 中继续查找，直到序列最后一个数被比较判断之后，处理过程结束，这是一个循环比较的过程。

算法设计：n 个数构成的序列中查找是否存在数 m 算法(自然语言描述)。

(1) 输入待查找的数 m 和序列中数据总个数 n，并把 n 个数的序列存储在一维数组 $d[1..n]$ 中，令数据位次变量 i 的值为 1。

(2) 比较判断数据序列 d 中的第 i 个数 $d[i]$是否等于 m，如果相等，那么第 i 个数 $d[i]$就是所要查找的数 m，转到步骤(3)，否则，递增数据位次变量 $i \leftarrow i+1$，若 i 的值大于 n，则转到步骤(4)，否则重复执行步骤(2)。

(3) 输出该数在 d 中的排列位次 i，算法结束。

(4) 输出无解的结论(即−1)，算法结束。

算法设计：n 个数构成的序列中查找是否存在数 m 算法 2.4.1(伪代码描述)。

算法 2.4.1：查找问题算法

输入：序列长度 n、待查找数 m、序列元素 $d[1..n]$
输出：m 的位次 i，不存在则输出−1

```
for i = 1 to n do
    if d[i] = m then
        return i
        break
    else if i = n then
```

```
6:            return -1
7:         endif
8:     endfor
```

算法分析： 该算法执行次数最为频繁的是第 2 行的数据比较判断操作，这个基本操作最坏情况下的执行频次为 n。因此算法的时间复杂度为 $T(n) = O(n)$。另外，该算法使用了一个具有 n 个元素的数组变量，其需要 n 个内存单元；还使用了 1 个辅助变量(变量 i)，其需要 1 个内存单元。因此，算法共需要的内存单元个数为 $n+1$，则算法的空间复杂度为 $S(n) = O(n+1) = O(n)$。

程序设计： 算法 2.4.1 的 C 语言程序 2.4.1-1。

```c
#include <stdio.h>
include <malloc.h>
void SerchNum(int n,double m,double d[])
{
  for(int i=1; i<=n; i++)
     if(d[i]==m){
         printf("第%d 个数是%g\n", i, m);
         break;
     }
     else if(i==n)
         printf("不存在%g\n",m);
 }
```

```c
int main()
{
  int n;
  double m;
  double *d;
  printf("请输入要查询的实数：");
  scanf("%lf", &m);
  printf("请输入序列长度：");
  scanf("%d", &n);
  d=(double *) malloc(sizeof (double)*(n+1));
  printf("请输入序列数组：");
  for(int i=1; i<=n; i++){
     scanf("%lf", &d[i]);
  }
  SerchNum(n, m, d);
}
```

程序执行： 程序执行结果如图 2.5、图 2.6 所示。需要指出的是，程序支持在实数范围内进行查找，因此设置数字类型为双精度浮点型。

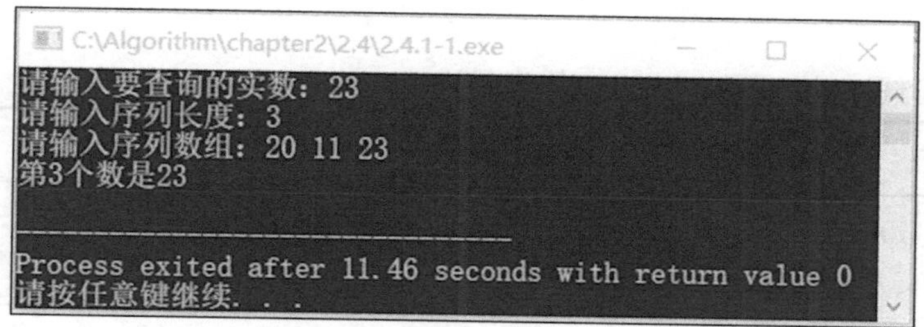

图 2.5　查找问题的程序 2.4.1-1 查找成功时的运行结果截图

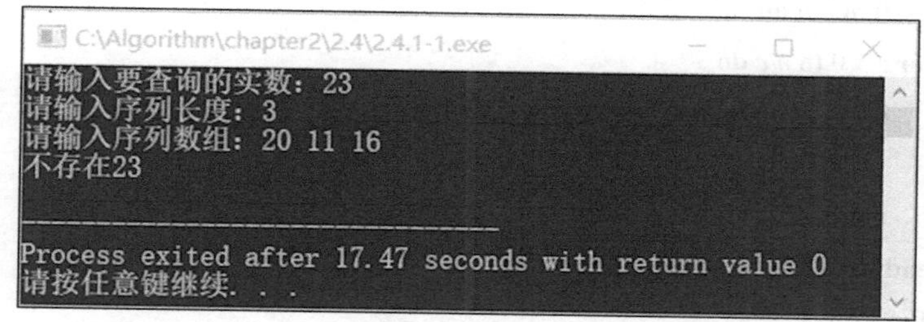

图 2.6　查找问题的程序 2.4.1-1 查找失败时的运行结果截图

【算法实例 2】　百钱百鸡问题。

问题描述：如何用 100 元买 100 只鸡？已知：一只公鸡价值 5 元，一只母鸡价值 3 元，3 只小鸡价值 1 元，现在需要将 100 元全部用完，并且恰好买 100 只鸡。

问题分析：用 100 元钱恰好买 100 只鸡，100 元钱恰好用完，并且公鸡、母鸡、小鸡总数恰好为 100 只；我们用 x，y，z 分别表示购买的公鸡、母鸡、小鸡数量，显然 x，y，z 是非负整数(例如，不可能买半只)。因为只有 100 元，所以最多能购买到公鸡的数量是 100/5，最多能购买到母鸡的数量是 100/3，最多能购买到小鸡的数量是 3×100。当然可以不购买公鸡、母鸡或小鸡，因此购买每一种鸡的最小数量均是 0。问题的复杂性就在于存在两个约束，我们现在需要找到所有符合两个约束的公鸡、母鸡和小鸡的数量组合(x，y，z)，即 $x+y+z=100$，并且 $5x+3y+z/3=100$。在蛮力搜索范围 $0\leqslant x\leqslant 100/5$，$0\leqslant y\leqslant 100/3$ 和 $0\leqslant z\leqslant 3\times100$ 之内，逐一判断每一个(x，y，z)组合是否满足约束 $x+y+z=100$ 和 $5x+3y+z/3=100$，用嵌套的三重循环建模。如果(x，y，z)组合满足约束，那么这组数就是一个有效方案。这样穷尽所有可能的(x，y，z)组合的判定，即可找到所有的有效购买方案。

数学模型：查找 $0\leqslant x\leqslant 100/5$、$0\leqslant y\leqslant 100/3$、$0\leqslant z\leqslant 3\times100$ 范围内，且满足约束 $x+y+z=100$、$5x+3y+z/3=100$ 条件下的所有组合(x，y，z)。其中 x，y，z 均为非负整数。

计算模型：在 x,y,z 的取值范围内，对每个(x,y,z)的取值组合进行判断，若满足 $x+y+z=100$、$5x+3y+z/3=100$，那么当前的(x，y，z)组合是一个有效方案，遍历所有可能取值直到获得所有可能的组合。

算法设计：百钱百鸡问题算法(自然语言描述)。

(1) 输入(设置)经费总数 $n=100$，需购买的鸡总数 $d=100$，公鸡单价 $a=5$，母鸡单价 $b=3$，小鸡单价 $c=1/3$，x，y，z 是非零整数变量。

(2) 对[0，n/a]中的每一个 x，[0，n/b]中的每一个 y，[0，n/c]中的每一个 z，如果 $x+y+z=d$，并且 $ax+by+zc=n$，那么当前的(x，y，z)组合是一个有效购买方案，输出该方案(x，y，z)。

(3) 循环执行步骤(2)依次判断另一组(x, y, z)是否为有效方案，直到所有可能的组合方案判断处理完成。

算法设计：百钱百鸡问题算法 2.4.2(伪代码描述)。

算法 2.4.2：百钱百鸡问题算法

输入：经费总数 n、需购买的鸡总数 d、公鸡单价 a、母鸡单价 b、小鸡单价 c

输出：所有购买方案(公鸡 x，母鸡 y，小鸡 z)

```
1:  for x = 0 to n/a do
2:      for y = 0 to n/b do
3:          for z = 0 to n/c do
4:              if x+y+z = d and a*x+b*y+c*z = n then
5:                  return (x, y, z)
6:              endif
7:          endfor
8:      endfor
9:  endfor
```

算法分析：该算法执行次数最为频繁的操作是步骤(2)中判断 $x + y + z = d$ 和 $ax + by+ zc = n$ 两个等式是否成立(伪代码第 4 行)。由于这是一个三重嵌套循环，判断操作处于最内层循环，所以，该判断操作需要执行的总次数为 $f(n) = (n/a)\ (n/b)\ (n/c) = n^3 / (abc)$。我们把 a，b，c 的数值 5，3，1/3 代入 $f(n)$，则 $f(n) = n^3 \times 3 / (5\times3)$，因此算法时间复杂度为 $T(n) = O(f(n)) = O(n^3)$。另外，该算法使用 n，d，a，b，c 共 5 个简单变量来记录常数，共需要 5 个内存单元；使用了 3 个非负整数变量 x，y，z 来记录可能的购买方案中公鸡、母鸡和小鸡数量 3 个内存单元；因此算法总共需要的内存单元数为 $g(n) = 5+3 = 8$，算法空间复杂度为 $S(n) = O(g(n)) = O(8) = O(1)$，即常数空间复杂度。

程序设计：算法 2.4.2 的 C 语言程序 2.4.2-1。

```c
#include <stdio.h>
void BuyChicken(int n,int d)
{
    for(int x=0;x<=(n/5);x++)
        for(int y=0;y<=(n/3);y++)
            for(int z=0;z<=(n*3);z++)
                if((x+y+z)==d&&(5*x+3*y+z/3)==n&&z%3==0)
                    printf("公鸡数为：%d;母鸡数为：%d;小鸡数为：%d\n",x,y,z);
}
```

```c
int main()
{
    int n,d;
    printf("请输入经费总数：");
    scanf("%d",&n);
    printf("请输入需购买的鸡总数：");
```

```
        scanf("%d",&d);
        BuyChicken(n,d);
    }
```

程序执行：程序执行结果如图 2.7 所示，可以看出有 4 组可行解。

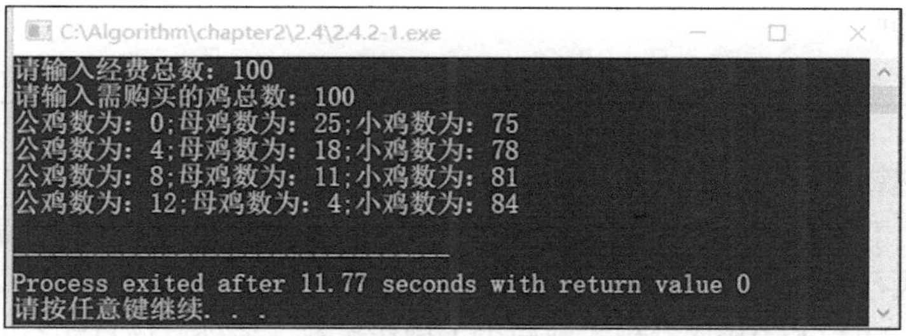

```
C:\Algorithm\chapter2\2.4\2.4.2-1.exe
请输入经费总数：100
请输入需购买的鸡总数：100
公鸡数为：0;母鸡数为：25;小鸡数为：75
公鸡数为：4;母鸡数为：18;小鸡数为：78
公鸡数为：8;母鸡数为：11;小鸡数为：81
公鸡数为：12;母鸡数为：4;小鸡数为：84

--------------------------------
Process exited after 11.77 seconds with return value 0
请按任意键继续. . .
```

图 2.7　百钱百鸡问题的程序 2.4.2-1 的运行结果截图

算法优化：分析算法 2.4.2，我们发现蛮力搜索的次数与总费用 n 有关，而且蛮力搜索的次数比较多，当总费用为 100 元时，就需要搜索 20 万次。想象一下，如果总费用是 1 万元、10 万元或更多时，蛮力搜索次数将变得多么庞大。因此算法 2.4.2 的执行时间效率很低。仔细分析算法 2.4.2，我们发现可以对算法进行优化，即当公鸡和母鸡数量 x 和 y 值确定之后，小鸡数量为 $z = 100-x-y$，不需要对[0，n/c]范围内的小鸡数量进行逐个蛮力搜索。事实上，上述算法优化是对待解决问题的数学模型进行优化，我们给出算法 2.4.2 的百钱百鸡问题的一种更为优化的解决方案。

数学模型：已知 x，y 的取值范围为 $0 \leqslant x \leqslant 100/5$，$0 \leqslant y \leqslant 100/3$，取 $z = 100 - x - y$，查找满足约束 $5x + 3y + z/3 = 100$、$z \bmod 3 = 0$ 条件下的所有组合$(x，y，z)$。其中 x，y，z 均为非负整数。

计算模型：根据 x，y 的取值，取 $z = 100-x-y$，对每个$(x，y，z)$的取值组合进行判断，若满足 $5x+3y+z/3 = 100$、$z \bmod 3 = 0$，那么当前的组合是一个有效方案，遍历所有可能取值直到获得所有可能的组合。

算法设计：百钱百鸡问题优化算法(自然语言描述)。

(1) 输入(设置)经费总数 $n = 100$，需购买的鸡总数 $d = 100$，x，y，z 是非零整数变量。

(2) 对[0，$n/5$]中的每一个 x，[0，$n/3$]中的每一个 y，$z = 100-x-y$，如果 $z \bmod 3 = 0$，并且 $5x + 3y + z/3 = n$，那么当前的$(x，y，z)$组合是一个有效购买方案，输出该方案(x, y, z)；然后循环执行步骤(2)依次判断下一组$(x，y，z)$是否为有效方案，直到所有可能的$(x，y，z)$组合方案判断处理完成。

算法设计：百钱百鸡问题优化算法(伪代码描述)。

算法 2.4.3：百钱百鸡问题优化算法

输入：经费总数 n、需购买的鸡总数 d

输出：所有购买方案(公鸡 x，母鸡 y，小鸡 z)

---

for $x = 0$ **to** $n/5$ **do**

```
2:     for y = 0 to n/3 do
3:         z = 100–x–y
4:         if z mod 3 = 0 and 5x+3y+z/3 = n then
5:             return (x, y, z)
6:         endif
7:     endfor
8: endfor
```

算法分析：该算法执行最为频繁的操作是第 4 行中判断 $z \bmod 3 = 0$ 和 $5x+3y+z/3 = n$ 两个等式是否成立。由于这是一个二重嵌套循环(循环变量为 x, y)，判断操作处于最内层循环，所以该判断操作需要执行的总次数为 $f(n) = n^2/(5\times3)$，因此算法时间复杂度为 $T(n) = O(f(n)) = O(n^2)$。但是，与算法 2.4.2 的 $O(n^3)$相比，极大地减少了操作次数。另外，该算法空间复杂度分析结果与算法 2.4.2 完全相同，这里不再重复。

细心的读者可以发现，上述优化算法的优势在于，当用于购买鸡的费用不是常数 100，而是任意数 n(整数变量)时，算法 2.4.3 的时间复杂度为 $T(n) = O(f(n)) = O(n^2/(5\times3)) = O(n^2)$，而算法 2.4.2 的时间复杂度为 $T(n) = O(f(n)) = O(3n^3/(5\times3)) = O(n^3)$。当 n 趋于无穷大时(即大规模问题)，优化后的算法 2.4.3 的时间复杂度比算法 2.4.2 的时间复杂度小得多。

程序设计：算法 2.4.3 的 C 语言程序 2.4.3-1。

```c
#include <stdio.h>
void BuyChicken(int n, int d)
{
    for(int x=0; x<=(n/5); x++)
        for(int y=0; y<=(n/3); y++){
            int z=100-x-y;
            if(((z%3)==0) && (5*x+3*y+z/3)==n)
                printf("公鸡数为：%d;母鸡数为：%d;小鸡数为：%d\n",x,y,z);
        }
}
```

```c
int main( )
{
    int n, d;
    printf("请输入经费总数：");
    scanf("%d", &n);
    printf("请输入需购买的鸡总数：");
    scanf("%d", &d);
    BuyChicken(n, d);
}
```

程序执行：程序 2.4.3-1 的执行结果如图 2.8 所示。

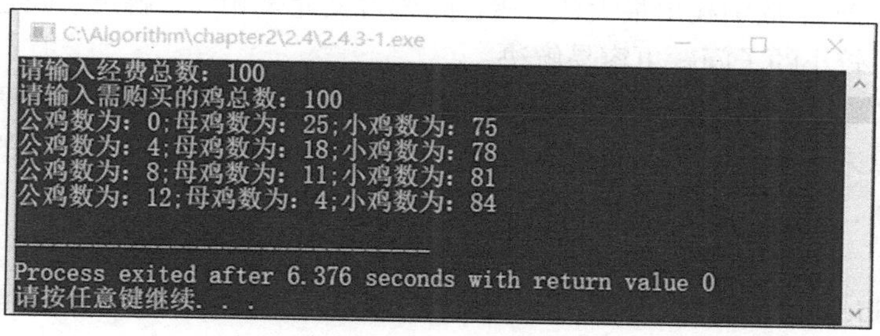

图 2.8　百钱百鸡问题的程序 2.4.3-1 的运行结果截图

2.5　分治策略与算法设计方法

分治(divide and conquer)是把一个规模较大的问题分为若干个子问题，然后将子问题继续向下分，一直到所分解的子问题能够容易地解决，通过将各子问题的解逐步合并，一步步向上，最终解决最初的问题。分治策略是递归策略的典型应用。这与中国古代《孙子兵法》中的“分而治之”的思想一致，原文是“故用兵之法，十则围之，五则攻之，倍则分之，敌则能战之，少则能逃之，不若则能避之”。

【策略思想】 分而治之，各个击破；一分为二；大处着眼，小处着手。分治策略的基本思想是面对一个较大规模的问题，直接解决这个问题比较困难，此时就将这个问题分解或拆分为若干个与原来的大问题“相似”的较小的子问题，直到所得到的子问题能够被容易解决为止；然后解所有子问题，再把子问题的解“合并”，从而得到大问题的解。

> 哲学家、物理学家笛卡儿说：“将面临的所有问题尽可能地细分，细至能用最佳的方式将其解决为止。”
>
> 还原论是一个哲学方法。分解和拆分可以在某种程度上看作还原论的通俗说法。还原论认为世界万物是由基本粒子组成的，这种组合性决定了它可以被拆分。整个近代科学的所有科学分支都以牛顿的力学理论为基石，用还原论方法来研究各自的对象，用公理化理论(至少是追求用这样的理论)解释自然。

【问题特征】

(1) 大问题可以分解为若干个规模较小的相似子问题，子问题规模缩小到一定程度时就可以容易地解决。

(2) 大问题不断分解出来的子问题往往是相互独立的，即所分解的子问题不再包含公共的更小的子问题。

(3) 可以通过合并子问题的解，构造得出较大问题的解。

上述将大问题分解为子问题的过程强调了子问题的相互独立性。首先，如果子问题不是相互独立的，那么分治法要做许多不必要的重复性的处理工作。当子问题之间存在公共子问题时，虽然也可以用分治法解决，但是每解决一个子问题，都需要首先解决子问题之间的公共子问题，结果造成公共子问题被重复求解，算法效率必然会降低，这时采用本书后面章节将要介绍的动态规划策略解决效率会比较高。其次，“相似的子问题”是指每个较小的子问题与原来的大问题相比较，仅仅是问题规模缩小了，其他的含义完全相同，所有子问题的含义完全相同，因而解决这些子问题的思路也完全相同。

例如，较大问题“从 100 个数中找出最大数”、较小的子问题“从 50 个数中找出最大数”、更小的子问题“从 25 个数中找出最大数”等，问题含义完全相同，解决思路也相同，仅仅是问题规模不断变小，较小的子问题更容易解决。

子问题的解“合并”得到原来大问题的解的含义是从被解决的小问题的解中通过综合分析和推导能够得出原来大问题的解，也就是说能够构造出大问题的解与其包含的小问题的解之间的递推关系。因而，分治法与递推法之间存在一定的相似性。

【算法步骤】

(1) 分解(divide)：将原问题分解为若干个规模较小、相互独立、与原问题形式相同的子问题。

(2) 解决(conquer)：对所分解的每个子问题，若所分解的子问题规模小到容易求解，则直接求解；否则，递归地分治求解各个子问题。

(3) 合并(merge)：将所分解的各个子问题的解合并为原问题的解。

【典型问题】

(1) 二分查找问题。

(2) 棋盘覆盖问题。

(3) 合并排序问题。

(4) 快速排序问题。

【算法实例 1】　折半查找(二分查找，binary search)问题。

问题描述：设某年级的 n 个同学已经按身高由低到高的顺序排好，现需要查找是否存在某一特定身高(如 1.88m)的同学，若存在，则返回该同学的位置，否则返回−1。

问题分析：上述问题是典型的在有序数列中查找特定数的问题，通常用折半查找方法求解，因此该问题一般称为折半查找问题。我们用 n 取 9 以内的实例来理解问题，假设共有 9 名同学，身高(为了简便，后面省略单位)分别为 1.62，1.64，1.65，1.78，1.79，1.82，1.87，1.88，1.89。

现在用分治法策略中的二分法求解上述问题。首先，将上述数据分为规模大小相等的两组数据，即先定位这 9 个数的中间位置的数：$(1 + 9)/2 = 5$，即第 5 个位置为中间位置，这个中间位置上的数是 1.79，以 1.79 为边界把 9 个数分成左右两组，即[1.62 1.64 1.65 1.78]和[1.82 1.87 1.88 1.89]。若将第 5 个位置的数据也考虑在内，上述数据也可看作 3 组数据。

然后，做出舍掉一组数据的决策，即用第 5 个位置(中间位置)上的数 1.79 和待查找的数据 1.88 相比较，如果相等，则待查找的数就在这个数组中，查找过程完成，返回位置 5；若不等，则依据数据满足依次增长规律的关系，舍掉一组数据，而保留另一组数据。目前，由于待查找数 $1.88 > 1.79$，所以待查找的数 1.88 不会在 1.79 的左边那组数中(因为 1.79 左边的数据都小于 1.79)，而只可能在 1.79 的右边那组数中。因此，我们不再考虑 1.79 左边的那组数，而把注意力放在 1.79 右边的那组数中，继续按上述二分法策略在 1.79 右边那组数[1.82 1.87 1.88 1.89]中查找是否存在 1.88。这时，数组[1.82 1.87 1.88 1.89]的中间位置是$(6 + 9)/2 = 7$。我们仍然采用这些数在原始数组中的位置进行计算，并且采用整除运算，保留整数 7，舍掉小数部分 0.5，第 7 位置的数 1.87 与待查找的数 1.88 相比较，由于 $1.87<1.88$，这两个数不相等，进而进行决策，在数组[1.88 1.89]中继续查找。数组[1.88 1.89]的中间位置是$(8+9)/2 = 8$，由于第 8 位置的数 1.88 就等于待查找数，因此，查找成功，返回 8。若待查找数据为 1.9，最终查找将失败，返回−1。

数学模型：n 个同学的身高数据构成有序列表 $A = < A_1, A_2, \cdots, A_n >$ (元素数值从小到大或从大到小排列，本例中假设从小到大排列)，则有序列表 A 的每一个元素对应一个同学的身高，查找问题转化为在 n 个数据构成的有序列表中查找是否存在数 $x = 1.88$，若存在，返回其位置，否则返回−1。若存在多个数据均等于待查找数 x，则返回这些数据的任意一个位置。因此，有序列表的查找问题的数学模型可表示如下：

$$f(A,x)=\begin{cases} i, & \exists i, A_i = x \\ -1, & \text{其他} \end{cases}$$

其中，函数 $f(A,x)$ 返回查找结果，若存在某个位置 i，其上的数据 A_i 与待查找数 x 相等，则返回该位置 i，否则返回−1。

计算模型：从数学模型上看，有序列表的查找问题与普通的查找问题的数学模型相同，其真正的不同之处就在于列表 A 是否有序。当 A 为有序列表时，我们采用分治策略，使用 i 表示序列的第一个元素位置，使用 j 表示序列的最后一个元素的位置，查找 $x = 1.88$ 的元素时，我们将此数据与 $A[(i+j)/2]$ 进行对比，若相等则表示找到了待查找数据，返回其位置 $(i+j)/2$；若 $A[(i+j)/2]>x$，则表示待查找数下标可能在 i～$[(i+j)/2]-1$ 区间内；若 $A[(i+j)/2]<x$，则表示待查找数下标可能在 $[(i+j)/2]+1$～j 区间内，之后更新查找区间，在子区间进行循环查找，直至查找成功或查找区间小于 1 并返回−1。

算法设计：折半查找问题算法(伪代码描述)。

算法 2.5.1：折半查找问题算法

输入：有序数组 A、待查找数 h、数组元素个数 n

输出：若查找成功，则返回元素所在位置 k，若失败，则返回−1

```
i = 1 //第 1 个数组元素位置
j = n //第 n 个(最后一个)数组元素位置
while (i ≤ j)
{
    k = [(i+j)/2] //数组元素的中间位置，[x]表示 x 的整数部分
    if (A[k] = h) then
       return k //输出
    else if (A[k] > h) then
       j = k−1 //待查找元素可能在中间元素左边
    else
       i = k+1 //待查找元素可能在中间元素右边
    endif
}
return −1
```

算法分析：对于普通查找问题，一般采用顺序比较的方式，即从第 1 个位置上的数开始，比较是否与待查找数相等，若相等，则返回对应位置，否则直到比较到第 n 个数。因此顺序查找算法的时间复杂度为 $O(n)$，效率较低。相反，对于有序列表的折半查找算法，可以采用更为高效的分治策略，通过上述代码中的 while 循环语句，每次循环后都可以排除一半数据，因此该算法的时间复杂度为 $O(\log_2 n)$。

程序设计：算法 2.5.1 的 C 语言程序 2.5.1-1。

```
# include <stdio.h>
int bSearch(double A[], double h, int n)//折半查找函数
{
    int i, j, k;
    i=1; //第 1 个数组元素位置
    j=n; //第 n 个(最后一个)数组元素位置
    while(i<=j)
    {
        k=(i+j)/2; //数组元素的中间位置
        if(A[k]==h)
            return k;//查找成功，寻找到待查找元素，返回
        else if(A[k]>h)
            j=k-1; //待查找元素可能在中间元素左边
        else
            i=k+1; //待查找元素可能在中间元素右边
    }
    return -1; //查找失败
}
```

```
int main( )//主程序
{
  int position;
  int n=9; //元素个数
  double A[10]={0, 1.56, 1.58, 1.59, 1.61, 1.63, 1.64, 1.65, 1.68,
  1.69}; //测试数组
  double h;//待查找的数
  printf("请输入待查找的数：");
  scanf("%lf", &h);
  position=bSearch(A, h, n);//调用 bSearch 函数，进行折半查找
  if(position!=-1)
    printf("查找成功，其位置为：%d\n", position);
  else
    printf("不存在身高为%f 的学生\n", h);
}
```

程序执行：我们给出的测试数组是 1.56, 1.58, 1.59, 1.61, 1.63, 1.64, 1.65, 1.68, 1.69。实验一为查找成功的情况，首先输入待查找元素 1.65，程序输出了待查找元素所在位置，程序执行结果如图 2.9 所示；实验二中设置的待查找数为 1.70，此时查找失败，程序执行结果如图 2.10 所示，输出提示数组中不存在该待查找数。

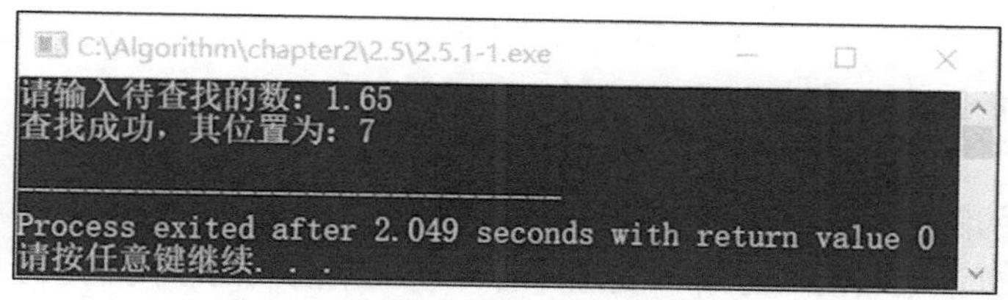

图 2.9　查找成功时的运行结果截图

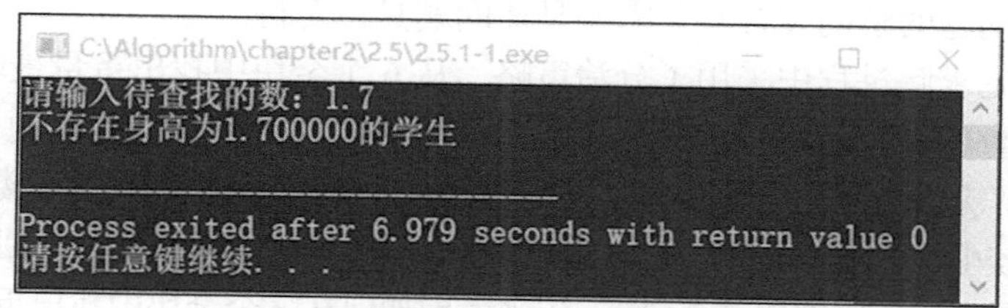

图 2.10　查找失败时的运行结果截图

【算法实例 2】　金块问题。

问题描述：老板有 n 个金块，希望最优秀的雇员得到其中最重的一块，最差的雇员得到其中最轻的一块。假设有一台比较重量的仪器，如何用最少的比较次数找出最重和最轻的金块？

问题分析：n 个金块的重量用数组 w 表示，其中，$w[i]$存储第 i 个金块的重量。找出数组 w 中的最小元素和最大元素的问题需要分别求解，其基本操作如下。

我们用 9 以内的实例来理解找最小元素问题，以中间数为边界把集合从中间分成两组。

(1) 假设只有 1 个金块，重 10g，则不需要比较轻重，最重者和最轻者是同一个金块，即比较 0 次。

(2) 假设有 2 个金块，一个重 10g，另一个重 16g，则需要比较 1 次，可以把最重者和最轻者确定下来。

(3) 当有多个金块时(假设有 6 块)，则用分治法(二分法)第一次把 6 个金块分成两组，第二次再分成 4 组，这时子问题规模已经达到了(1)或(2)的情形，这些较小的子问题很容易解决。假设 6 个金块重量已知(单位：g)。

原问题的金块重量依次为：　2　6　4　3　8　1

第一次一分为二成为 2 组：　[2　6　4]　[3　8　1]

第二次一分为二成为 4 组：　[2　6]　[4]　[3　8]　[1]

求解上述 4 个较小的子问题：　2　4　3　1

然而，这里仍然需要从 4 个相对较轻的金块中找出最轻的一个金块，从而获得原问题的解。两两“合并”上述 4 个子问题的解，即每两个重量相对较轻的金块又构成了一个新的金块问题，形成两个规模为 2 的新的金块问题。因此，“合并”子问题的解的过程变成了继续采用分治法求解 2 个新的金块问题。

4 个子问题的金块重量为：　2　4　3　1

第一次结果合并分为 2 组：　[2　4]　[3　1]

求解上述 2 个较小子问题：　2　1

再合并上述 2 个子问题的解，从而获得新问题的解。显然，此时的“合并”实际上又成为求解一个规模为 2 的金块问题。由于规模为 2 的金块问题可以直接解决，所以不需要再分解，求解过程如下：

问题中金块重量依次为： 2 1

直接求解： 1

这时，子问题的解的“合并”过程完成，找到的最轻的金块重量为 1g。我们从这个金块问题实例中可以理解分治策略的“分解—处理—合并”三个阶段的不同和联系，特别是子问题的解的“合并”过程中有可能再次采用分治策略，完成一个又一个“分解—处理—合并”的过程，所以分治策略的子问题的解的“合并”需要具体问题具体对待。

我们在上述问题求解过程中采用了分治策略，从 6 个金块中找出重量最轻的一个金块，那么如何找出重量最重的一个金块呢？显然，找出重量最重的一个金块的问题与找出重量最轻的一个金块的问题的解决方法是完全相同的，只是前者的子问题的解选择较大的数(金块重量)，后者的子问题的解选择较小的数(金块重量)，详细过程这里不再赘述。现在我们再回到实例 2 的问题，暂时不考虑如何用最少的比较次数这个要求，先来考虑如何从 n 个金块中找出重量最轻的一个金块和重量最重的一个金块。显然，我们只要执行一次上述找重量最轻的金块过程，然后执行一次类似找重量最重的金块过程，第二次求解子问题时保留每个子问题中重量较重的金块即可。

现在我们再回到算法实例 2 的问题，当考虑用最少的比较次数找出最重和最轻的金块时，如何设计算法呢？事实上，我们仔细分析会发现，采用二分法在每次把较大的问题分解为容易解决的子问题时，这些容易解决的子问题中要么包含两个金块，要么包含一个金块。当我们从包含两个金块的子问题中挑选出重量相对较轻的金块时，另一个必然是重量较重的金块；而当我们从只包含一个金块的子问题中挑选重量相对较轻的金块时，这个金块既是较轻的又是较重的，即较轻和较重的金块实际上是同一个金块。然后，我们把本次解决的所有子问题中较轻的金块放在一起，构成一个从中选择最轻的金块的新问题，再采用前述挑选最轻金块的方法找出最轻的金块；若把所有子问题中较重的金块放在一起，构成一个从中选择最重的金块的新问题，再采用前述挑选最重金块的方法找出最重的金块。

数学模型：n 个金块的重量构成 n 个元素的集合$\{w_1, w_2, \cdots, w_n\}$，找出最轻的金块和最重的金块就是从该集合中找出最小元素和最大元素。

计算模型：用分治策略中的二分法建立计算模型。数学模型中 n 个元素的集合用数组 $w[1\cdots n]$存储，表示 n 个金块的重量。用“自顶向下，逐步求精”的思路，把 n 个数的数组划分为两组(如果 n 小于等于 2，即只有两个数或一个数时不需要划分)，当 n 为大于 2 的偶数时，划分得到的两组数据个数相等，否则一组比另一组多 1 个数。如果划分后得到的较小规模的数组中的数据个数大于 2，则继续用相同的方法划分，直到得到的每一个较小的数组中包含 1 个或 2 个数据为止。这时，完成了问题求解的“分解”过程，这个过程是一个不断划分的过程。

算法设计：金块问题算法。

算法 2.5.2：金块问题算法

输入：金块数量 n、金块重量数组 w

输出：最小重量 min

```
min = findMin(1, n, w)
return min
```

函数 findMin(int i, int j, int w[ ]) //找最小重量金块递归函数

```
if  i = j  then  //数组中只有一个元素
    min = w[i]  //最小值即为该元素重量
else if  i = j-1  then  //数组中有两个元素，进行一次元素比较
    min = Min(w[i], w[j])  //将较小值赋给 min
else //数组中有两个以上元素
    mid = (i+j)/2  //以中间元素为分界将数组分为左右两个数组
    lmin = findMin(i, mid, w);  //递归找出左边数组的最小值
    rmin = findMin(mid+1, j, w);  //递归找出右边数组的最小值
    min = Min(lmin, rmin);  //将左右分组中最小值中较小的赋给 min
endif
return min
```

在算法 2.5.2 中，函数 Min 的功能是返回参数中的较小值。根据算法 2.5.2 的思想，可以得到求解最大重量金块的递归函数 findMax(int i, int j, int w[ ])，只需将每次元素比较找最小值的操作替换为找最大值的操作，在此不再赘述。

算法分析：上述算法中执行最频繁的操作是比较元素大小的操作，需要执行的比较次数 $T(n)$ 与问题规模 n 的递归关系式可表示如下：

$$T(n)=\begin{cases}0, & n=1\\ 1, & n=2\\ T(\lfloor n/2\rfloor)+T(\lceil n/2\rceil)+2, & n>2\end{cases}$$

上式中$\lfloor\ \rfloor$与$\lceil\ \rceil$两种符号分别表示下取整和上取整。由上式可以证明，当 n 是 2 的整数幂时，即对于某个正整数 k，有 $n=2^k$，利用分治法解决金块问题的时间复杂度为 $O(n)$。证明如下：

$$\begin{aligned}T(n)&=2T\left(\frac{n}{2}\right)+2\\&=2\left(2T\left(\frac{n}{2^2}\right)+2\right)+2\\&=4T\left(\frac{n}{2^2}\right)+4+2\\&=4\left(2T\left(\frac{n}{2^3}\right)+2\right)+4+2\\&=2^3T\left(\frac{n}{2^3}\right)+8+4+2\\&\cdots\\&=2^{k-1}T\left(\frac{n}{2^{k-1}}\right)+\sum_{i=1}^{k-1}2^i\end{aligned}$$

$$
\begin{aligned}
&= 2^{k-1} + \left(2^{k} - 2\right) \\
&= \frac{3}{2} \cdot 2^{k} - 2 \\
&= \frac{3}{2} \cdot n - 2
\end{aligned}
$$

程序设计：算法 2.5.2 的 C 语言程序 2.5.2-1。

```
#include <stdio.h>
int findMin(int i, int j, int a[])    //找金块重量的最小值
{
    int n1, n2, mid, min=0;
    if(i==j)
        min=a[i];   //分组的下标 i 与 j 相等时，将 a[i]赋给最小值
    else if(i==j-1) //i=j-1，判断 a[i]与 a[j]的大小并赋予 min 值
    {
        if(a[i]<=a[j])
            min=a[i];
        else
            min=a[j];
    }
    else
    {
        mid=(i+j)/2;   //找到中点
        n1=findMin(i, mid, a);  //递归找出第一组最小值 n1
        n2=findMin(mid+1, j, a); //递归找出第二组最小值 n2
        if(n1<=n2)    //判断 n1 和 n2 的大小，得到最小值 min
            min=n1;
        else
            min=n2;
    }
    return min;  //返回值 min
}
```

```
int findMax(int i, int j, int a[])    //找金块重量的最大值
{
    int m1, m2, mid, max=0;
    if(i==j)
        max=a[i];  //分组的下标 i 与 j 相等时，将 a[i]赋给最大值
    else if(i==j-1)  // i=j-1，判断 a[i]与 a[j]的大小并赋予 max 值
    {
        if(a[i]>=a[j])
            max=a[i];
        else
            max=a[j];
    }
```

```
    else
    {
        mid=(i+j) / 2;    //找到中点
        m1=findMax(i, mid, a);     //递归找出第一组最大值 m1
        m2=findMax(mid+1, j, a);  //递归找出第二组最大值 m2
        if(m1>=m2)    //判断 m1 和 m2 的大小，得到最大值 max
            max=m1;
        else
            max=m2;
    }
    return max;  //返回值 max
}
```

```
int main()   //主程序
{
    int n, i, a[100], max, min;  //定义变量
    printf("请输入金块数量：");
    scanf("%d",&n);  //输入数组大小
    printf("请依次输入金块重量：");
    for(i=0; i<n;i++)
        scanf("%d",&a[i]);    //循环输入数组元素
    max=findMax(0,n-1,a);    //利用函数 findMax 找出最大值 max
    min=findMin(0,n-1,a);    //利用函数 findMin 找出最小值 min
    printf("最重的金块重量为：%d\n", max);  //输出最大值
    printf("最轻的金块质量为：%d\n", min);  //输出最小值
}
```

程序执行：程序执行结果如图 2.11 所示。

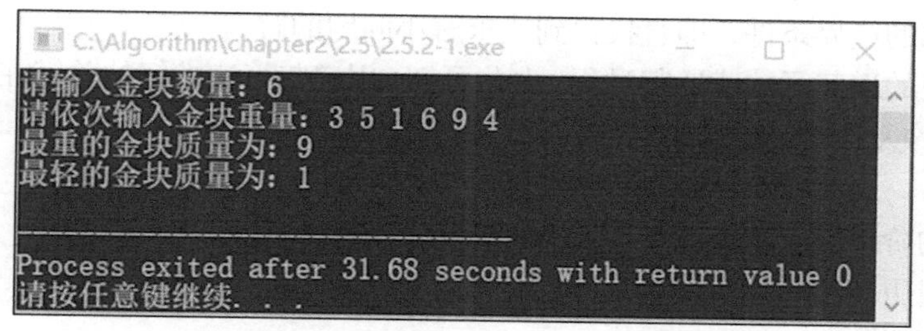

图 2.11　金块问题的程序 2.5.2-1 的运行结果截图

2.6　递归策略与算法设计方法

递归(recursion)是程序设计语言的基本概念，是指函数、过程或子程序在运行过程中直接或间接调用自身而产生的重入现象。递归通常用函数或过程表示。在高级程序设计语言中，如果一个过程或函数的定义包含其本身的引用(即调用自己)，则称该过程或函数是递归的；过程或函数直接或者间接调用自己，则称为递归调用。若一个函数直接调用自身，称为直接递归；若

该函数调用其他函数，而其他函数又再次调用该函数，则称为间接递归。

如果一个算法包含递归调用，我们称该算法为递归算法。从结构上看，一个递归算法由递归体和递归出口两部分组成，前者确定递归求解时的递推关系，后者确定递归到何时结束，也称为递归的边界条件。由此可以看出，如果一个问题可以通过其包含的小问题的解构造出来，即大问题的解和小问题的解之间存在包含关系或递推关系，那么，该问题可以用递归算法求解。显然，分治策略可以用递归算法实现。

递归思维的精髓：我们明白“简单问题易解”的道理，如果在生活中碰到了一个很复杂的难题，那么就可以利用“大事化小”的思考方式，将目前复杂的问题转换为较为简单的同类问题。如果可以，就先转换为简单的同类问题来解决，然后利用简单的同类问题解来构造复杂的同类问题的解。

【策略思想】 将大问题拆分为小问题，通过递归求解小问题，再由小问题的解构造原大问题的解。递归策略与分治策略类似，是分治策略的一种具体实现。递归策略的基本思想是：当求解规模为 n 的问题时，通常当问题规模 n 较小(如 $n=1$)时，问题的解(即递归出口，也称边界条件)是已知的或者能非常方便地得到；当问题规模 n 较大时，能够找到较大规模问题的解与若干较小规模问题的解之间的递推关系(即递归体，也称递推方程)，进而通过小问题的解构造出大问题的解。递归策略通常用于求解大型的、难以直接求解的复杂问题。

【问题特征】

(1) 大问题的解与其包含的若干小问题的解之间的递推关系可以用递推方程表示，进而使得能够通过小问题的解构造大问题的解。

(2) 在求解大问题的过程中，需要依据所构造的递推方程递归地求解小问题的解，进而得到大问题的解。

(3) 当问题规模足够小时，问题的解是已知或容易求解的。

【算法步骤】

(1) 构造大问题的解和小问题的解之间的递推关系，即建立递推方程。

(2) 确定递归的边界条件，即直接得到或求解小问题的解。

(3) 构造相应的递归函数或递归过程。由此可知，用递归算法求解的关键在于发现大问题和小问题的解之间的关系，并通过递推方程表示出来。

【典型问题】

(1) 求整数的阶乘问题。

(2) 二叉树遍历问题。

(3) 归并排序问题。

【算法实例】 求整数 n 的阶乘。

问题描述：已知整数 n ($n \geqslant 0$)，输出其阶乘。已知阶乘公式为

$$n! = 1 \times 2 \times \cdots \times n$$

问题分析：显然，整数 n 的阶乘计算可以通过迭代法实现，即通过一个循环实现从 1 到整数 n 的连乘。事实上，通过对阶乘公式的分析，我们发现，整数 n 的阶乘存在一个递归定义，即

$$n! = \begin{cases} 1, & n = 0 \\ n \times (n-1)!, & n \geqslant 1 \end{cases}$$

这显然是一个递归方程，因此，我们可以直接、方便地构造相应的递归算法。

数学模型： 将算法设计中的关键步骤用数学模型表达，则可以得出

$$\text{当}n \geqslant 1\text{时}, \quad n! = n \times (n-1)!$$

$$\text{当}n = 0\text{时}, \quad n! = 1$$

算法设计： 整数 n 的阶乘算法 2.6.1，用函数 Factorial 实现。

算法 2.6.1：整数 n 的阶乘算法

输入：整数 n

输出：整数 n 的阶乘

```
value = Factorial(n) //调用递归函数 Factorial
return value
```

函数 Factorial(int n) //递归函数

```
if n = 0 then
    return 1
else
    return n* Factorial(n−1)
endif
```

算法分析： 算法 2.6.1 的时间复杂度为 $O(n)$，其中 n 为给定的正整数，其空间复杂度为 $O(1)$。从执行过程可知，算法 2.6.1 的执行过程是不断地自调用，直到到达递归出口才结束自调用过程。由于在执行过程中需要保存和恢复现场，因而递归算法的时间和空间开销往往较大，在待解决问题规模较大时，其算法效率会大大降低。

程序设计： 算法 2.6.1 的 C 语言程序 2.6.1-1。

```
# include <stdio.h>
int Factorial(int n)//递归算法
{
  if(n==0)
    return 1;
  else
  return n*Factorial(n-1);
}
```

```
int main( )//主程序调用递归算法
{
  int n;
  printf("请输入整数：");
  scanf("%d", &n);
  printf("正整数%d 的阶乘是：%d\n", n, Factorial(n));
}
```

程序执行：程序执行结果如图 2.12 所示。需要指出的是，当整数 n 的值较大时，其阶乘将超过 C 语言程序所定义的整数取值范围，此时，可以设置阶乘类型为长整型或浮点型。

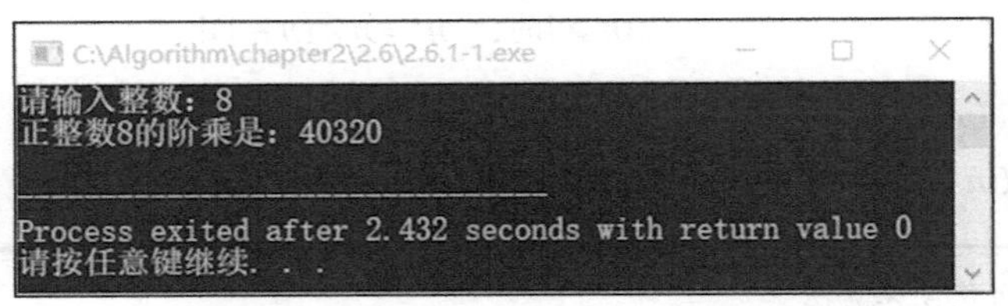

图 2.12　求阶乘程序 2.6.1-1 的运行结果截图

2.7　贪心策略与算法设计方法

贪心(greedy)策略是按照一定的顺序，每次只根据当前的局部信息，做出在当前看来最优的决策，步步追求最优，最终得出问题的解。贪心策略只考虑当前阶段的最优解，不考虑下一阶段的求解结果，所以得出的最终解不一定是整体最优解。注意，这里所说的是"不一定"，意味着有可能得到最优解，也有可能无法得到最优解。

【策略思想】　贪心策略总是做出在当前看来最好的选择。也就是说，贪心策略并不从整体最优性上考虑，它所做出的选择只具有某种意义上的局部最优性，通过局部最优选择试图逼近全局最优解(整体最优解)。虽然贪心策略不能使所有问题都得到整体最优解，但其算法效率一般较高，并且对某些满足一定特性的问题也能产生整体最优解。例如，单源最短路径问题、最小生成树问题等。值得注意的是，在一些情况下，即使贪心策略最终不能得到问题的整体最优解，但其最终的结果是最优解的一个很好的近似，而且贪心算法的设计与实现相对简单，算法运行效率较高。

> 贪心法只能解决生活中很少的一部分问题。
>
> 局部最优逼近全局最优。
>
> 事物往往具有两面性：贪心策略有时得不到问题的最优解，但其效率往往很高。

【问题特征】　对于一个具体的问题，如何知道是否可用贪心策略求解，以及能否得到问题的最优解呢？一般来说，如果一个问题具有贪心选择性质和最优子结构性质，那么我们就可以使用贪心策略得到该问题的最优解。

(1) 贪心选择性质：指所求问题的整体最优解可以通过一系列局部最优的选择，即贪心选择来达到。这是使用贪心选择算法能够求得最优解的问题的基本要素。

在贪心算法中，仅在当前状态下做出最好的选择，即局部最优选择。每做一次贪心选择就将所求问题简化为一个规模更小的与原问题类似的子问题，然后依次求解相应的子问题，直到最小的子问题得到解。贪心算法所做的贪心选择可以依赖于前一阶段所做出的选择，但不依赖于未来阶段的选择。对于一个具体问题，要确定它是否具有贪心选择性质，必须证明每一步所做的贪心选择最终导致问题的整体最优解。

问题具有贪心选择性质可用图 2.13 来形象地理解：每一个椭圆表示问题求解的每个阶段，在每个阶段都得到该阶段的一个最优解(椭圆里面的小图形)，然后把所得到的局部最优解传递给下一阶段，以此类推，直到最后一步得到原问题的解。这样，最后所得到的原问题的解直接或间接地包含了每个阶段的最优解，也就是说，原问题的最优解就是由每个阶段得到的局部最优解构成的，如图 2.14 所示。

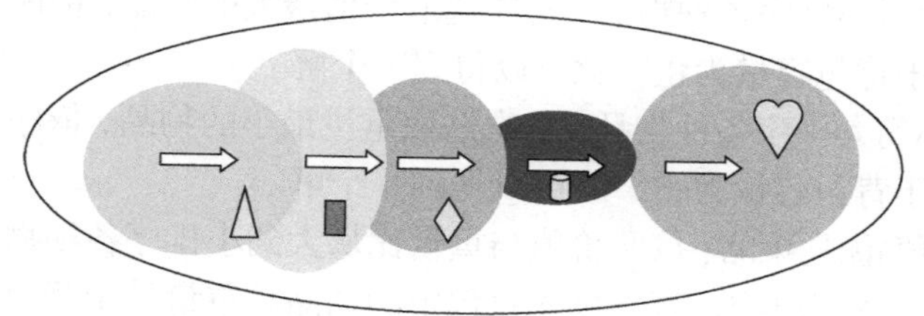

图 2.13　贪心选择性质

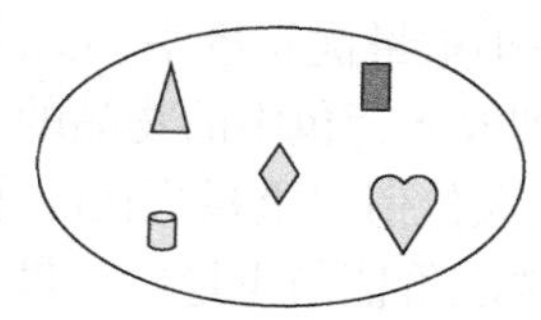

图 2.14　贪心算法中的整体最优解的构成

如何证明一个问题具有贪心选择性质呢？一般的证明思路如下。首先，考察问题的一个整体最优解，并试图证明可修改这个最优解，使其以贪心选择开始，而且做了贪心选择后，原问题简化为一个规模更小的、与原问题类似的子问题。然后，用数学归纳法证明，通过每一步做贪心选择，最终可得到原问题的一个整体最优解。其中，证明贪心选择后的问题可以简化为规模更小的、与原问题类似的子问题的关键在于利用该问题的最优子结构性质。

(2) 最优子结构性质：一个问题具有最优子结构性质，是指该问题的最优解包含着它的子问题的最优解。也就是说，一个大问题的最优解可以通过子问题的最优解构造出来。证明问题具有最优子结构性质的基本思路是构造大问题的解与其包含的小问题的解之间的递推关系，即大问题的解可以通过其包含的若干小问题的解构造出来。问题具有最优子结构性质是该问题可用贪心选择算法得到最优解的一个必要条件。

【典型问题】　单源最短路径问题、最优活动安排问题、最小生成树问题、最优多机调度问题、最优哈夫曼编码问题等都可以用贪心策略求得最优解。

【算法实例】　背包问题。

问题描述：给定 n 种物品和一个背包，每种物品 i 的重量是 w_i，其价值为 v_i，背包的容量为 C，应如何选择装入背包的物品，使装入背包的物品的总重量在不超过背包容量 C 的前提下，总价值最大？其中，对每种物品允许采用三种处理策略：全部装入、不装入、部分装入。这里，部分装入是指在选择装入背包的物品时，可以只选择物品 i 的一部分，而并非物品必须整体装入背包，此时，装入物品的重量和价值与所装入物品的比例呈正比关系。

问题分析：我们以一个容量为 30kg 的背包为例，一筐小黄米，重量为 5kg，价值为 50 元；一袋白大米，重量为 10kg，价值为 60 元；一袋大豆，重量为 20kg，价值为 140 元，如图 2.15 所示。

图 2.15　背包问题实例

现在需要解决的问题是：向背包中装上述哪些物品(全部或部分)，在总重量不超过 30kg 的前提下，背包中所装入物品的总价值最大？

由于将物品装入背包可以获得价值，但同时也会增加重量，所以可以有多种可供使用的物品选择方案，以下是容易想到的三种贪心策略。

(1) 最大价值优先策略：按照价值从大到小排序各种物品，每次选取价值最大的物品，依序取物，直到放入背包中的物品的总重量等于背包容量为止，就可以得到一个解。

(2) 最小重量优先策略：按照重量从小到大排序各种物品，每次选取重量最小的物品，依序取物，直到放入背包中的物品的总重量等于背包容量为止，就可以得到一个解。

(3) 最大价值与重量之比(也称单位价值)优先策略：按照价值与重量比从大到小排序各种物品，每次选取价值与重量之比最大的物品，依序取物，直到放入背包中的物品总重量等于背包容量为止，就可以得到一个解。

对上述三种装入策略，表 2.2 分别列出了各个策略所需的数据。

表 2.2　各种物品的价值、重量及单位价值

物品	重量/kg	价值/元	单位价值/(元/kg)
小黄米	5	50	10
白大米	10	60	6
大豆	20	140	7

针对策略(1)：选择价值最大的优先装入。步骤为：先取 20kg 的大豆装入背包，这时背包剩余容量为 10kg，背包中的物品总价值为 140 元；然后，取价值次大的物品白大米 10kg 装入背包，这时背包剩余容量为 0kg(没有剩余重量)，背包中的物品总价值为 140 + 60 = 200(元)。显然，因为背包已无剩余重量，无法取物品小黄米装入背包，结果所得总价值为 200 元。

针对策略(2)：选择重量最轻的优先装入。步骤为：先取 5kg 的小黄米装入背包，这时背包剩余重量为 25kg，背包中的物品总价值为 50 元；然后，取重量次轻的物品白大米 10kg 装入背包，这时背包剩余容量为 15kg，背包中的物品总价值为 50+60 = 110(元)；由于背包还剩 15kg 的载重量，因此我们再取 15kg 大豆装入背包，15kg 大豆的价值为 140×(15/20) = 105(元)。结果背包中装入的物品总价值为 50+60+105 = 215(元)。

针对策略(3)：选择“单位价值”最大的优先装入。步骤为：先取 5kg 的小黄米装入背包，这时背包剩余容量为 25kg，背包中的物品总价值为 50 元；然后，取 20kg 大豆装入背包，这时背包剩余容量为 5kg，背包中的物品总价值为 50+140 = 190(元)；由于背包还剩 5kg 的载重量，因此我们再取 5kg 白大米装入背包，5kg 白大米的价值为 60×(5/10) = 30(元)。结果背包中装入的物品总价值为 50+140+30 = 220(元)。

通过上述分析可知，在上述三种物品选择方案中，只有采用策略(3)，即单位价值(价值与重量之比)最大优先策略，才可以得到一个最优解，其余两个策略只能得到可行解。因此，贪心策略对于是否可以得到一个问题的最优解起着决定性的作用。

数学模型：根据分析，我们可以构造背包问题的数学模型为

$$\begin{cases} \max\sum_{i=1}^{n} x_i \cdot v_i \\ \text{s.t. } \sum_{i=1}^{n} x_i \cdot w_i \leqslant C \\ x_i \in [0,1], \quad i \in \{1,2,\cdots,n\} \end{cases}$$

其中，C 表示背包容量；w_i 表示物品 i 的重量；v_i 表示物品 i 的价值；x_i 表示物品 i 实际装入背包部分的比例，显然，x_i 的取值范围为 0～1。我们将上述问题称为最优化问题，其中第一行 max() 表示目标函数，其他行表示约束条件，满足约束条件的解称为可行解，满足约束条件且使目标函数取最值的解称为最优解。

算法设计： 背包问题的贪心算法(自然语言描述)。

(1) 计算每种物品的单位价值，即 v_i/w_i，并按单位价值从大到小对各种物品排序，不妨设 $v_1/w_1 \geqslant v_2/w_2 \geqslant \cdots \geqslant v_n/w_n$。

(2) 依据单位价值优先的贪心策略，依次将各种物品装入背包，直到物品全部装入或背包剩余容量为空。若当前物品的重量不超过背包的剩余容量，则全部装入该物品，否则按背包剩余容量尽可能装入该物品。

(3) 以此策略循环执行，直到背包装满为止。

算法设计： 背包问题的贪心算法 2.7.1(伪代码描述)。

算法 2.7.1：背包问题的贪心算法

输入：物品数量 n、重量数组 w、价值数组 v，背包容量 C

输出：最大价值 sum_value、数组 x，其中，$x[i]\in[0, 1]$，$i = 1, 2,\cdots, n$

```
1:   y = Sort(w, v, n) //对物品按单位价值降序排列，得到物品编号数组 y
     //其中，y[i]表示单位价值从大到小排列为 i 的物品的初始编号
2:   remaining_capacity = C  //背包剩余容量
3:   for i = 1 to n do  //初始化数组 x
4:       x[i] = 0
5:   endfor
6:   sum_value = 0  //初始化背包装入物品的总价值
7:   for i = 1 to n do  //按排序后的结果，依次处理每种物品
8:       if  w[y[i]]≤remaining_capacity then  //若剩余容量可装入当前物品
9:           x[y[i]] = 1  //完全装入物品 y[i]
10:          sum_value = sum_value + v[y[i]]  //背包的总价值增加
11:          remaining_capacity = remaining_capacity − w[y[i]]
12:      else
13:          x[y[i]] = remaining_capacity/ w[y[i]]  //部分装入物品 y[i]
14:          sum_value = sum_value + v[y[i]] × x[y[i]]  //背包的总价值增加
15:          break  //退出 for 循环
16:      endif
17:  endfor
18:  return sum_value, x
```

算法分析：

(1) 算法执行过程说明。算法 2.7.1 首先对所有物品按照单位价值(即价值与其重量之比)进行降序排列(见代码第 1 行)，然后依次考虑每种物品(见代码第 7～17 行)，在背包尚有剩余容量

的前提下，尽量装入物品。如果当前物品可以装入背包(即当前物品的重量小于等于背包剩余容量，见代码第 8 行)，则完全装入该物品，并更新背包价值和背包剩余容量(见代码第 9～11 行)，若不能完全装入该物品，则选择部分装入，装入的比例为背包剩余容量和当前物品的重量的比值，同时更新背包价值，并退出循环(见代码第 13～15 行)。

(2) 正确性分析。需要指出的是，证明一个贪心算法不能得到最优解，只需找出一个反例即可。但是，如果一个贪心算法能够得到最优解，则不存在任何反例，此时，就需要进行严格的证明。背包问题的贪心算法 2.7.1 是正确的，其正确性证明方法一般采用反证法。首先，假设该贪心算法不能得到最优解，并设其贪心解为 i_1，i_2，…，i_k，按照单位价值(用变量 p 表示)从高到低排序，即满足 $p_{i1} \geqslant p_{i2} \geqslant \cdots \geqslant p_{ik}$。由于该贪心算法没有得到最优解，因而，存在最优解，不妨设为 j_1，j_2，…，j_m，满足 $p_{j1} \geqslant p_{j2} \geqslant \cdots \geqslant p_{jm}$。由于最优解可能不止一个，我们选取一个特殊的最优解，其具有最大的 r，满足关系 $i_1 = j_1$，$i_2 = j_2$，…，$i_r = j_r$ 并且 $i_{r+1} \neq j_{r+1}$。然后，根据算法 2.7.1 的贪心策略，我们知道物品 i_{r+1} 的单位价值一定大于物品 j_{r+1} 的单位价值。因此，我们将最优解中的一定重量的物品 j_{r+1} 用同等重量的物品 i_{r+1} 代替，此时，所得到的新解的目标值将增加，这与最优解的最优性矛盾。因此，贪心算法 2.7.1 能够得到最优解，背包问题满足贪心选择性质。

> 贪婪之心不可取，贪心算法可以用，但是，贪心算法使用时要谨慎，要具体问题具体分析，要经过严格的数学证明。

(3) 时间复杂度分析。背包问题的贪心算法 2.7.1 的耗时主要在前期对物品的排序工作上，还包括将物品装入背包所进行的循环，其时间复杂度为 $O(n\log n)$，其中 n 为物品的个数。

程序设计：算法 2.7.1 的 C 语言程序 2.7.1-1。

```
 1:   #include <stdio.h>
 2:   #include <malloc.h>
 3:   void Sort(int w[], int v[], int n, int y[]);
 4:   float greedy_knap(int n, int w[], int v[], float x[], int C) //贪心算法
 5:   {
 6:     int y[100], i;
 7:     float sum_value=0; //初始化背包装入物品的总价值
 8:     int remaining_capacity=C; //背包剩余容量
 9:     Sort(w, v, n, y); //对物品按单位价值降序排列，得到物品编号数组 y
10:     for( i=1; i<=n; i++) //按排序后的结果，依次处理每种物品
11:       if(w[y[i]]<=remaining_capacity) //若剩余容量可装入当前物品
12:       {
13:         x[y[i]]=1; //完全装入物品 y[i]
14:         sum_value+=v[y[i]]; //背包的总价值增加
15:         remaining_capacity-=w[y[i]];
16:       }
17:       else
18:       {
19:         x[y[i]]=remaining_capacity * 1.0 / w[y[i]]; //部分装入物品 y[i]
20:         sum_value+=v[y[i]] * x[y[i]]; //背包的总价值增加
21:         break;
22:       }
```

```
    return sum_value;
}
```

```
void Sort(int w[], int v[], int n, int y[]) //选择排序
{
  int t, temp, i, j;
  for(i=1; i<=n; i++)
     y[i]=i; //自然排列
  for(i=1; i<n; i++)
  {
     t=i;
     for(j=2; j<=n; j++)
        if(v[y[j]]/w[y[j]] > v[y[t]]/w[y[t]])
           t=j;
     if(t!=i)//交换物品编号
     {
       temp=y[i]; y[i]=y[t]; y[t]=temp;
     }
  }
}
```

```
1:  int main(int argc, char* argv[]) //主程序
2:  {
3:    int n, w[100], v[100], C, i;
4:    float x[100], sum_value  = 0;
5:    printf("请输入物品数量: ");
6:    scanf("%d", &n);
7:    printf("请输入背包的容量: ");
8:    scanf("%d", &C);
9:    printf("\n 请输入每种物品的重量和价值: \n");
10:   for(i=1; i<=n; i++)
11:   {
12:       x[i]=0;//初始化数组 x
13:       printf("物品%d 的重量和价值分别为: ");
14:       scanf("%d%d", w+i, v+i);
15:   }
16:   sum_value=greedy_knap(n, w, v, x, C);//调用贪心算法
17:   printf("\n 装入背包的总价值是: %f", sum_value);
18:   printf("\n 装入背包的物品比例: \n");
19:   for(i=1; i<=n; i++)
20:     if(x[i]!=0)
21:        printf("物品%d 装入比例%5.1f%%\n", i, x[i]*100);
22:   return 0;
23: }
```

程序执行: 程序执行结果如图 2.16 所示。需要指出的是，主函数中第 16 行中的函数 greedy_

knap，若物品重量超过背包剩余容量，则为了计算需要装入背包的物品的比例，需要在分子部分乘以 1.0。原因是分子、分母均为整数，则运算结果也为整数，如 5/10 取整的结果为 0，为了得到小数，则需要将分子或分母转化为浮点数。

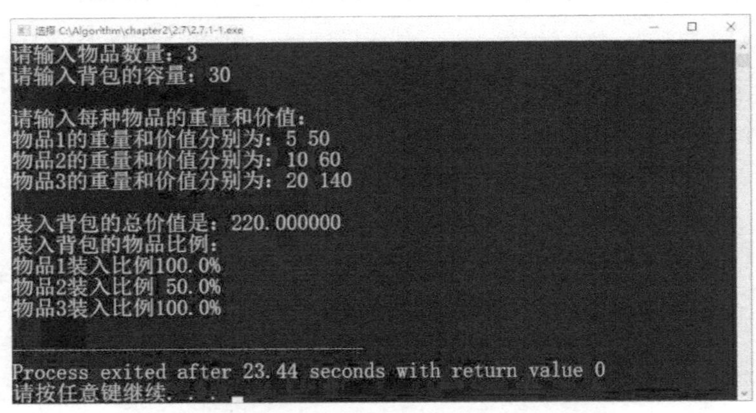

图 2.16　背包问题的程序 2.7.1-1 的运行结果截图

2.8　动态规划策略与算法设计方法

动态规划(dynamic programming)策略通常用于求解具有某种最优性质的问题。在这类问题中，可能会有许多可行解，每个可行解都对应一个目标值，我们希望找到具有最优目标值的可行解，称为最优解。动态规划策略一般需要通过多阶段决策来求解问题，决策不是线性的，而是全面考虑不同的情况。在各个阶段采取决策后，会不断产生中间结果，直到找到最优解。每次决策依赖于当前状态，又随即引起状态的转移。一个决策序列就是在变化的状态中产生的，所以有“动态”的含义。我们把这种通过多阶段决策以解决最优化问题的过程称为动态规划。

> 伟大目标的实现都需要从小目标的实现开始，“不积跬步，无以至千里，不积小流，无以成江海”“行远必自迩，登高必自卑”“九层之台，起于垒土”就包含了这个道理。

> 矛盾在某些情况下可以相互转化。在算法设计过程中，时间效率和空间效率往往相互制约，通过空间换取时间是经常采用的方法。
>
> 在动态规划算法中，可以通过额外空间存储已计算的子问题的解的方式避免子问题被重复计算，从而可以节省大量计算时间。

【策略思想】　动态规划与分治策略类似，其基本思想也是将待求解问题分解成若干个子问题，按照一定的顺序，先求解子问题，然后通过这些子问题的解依次构造较大子问题的解，最终得到原问题的最优解。与分治法不同的是，适合用动态规划求解的问题，经分解得到的子问题往往不是互相独立的。此时，若直接用分治法来解这类问题，则分解得到的子问题数目太多，有些子问题被重复计算了很多次。如果我们能够保存已解决的子问题的答案，而在需要时再找出已求得的答案，这样就可以避免大量的重复计算，节省时间。我们可以用一个表来记录所有已解的子问题的答案。不管该子问题以后是否会用到，只要它被计算过，就将其结果填入表中，这就是动态规划法的基本思路。具体的动态规划算法多种多样，但它们具有相同的填表格式，因此动态规划法有时也称为填表法。

动态规划法与分治法最大的差别是：适合用动态规划策略求解的问题，经分解后得到的子问题往往不是互相独立的。

【问题特征】　适用于动态规划的问题需要满足最优化原理、无后效性和重叠性。

(1) 最优化原理(最优子结构性质)：一个最优化策略具有这样的性质，无论其初始状态及初始决策如何，未来的每一个决策对于以第一个决策所形成的状态作为初始状态的过程而言，必须构成最优策略。如果用数学化的语言来描述，就是：假设为了解决某一最优化问题，需要依次做出 n 个决策 D_1，D_2，…，D_n，若这个决策序列是最优的，对于任何一个整数 k，$1 \leqslant k < n$，不论前面 k 个决策是怎样的，以后的最优决策只取决于由前面的决策所确定的当前状态，即以后的决策 D_{k+1}，D_{k+2}，…，D_n 也是最优的。简而言之，一个最优化策略的子策略总是最优的。一个问题满足最优化原理又称其具有最优子结构性质，即一个问题的最优解包含其子问题的最优解，该问题的最优解可以通过其包含的子问题的最优解构造出来。

(2) 无后效性：将各阶段按照一定的次序排列好之后，对于某个给定的阶段状态，它之前各阶段的状态无法直接影响它未来的决策，而未来的决策只依赖于当前状态。换句话说，每个状态都是历史的一个完整总结。这就是无后效性，又称为无后向性。

(3) 重叠性：动态规划将原来一般具有指数级时间复杂度的搜索算法改进成具有多项式时间复杂度的算法，其中的关键在于避免了重复求解冗余问题，这是采用动态规划法的根本目的。动态规划实质上是一种以空间换时间的技术，在实现的过程中，通过存储过程中产生的各种中间结果(状态)，为将来新状态的求解提供快速查询支持，因此通常具有较大的空间复杂度。

【典型问题】　0-1 背包问题、最优装载问题、加权区间调度问题、矩阵连乘问题、最长公共子序列问题、最长不下降子序列问题等，都可以用动态规划策略求得最优解。

【算法实例】　0-1 背包问题。

问题描述：给定 n 种物品和一个容量为 C 的背包，每种物品 i 的重量是 w_i，其价值为 v_i。应该选择哪些物品装入背包，使得在不超过背包容量的前提下，背包中物品的总价值最大？

问题分析：与贪心策略中提到的普通背包问题不同。在 0-1 背包问题中，对于一种物品只有两种选择，要么装入背包，要么不装，不允许拆分物品。所以，对于一种物品的装入状态有两个，可以用 0 和 1 表示，因此，此问题被称为 0-1 背包问题。

在 0-1 背包问题中，物品 i 或者被装入背包，或者不被装入背包，因此可用一个二值变量 x_i 表示物品 i 装入背包的情况。具体地，$x_i = 0$ 表示物品 i 没有被装入背包，$x_i = 1$ 表示物品 i 被装入背包。

数学模型：根据问题要求，则有如下的目标函数和约束条件。

目标函数：

$$\max \sum_{i=1}^{n} v_i \cdot x_i$$

约束条件：

$$\begin{cases} \sum_{i=1}^{n} w_i \cdot x_i \leqslant C \\ x_i \in \{0,1\}, 1 \leqslant i \leqslant n \end{cases}$$

综上，0-1 背包问题就归结为寻找一个满足上述约束条件，并使目标函数达到最大值的物品子集，可用一个解向量 $x = (x_1, x_2, \cdots, x_n)$ 表示。

计算模型：首先，我们证明 0-1 背包问题满足最优性原理，即具有最优子结构性质。我们设具有 n 种物品、背包容量为 C 的 0-1 背包问题的一个最优解所对应的目标函数值用 $V(n, C)$表示。此时，对于第 n 种物品而言，该最优解只有两种可能形式：一是该最优解包含物品 n；二是最优解不包含物品 n。我们分别分析如下：

(1) 若最优解包含物品 n，则该问题的最大价值可以表示为

$$V(n, C) = v_n + V(n-1, C-w_n)$$

(2) 若最优解不包含物品 n，则该问题的最大价值可以表示为

$$V(n, C) = V(n-1, C)$$

其中，$V(n-1, C)$表示只具有 n 种物品的前 $n-1$ 种物品、背包容量为 C 的 0-1 背包子问题的一个最优解所对应的目标函数值；$V(n-1, C-w_n)$表示只具有 n 种物品的前 $n-1$ 种物品、背包容量为 $C-w_n$ 的 0-1 背包子问题的一个最优解所对应的目标函数值。综上，该最优解可以表示为

$$V(n, C) = \max\{v_n + V(n-1, C-w_n), V(n-1, C)\}$$

从上式可以看出，原问题的最优解可以用其包含的两个子问题的最优解构造出来，因此，原问题具有最优子结构性质。事实上，考虑到有时物品不能放入背包的情况(此时物品的重量超过背包的容量)，那么背包的最优解就应该是除去该物品后剩余的所有物品和当前背包所对应子问题的最优解。因此，我们可以建立如下完整的求解 0-1 背包问题的计算模型：

$$V(n, C) = \begin{cases} V(n-1, C), \text{若} w[n] > C \\ \max\{v_n + V(n-1, C-w_n), V(n-1, C)\}, \text{其他} \end{cases} \tag{2-1}$$

上述递推公式也称为状态转移方程，上述方程对任意的 n 和 C 均成立，根据此方程就可以设计相应的动态规划算法。

> 在动态规划算法中，问题的计算模型是解决问题的关键。
>
> 动态规划方程体现了“全局”和“局部”的关系。先解决小问题，再解决大问题；全局最优解是通过局部最优解构造出来的。

需要指出的是，除了上述较规范的证明之外，还可以通过一个基于反证法的思路证明 0-1 背包问题具有最优子结构性质。基本思路如下：若 0-1 背包问题的最优解包含某种物品 i，则该最优解的目标函数值一定可以表示为物品 i 的价值 v_i 再加上原问题的一个较小 0-1 背包问题的最优解的目标函数值(不妨设为 v')，而这个较小的 0-1 背包问题就是去掉物品 i 并且背包容量减去物品 i 的重量后的 0-1 背包问题。这是显然成立的，否则就可以用 v' 对应的最优解加上物品 i，从而构成更优的解。这与假设矛盾。

从上述 0-1 背包问题的最优子结构性质的证明思路可以得出动态规划算法的设计思路。如果要得到 $V(n, C)$的值，那么对于任意的 $i \leqslant n$，$j \leqslant C$，就需要计算 $V(i, j)$的值。特别需要理解的是，$V(i, j)$的含义是原 0-1 背包问题中的前 i 种物品、背包容量为 j 的子问题的最优解所对应的目标函数值，其中 $i \leqslant n$，$j \leqslant C$。因此，若得到了所有较小的 $V(i,j)$的值，则可以逐步构造较大的 $V(i, j)$的值，最终得到 $V(n, C)$的值。显然，计算 $V(i, j)$值的过程，就是考虑物品 i 是否被放入背包的决策过程。因此，我们具有两个求解思路：一个是按照物品编号从大到小的顺序依次考虑每种物品；另一个是按照物品编号从小到大的顺序依次考虑每种物品。

算法的最初设计思路 1 (基于简单的递归和分治策略)：按照物品编号从大到小的顺序依次考虑每种物品。这显然是一个递归、分治策略，即将一个大问题分解为若干个小问题，再综合小问题的解。显然，对于第 n 种物品，有以下决策过程。

(1) 若物品 n 的重量 w_n 大于背包容量，则不能选择该物品。此时，$V(n, C) = V(n-1, C)$，接下来递归考虑第 $n-1$ 种物品。

(2) 若物品 n 的重量 w_n 小于等于背包容量，则可以装入物品 n。此时，又分为两种情况：装入还是不装入物品 n。若装入物品 n，此时 $V(n, C) = v_n+V(n-1, C-w_n)$，即背包的可用容量变小，而总价值增大；若不装入物品 n，此时 $V(n,C) = V(n-1, C)$，背包容量和总价值不变。

综上，可以设计简单的基于递归策略的分治算法 2.8.1。

算法设计：0-1 背包问题的基于递归策略的分治算法(伪代码描述)。

算法 2.8.1：0-1 背包问题的基于递归策略的分治算法(knap1)

输入：物品数量 n、重量数组 w、价值数组 v，背包容量 C

输出：装入背包的最大价值 sum_value

```
sum_value = try_knap1(1, C)
return sum_value
```

int try_knap1(int *i*, int remain_c) //递归函数，返回最大价值

```
if i = 0 or remain_c = 0 then //边界条件,无物品或无空闲容量
    return 0
endif
if w[i] > remain_c then //物品 i 的重量超过背包剩余容量 remain_c，不能装入
    return try_knap1(i−1, remain_c)
endif
value_item_contained = v[i] + try_knap1(i−1, remain_c − w[i]) //装入物品 i
value_item_nocontained = try_knap1(i−1, remain_c)//不装入物品 i
if value_item_contained > value_item_nocontained then
    sum_value = value_item_contained
else
    sum_value = value_item_nocontained
endif
return sum_value
```

可以看出，算法 2.8.1 调用的函数 try_knap1 是一种自上而下的递归函数，包含了很多递归调用。再考虑到这些子问题之间包含了很多重复的子问题，knap1 算法的效率极低。

算法 2.8.1 优化(基于备忘录的递归算法)：为避免子问题的重复求解，一种改进思路是将已计算的子问题的答案记录下来，通过检查是否已记录子问题的解来降低递归求解次数。例如，用二维数组 $V[n,C]$来记录中间结果。因此，我们可以得出基于备忘录的自上而下的递归求解算法。基于此思路，我们设计一个简单的基于备忘录的递归算法 2.8.2。

算法设计： 0-1 背包问题的基于备忘录的递归算法(伪代码描述)。

算法 2.8.2：0-1 背包问题的基于备忘录的递归算法(knap2)

输入：物品数量 n、重量数组 w、价值数组 v，背包容量 C

输出：装入背包的最大价值 sum_value

```
V[n][C] = 0 //定义全局二维数组 V，并用 0 初始化各元素
sum_value = try_knap2(1, C)
return sum_value
```

int try_knap2(int i, int remain_c) //递归函数，返回

```
if i = 0 or remain_c = 0 then //边界条件,无物品或无空闲容量
    return 0
endif
if V[i][remain_c] ≠ 0 then
    return V[i][remain_c]
endif
if w[i] > remain_c then //物品 i 的重量超过背包剩余容量 remain_c，不能装入
    V[i][remain_c] = try_knap2(i−1, remain_c)
    return V[i][remain_c]
endif
value_item_contained = v[i] + try_knap2(i−1, remain_c − w[i]) //装入物品 i
value_item_nocontained = try_knap2(i−1, remain_c)//不装入物品 i
if value_item_contained > value_item_nocontained then
    V[i][remain_c] = value_item_contained
else
    V[i][remain_c] = value_item_nocontained
endif
return V[i][remain_c]
```

可以看出，算法 2.8.2 也是一种自上而下的求解算法，包含了很多递归调用。与算法 2.8.1 相比，该算法通过检查二维数组 V 的值，可以减少很多重复的递归调用，因而大大提高了算法效率。但是，算法 2.8.2 没有避免递归调用。我们知道，递归调用需要系统保存和恢复诸多临时变量和调用关系数据，这在很大程度上降低了算法 2.8.2 的效率。因此，有必要进一步改进这种递归求解算法。

算法 2.8.2 优化(基于迭代的动态规划算法)： 为了避免递归调用，我们采用自下而上的迭代策略。先求解小问题并记录小问题的解，然后，基于小问题的解构造大问题的解。式(2-1)给出了大问题和小问题解的递推方程，由此我们可以设计出自下而上的基于迭代策略的动态规划算法，其主要操作就是按照一定顺序填充二维数组 V，因而也称为填表法。

算法设计：0-1 背包问题的基于迭代的动态规划算法(伪代码描述)。

算法 2.8.3：0-1 背包问题的基于迭代的动态规划算法(knap3)

输入：物品数量 n、重量数组 w、价值数组 v，背包容量 C

输出：装入背包的最大价值 sum_value

```
1:   int V[n][C] //定义二维数组 V
2:   for i = 1 to n do //初始化数组的第 0 列
3:      V[i][0] = 0
4:   endfor
5:   for i = 1 to C do //初始化数组的第 0 行
6:      V[0][i] = 0
7:   endfor
8:   for i = 1 to n do
9:      for j = 1 to C do
10:        if w[i] > j then //物品 i 的重量超过背包容量 j，不能装入
11:           V[i][j] = V[i−1][j]
12:        elseif v[i] + V[i−1][j−w[i]] > V[i−1][j] then
13:           V[i][j] = v[i] + V[i−1][j−w[i]]
14:        else
15:           V[i][j] = V[i−1][j]
16:        endif
17:     endfor
18:  endfor
19:  return V[n][C]
```

可以看出，算法 2.8.3 是一种自下而上的基于迭代策略的求解算法，不包含任何递归调用。算法的运行时间主要集中在利用二重循环填充二维数组 V 上，因此，其时间和空间复杂度均为 $O(nC)$，其中，n 和 C 分别为物品的数量和背包的容量。虽然算法 2.8.3 运行效率较高，但我们要注意以下几点。

(1) 由于利用了二维数组 V，算法 2.8.3 要求背包的容量 C 和物品的重量均为整数。如果为浮点数，则需要将其转化为整数，一般采用扩大倍数的方法，如所有数据均乘以 100，或者采用近似方法，将背包容量和物品的重量用整数近似表示。此外，由于算法包含了对背包容量的循环，算法的时间复杂度包含了变量 C，因此算法是一个伪多项式时间算法。事实上，到目前为止，科学家还没有发现 0-1 背包问题的多项式时间算法。

(2) 虽然算法 2.8.3 给出了 0-1 背包问题的最优解的目标函数值，但并没有直接给出最优解。因此，我们需要确定最终选择了哪些物品装入背包，使背包的总价值最大。

事实上，根据二维数组 V 所记录的值，我们可以得出一个最优解。通过二维数组 V 中的任何元素 $V[i][j]$的值，我们还可以判定一个小的 0-1 背包问题(该问题是包含了前 i 种物品、背包容量为 j 的 0-1 背包问题)的解中是否包含了物品 i。根据算法 2.8.3 的第 13 行，我们知道，如果 $V[i][j] = v[i] + V[i-1][j-w[i]]$，那么上述子背包问题包含了物品 i，否则没有包含物品 i。基于此，

我们可以根据所填充的二维表 $V[n, C]$，设计出求解最优解的算法。

算法设计： 0-1 背包问题的最优解求解算法(伪代码描述)。

算法 2.8.4：0-1 背包问题的最优解求解算法(knap_solution)

输入：已计算的二维数组 V

输出：装入背包的物品的指示数组 x，其中，$x[i]\in\{0,1\}, i = 1,2,\cdots,n$

```
for i = n to 1 step −1 do//变量 i 从 n 减小到 1，每次递减 1
    if V[i][C] = v[i] + V[i−1][C−w[i]] then
        x[i]  = 1
        C = C−w[i]
    else
        x[i] = 0
    endif
endfor
return x
```

例如，有 5 种物品，其重量分别是 2，2，6，5，4，价值分别为 6，3，5，4，6，背包容量为 10。用一个 n+1 行、C+1 列的二维表 V 存储各个子问题的最优解，即 $V[i][j]$表示把前 i 种物品装入容量为 j 的背包中获得的最大价值，首先把表的第 0 行和第 0 列初始化为 0，然后按从上至下、从左至右的顺序，一行一行计算 $V[i][j]$的值，最终得出装入背包的物品和获得的最大价值 $V[n][C]$。二维表填充和反向推导最优解的过程如图 2.17 所示。

	0	1	2	3	4	5	6	7	8	9	10	
0	0	0	0	0	0	0	0	0	0	0	0	
1	0	0	6	6	6	6	6	6	6	6	6	x_1=1
2	0	0	6	6	9	9	9	9	9	9	9	x_2=1
3	0	0	6	6	9	9	9	9	11	11	14	x_3=0
4	0	0	6	6	9	9	9	10	11	13	14	x_4=0
5	0	0	6	6	9	9	12	12	15	15	15	x_5=1

图 2.17　0-1 背包问题的二维表填充及反向推导

从图 2.17 中可以看到，装入背包的最大价值是 15，最终装入的物品为 1，2 和 5。

我们给出了基于填表法的动态规划算法的 C 语言程序，读者可以据此设计出基于备忘录的 0-1 背包问题算法的相应程序。

程序设计： 0-1 背包的算法 2.8.3 的 C 语言程序 2.8.3-1。

```
#include <stdio.h>
#include <malloc.h>
int knap3(int n, int w[], int v[], int C, int *V[50])//动态规划算法 2.8.3
```

```
{
    int i, j;
    for(i=0; i<=n; i++) //初始化数组的第 0 列
      V[i][0]=0;
    for(i=1; i<=C; i++) //初始化数组的第 0 行
      V[0][i]=0;
    for(i=1; i<=n; i++)
      for(j=1; j<=C; j++)
           if(w[i]>j)
               V[i][j]=V[i-1][j];
           else if(v[i]+V[i-1][j-w[i]]>V[i-1][j])
               V[i][j]=v[i]+V[i-1][j-w[i]];
           else
               V[i][j]=V[i-1][j];
    return V[n][C];
}
```

```
void output(int n, int w[], int v[], int C, int *V[50]) //输出
{
    int i;
    int *x=malloc(sizeof(int)*(n+1));
    int remaining_C=C;
    for(i=n; i>=1; i--)
    {
        if(V[i][remaining_C]==v[i]+V[i-1][remaining_C-w[i]])
        {
            x[i]=1;
            remaining_C=remaining_C-w[i];
        }
        else
            x[i]=0;
    }
    printf("\n装入背包的总价值是: %d", V[n][C]);
    printf("\n装入背包的物品编号从小到大分别为: \n");
    for(i=1; i<=n; i++)
    if(x[i])
      printf("%d\t", i);
}
```

```
int main(int argc, char *argv[]) //主程序，输入数据，调用算法，输出
{
    int n, *w, *v, C, *V[50], i; //此处限制了物品的最大数量，为 49
    printf("请输入物品数量: ");
scanf("%d", &n);
printf("请输入背包的容量: ");
scanf("%d", &C);
w=(int *) malloc(sizeof (int)*(n+1));
```

```
9:   v=(int *) malloc(sizeof (int)*(n+1));
10:  for(i=0; i<=n; i++)
11:     V[i]=(int *) malloc(sizeof (int)* (C+1));
12:     printf("\n 请输入每种物品的重量和价值: \n");
13:  for(i=1;i<= n; i++)
14:  {
15:     printf("物品%d 的重量和价值分别为: ",i);
16:     scanf("%d%d", w+i, v+i);
17:  }
18:       knap3(n, w, v, C, V);//调用基于自下而上的动态规划算法
19:       output(n, w, v, C,V);//输出所选中的物品及最大价值
20:       return 0;
21:  }
```

程序执行结果如图 2.18 所示。需要指出的是，虽然程序允许用户输入物品的数量，但是，考虑到二维数组作为参数时必须确定至少一维的大小，因此，C 语言程序限制了用户所输入物品的最大数量为 49，若需要突破此限制，则必须修改相应源代码(main 函数的第 3 行)。

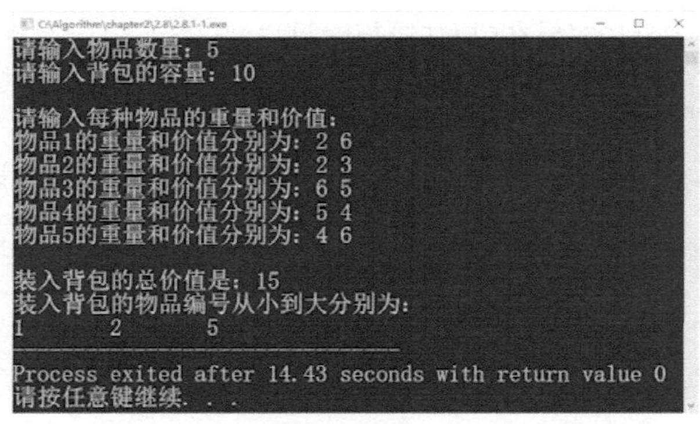

图 2.18　0-1 背包问题的程序 2.8.1-1 的运行结果截图

动态规划策略所解决的问题是一个多阶段决策问题，一般由初始状态开始，通过对中间阶段决策的选择，达到结束状态。这些决策形成了一个决策序列，同时确定了完成整个过程的一条活动路线(通常是求最优的活动路线)。动态规划算法的设计都有着一定的模式，一般要经历以下几个步骤。

(1) 划分阶段：按照问题的时间或空间特征，把问题分为若干个阶段。在划分阶段时，注意划分后的阶段一定要是有序的或者是可排序的，否则问题无法求解。

(2) 确定状态和状态变量：将问题发展到各个阶段时所处于的各种客观情况用不同的状态表示出来。当然，状态的选择要满足无后效性。

(3) 确定决策并写出状态转移方程：因为决策和状态转移有着天然的联系，状态转移就是根据上一阶段的状态和决策来导出本阶段的状态。所以如果确定了决策，状态转移方程就可写出。但事实上常常是根据相邻两个阶段的状态之间的关系来确定决策方法和状态转移方程。

(4) 寻找边界条件：给出的状态转移方程是一个递推式，需要一个递推的终止条件或边界条件。

一般地，只要问题的阶段、状态和状态转移决策确定了，就可以写出状态转移方程(包括边界条件)。实际应用中可以按以下简化步骤进行设计。

(1) 分析最优解的性质，并刻画其结构特征。

(2) 用递归的方法定义最优解。

(3) 以自底向上或自顶向下的记忆化方式(备忘录法)计算出最优值。

(4) 根据计算最优值时得到的信息，构造问题的最优解。

2.9　图搜索策略与算法设计方法

图(graph)是一种非线性的数据结构，比树更复杂。在树结构中，数据元素之间的关系是层次关系，每一层的数据元素可能和下一层中的多个元素相关，但是下一层中的元素只能和上一层中的一个元素相关。而在图这种数据结构中，数据元素之间的关系是任意的，每个数据元素都可以和其他数据元素相关，即数据元素之间没有层次关系。此外，每一个数据元素都可以与其他任意多个数据元素相关，数据元素之间属于“一对多”或“多对多”的关系，这就导致了数据元素之间的复杂关系。图是一种限制最少的数据结构，因此更接近现实，实际问题中很多数据关系都可以抽象成图，相关问题则可以利用图的基本算法进行求解。很早就有一门专门研究图的学科“图论”，其中的计算问题包括图的搜索问题、路径问题、连通性问题、可平面性检验、着色问题、网络优化等。

关于图的基本知识，在“数据结构”课程中有详细的介绍，这里我们简单回顾图的基础知识。

如图 2.19 所示，如果图中的边是有方向的，则称为有向图，否则称为无向图；若图中的边附加一个代表性数据(表示长度、流量或其他)，则称为带权图或赋权图。图的存储方式通常有两种：邻接表和邻接矩阵。

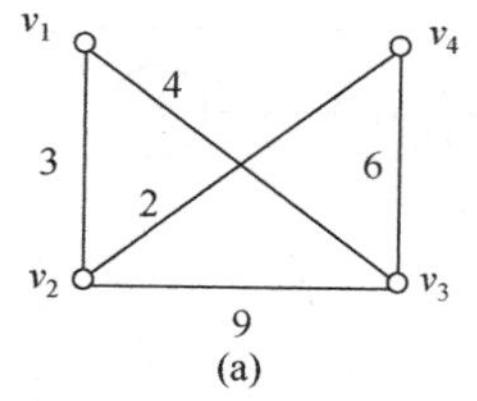

(a)

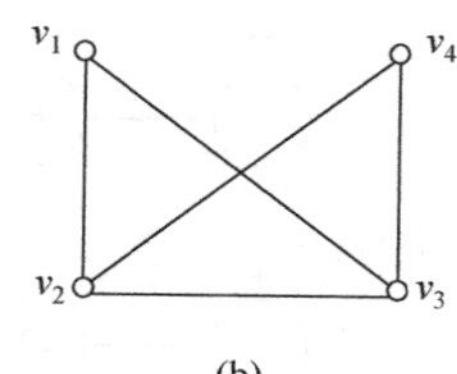

(b)

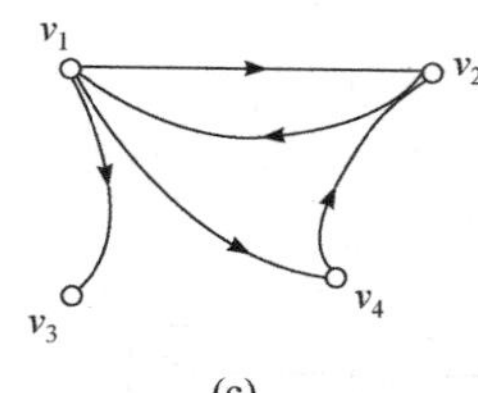

(c)

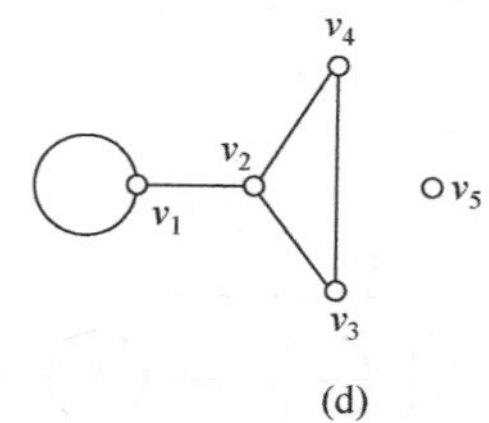

(d)

图 2.19　图的示例

按照搜索的方式不同，图搜索可分为树式搜索和线式搜索。两者最大的区别就在于搜索过程中所记录的轨迹不同，顾名思义，树式搜索记录的是一棵搜索树，而线式搜索是一条折线。我们一般用一个 Closed 表的数据结构来记录搜索结点，对于树式搜索来说，Closed 表存储的正是一棵不断成长的搜索树，而线式搜索存储的则是一条不断伸长的折线，如果能找到目标结点，它本身就是搜索的路径。树式搜索需要通过目标结点进行回溯，直至初始结点，从而找到路径。

根据搜索策略的不同，图搜索算法一般分为两大类：盲目搜索和启发式搜索。顾名思义，盲目搜索是一种无向导的搜索，穷举所有可能的状态，这种算法实现简单，但效率很低；启发式搜索是根据具体的问题，在搜索的过程中产生启发性的信息，指导搜索过程，启发式搜索能极大地提高搜索效率，并且有可能得到问题的最优解。常见的盲目搜索算法有广度优先算法和深度优先算法。

2.9.1　广度优先搜索策略

广度优先搜索(breadth first search, BFS)是图搜索的最简单的算法之一。这种策略优先扩展深度小的结点，把问题的状态横向发展，进行广度优先搜索时需要利用队列这一数据结构。广度优先搜索算法的基本思想如下。

> 古人云：“多见者识广，博览者心宏。”一个人见的世面越多，经历、阅历越多，知识面就越广阔，经验就越丰富。北宋欧阳修说：“强学博览，足以通古今。”书看得越多的人，即博览群书者，他的心胸会比其他人开阔得多。

(1) 从某个结点出发开始访问，对被访问的结点做相应的标记，并输出访问结点号。

(2) 从被访问的结点出发，依次搜索与该结点关联的所有未被访问的邻接点，并做相应的标记。

(3) 依次根据(2)中所有被访问的邻接点，访问与这些邻接点相关的所有未被访问的邻接点，直到所有结点被访问为止。

下面以图 2.20 所示的无向图 G_1 为例，给出广度优先搜索的过程。

(1) 访问结点 A。

(2) 依次访问结点 A 的邻接点 C，D，F。在访问了结点 A 之后，接下来访问结点 A 的邻接点，在本节的实现中，结点 $ABCDEFG$ 是按照顺序存储的，结点 C 在 D 和 F 的前面，因此，先访问结点 C，再依次访问 D，F。

(3) 依次访问结点 B，G。在第(2)步访问完结点 C，D，F 之后，再依次访问它们的邻接点。首先访问结点 C 的邻接点 B，再访问结点 F 的邻接点 G。

(4) 访问结点 E。在第(3)步访问完结点 B，G 之后，再依次访问它们的邻接点。只有 G 有邻接点 E，因此访问 G 的邻接点 E。我们将上述的访问过程用图表示出来，如图 2.21 所示。

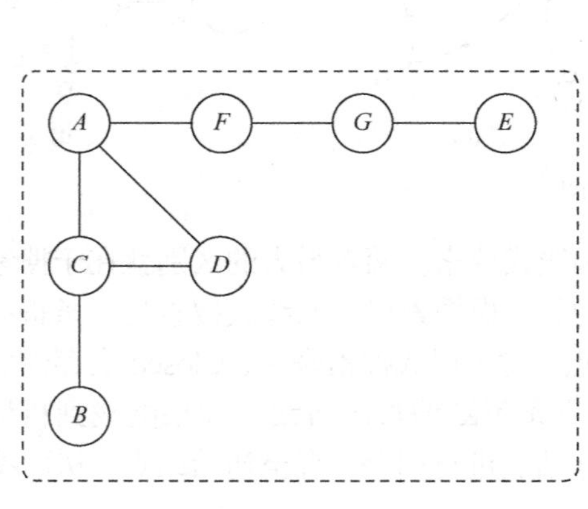

图 2.20　无向图 G_1

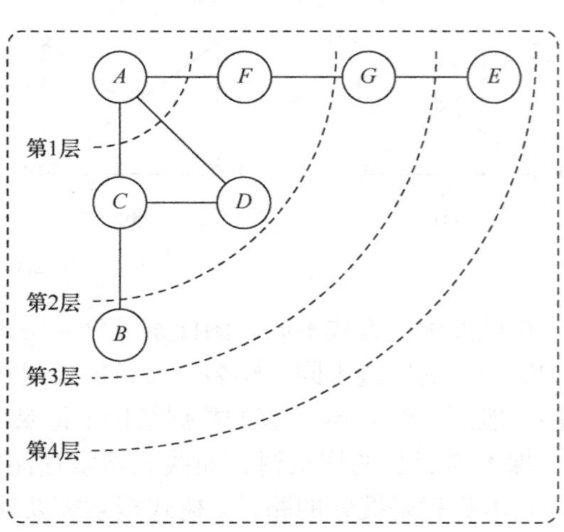

图 2.21　过程示意图

应用广度优先搜索策略，对图 2.20 进行遍历，其遍历的顺序最终为：$A \to C \to D \to F \to B \to G \to E$。

我们用邻接矩阵来实现对图 2.20 的广度优先搜索策略。

程序设计： 广度优先搜索策略的算法 2.9.1。

```
#include<iostream>
#include<iomanip>
#include<stdlib.h>
using namespace std;
const int MAX=100;
class Matrix UDG{
public:
    MatrixUDG();//创建图，自己输入数据
    MatrixUDG(char vexs[], int vlen, char edges[][2], int elen); //使用已经存在的矩阵
    ~MatrixUDG();
    void BFS();
    void print();
private:
    char mVexs[MAX]; //结点集合
    int mVexNum;       //结点数
    int mEdgNum;       //边数
    int mMatrix[MAX][MAX]; //邻接矩阵
    char readChar();          //读取一个输入字符串
    int getPosition(char ch);    //返回 ch 在 mMatrix 矩阵中的位置
    int firstVertex(int v);        //返回结点 v 的第一个邻接点的索引，失败则返回-1
    int nextVertex(int v,int w); //返回结点 v 的相对于结点 w 的下一个索引，失败则返回-1
    void BFS(int i,int *visited); //广度优先搜索遍历图的递归实现
};
```

```
MatrixUDG::MatrixUDG() {
    char c1,c2;
    int i,p1,p2;
    //输入结点和边的个数
    cout<<"input vertex number:";
    cin>>mVexNum;
    cout<<"input edge number:";
    cin>>mEdgNum;
    if(mVexNum<1 || mEdgNum<1 || mEdgNum > mVexNum*(mVexNum-1)){
        cout<<"input error:invalid parameters!";
        return;
    }
    //初始化结点
    for(i=0;i<mVexNum;i++)
    {
```

```
            cout<<"vertex("<<i<<")"<<endl;
            mVexs[i] = readChar();
        }
        //初始化边
        for(i=0;i<mEdgNum;i++)
        {
            cout<<"edge("<<i<<")";
            c1=readChar();
            c2=readChar();
            p1=getPosition(c1);
            p2=getPosition(c2);
            if(p1==-1 || p2==-1)
            {
                cout<<"input error: invalid parameters." <<endl;
                return;
            }
            mMatrix[p1][p2]=1;
            mMatrix[p2][p1]=1;
        }
    }
```

```
MatrixUDG::MatrixUDG( char vexs[], int vlen, char edges[][2], int elen)
{
        int i, p1, p2;
        //初始化结点数和边数
        mVexNum=vlen;
        mEdgNum=elen;
        //初始化结点
        for(i=0;i<mVexNum; i++)
            mVexs[i]=vexs[i];
        //初始化边
        for(i=0;i<mEdgNum; i++)
        {
            //读取边的起始结点和结束结点
            p1=getPosition(edges[i][0]);
            p2=getPosition(edges[i][1]);
            mMatrix[p1][p2]=1;
            mMatrix[p2][p1]=1;
        }
    }
```

```
MatrixUDG::~MatrixUDG() {}
int MatrixUDG::getPosition(char ch){
    int i;
    for(i=0;i<mVexNum;i++)
        if(mVexs[i]==ch)
            return i;
```

```
        return -1;
    }
```

```
char MatrixUDG::readChar(){
    char ch;
    do
    {
        cin>>ch;
    }while(!((ch>='a' && ch<='z') || (ch>='A' && ch<='Z')));
    return ch;
}
```

```
int MatrixUDG::firstVertex(int v) {
    int i;
    if(v<0 || v>(mVexNum-1))
        return -1;
    for(i=0;i<mVexNum;i++)
    {
        if(mMatrix[v][i]==1)
            return i;
    }
    return -1;
}
```

```
int MatrixUDG::nextVertex(int v,int w) {
    int i;
    if(v<0 || v>(mVexNum - 1) || w<0 || w>(mVexNum-1))
        return -1;
    for(i=w+1;i<mVexNum;i++)
    {
        if(mMatrix[v][i]==1)
            return i;
    }
    return -1;
}
```

```
void MatrixUDG::BFS() {
    int head=0;
    int rear=0;
    int queue[MAX];
    int visited[MAX];
    int i,j,k;
    for(i=0;i<mVexNum;i++)
        visted[i]=0;
    cout<<"广度优先搜索(BFS):";
    for(i=0;i<mVexNum;i++) {
        if(!visited[i])
```

```
        {
            visited[i]=1;
            cout<<mVexs[i]<<' ';
            queue[rear++]=i;
        }
        while(head!=rear)
        {
            j=queue[head++];
            for(k=firstVertex(j); k>=0; k=nextVertex(j,k)) {
                if(!visited[k])
                {
                    visited[k]=1;
                    cout<<mVexs[k]<<" ";
                    queue[rear++]=k;
                }
            }
        }
    }
    cout<<endl;
}
```

```
void MatrixUDG::print() {
    int i,j;
    cout<<"Matrix Graph:"<<endl;
    cout<<"  A  B  C  D  E  F  G"<<endl;
    for(i=0;i<mVexNum;i++)
    {
        cout<<mVexs[i]<<"  ";
        for(j=0;j<mVexNum;j++)
            cout<<(mMatrix[i][j]==1?1:0)<<"  ";
        cout<<endl;
    }
}
```

```
int main() {
    char vexs[] = {'A', 'B', 'C', 'D', 'E', 'F', 'G'};
    char edges[][2]={
        {'A', 'C'},
        {'A', 'D'},
        {'A', 'F'},
        {'B', 'C'},
        {'C', 'D'},
        {'E', 'G'},
        {'F', 'G'}};
    int vlen = sizeof (vexs)/sizeof (vexs[0]);
```

```
    int elen = sizeof (edges)/sizeof (edges[0]);
    MatrixUDG* pG;
    //自定义"图"(输入矩阵队列)
    //pG = new MatrixUDG();
    //采用已有的"图"
    pG = new MatrixUDG(vexs, vlen, edges, elen);
    pG->print(); //打印图
    pG->BFS(); //广度优先遍历
    return 0;}
```

程序执行：程序执行结果如图 2.22 所示。

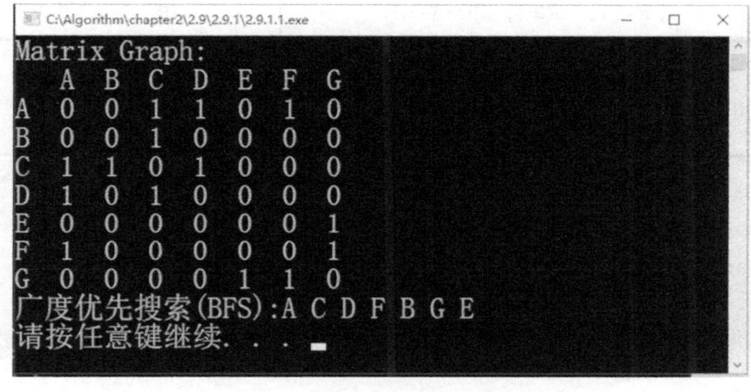

图 2.22　广度优先搜索算法执行结果

例 2.1　分油问题：两个小孩去打油，一个人带了一个 1 斤[*]的空瓶，另一个人带了一个 7 两[*]和一个 3 两的空瓶。原计划各自打 1 斤油，可是由于所带的钱不够，只好两个人合打 1 斤油，但是又没有其他工具，试问如何仅使用三个瓶子(1 斤、7 两、3 两)精确地分出两个 0.5 斤油来。

问题分析：由于每次分油都是从一个油瓶向另外一个油瓶倒油，要么将向外倒油的油瓶倒空，要么将接受倒油的油瓶倒满。因此，只有两种倒油操作：倒空原油瓶或倒满目标瓶。在倒油的过程中，若目标瓶已经达到容量的极限或倒油操作导致的油瓶状态之前曾经出现过，则此次倒油是没有必要的。可见，倒油问题的解法实际是对所有操作后的油瓶状态进行搜索，然后得出最佳的倒油顺序。

算法设计：我们用向量(T, S, R)表示油瓶状态，其中 T 表示 1 斤油瓶中的油量，S 表示 7 两油瓶中的油量，R 表示 3 两油瓶中的油量，则问题的起始状态为(10, 0, 0)，问题的目标状态为(5, 5, 0)。

接着分析油瓶中的油的变化规则：由于总油量为 1 斤(10 两)，而 10 两的油瓶可以装满所有的油，因此可以把 10 两的油瓶当作一个大油桶。我们可以有如表 2.3 所示的倒油规则(这里只针对 3 两油瓶和 7 两油瓶)。

* 非法定单位，1 斤 = 500g，1 两 = 50g。

表 2.3　三个油瓶分油问题规则

规则编号	规则(S, R)	规则含义
1	若 $S<7$，则$(7, R)$	7 两油瓶不满时装满
2	若 $R<3$，则$(S, 3)$	3 两油瓶不满时装满
3	若 $S>0$，则$(0, R)$	7 两油瓶不空时倒空
4	若 $R>0$，则$(S, 0)$	3 两油瓶不空时倒空
5	若 $S>0$ 且 $S+R\leqslant 3$，则$(0, S+R)$	7 两油瓶中的油全部倒入 3 两油瓶
6	若 $R>0$ 且 $S+R\leqslant 7$，则$(S+R, 0)$	3 两油瓶中的油全部倒入 7 两油瓶
7	若 $S<7$ 且 $S+R\geqslant 7$，则$(7,S+R-7)$	用 3 两油瓶中的油装满 7 两油瓶
8	若 $R<3$ 且 $S+R\geqslant 3$，则$(S+R-3,3)$	用 7 两油瓶中的油装满 3 两油瓶

程序设计：分油问题的算法 2.9.2。

```
#include<iostream>
#include<queue>
using namespace std;
//Oil 类，具有(x,y,z)属性，存放(1 斤、7 两、3 两)油瓶里的油
//Node 类，具有 Oil 和 n 属性，存放三个油瓶里的油状态，以及油瓶存放油的父结点在数组中的位置
//队列 oilQueue 存放分油问题的广度优先搜索树中的结点
//数组 arr 存放分油问题的广度优先搜索树中不重复的结点
//数组 result 存放分油问题的结果
```

```
class Oil
{
  public:
    int x;
    int y;
    int z;
  public:
    Oil(){}
    Oil(int a,int b,int c):x(a),y(b),z(c){}
    ~Oil(){}
};
```

```
class Node
{
  public:
    Oil *o;
    int n;  //父结点位置
  public:
    Node(){}
```

```
    Node(Oil *s_o,int c):o(s_o),n(c){}
    ~Node(){}
};
bool isCir(Node *node,int cnt,Node arr[1000])
{
    for(int n=0;n<cnt;n++)
    {
    if(node->o->x==arr[n].o->x && node->o->y==arr[n].o->y && node->o->z==arr[n].o->z)
            return true;
    }
    return false;
}
```

```
int main()
{
    Oil *root=new Oil(10,0,0);
    Node arr[50];
    Node result[20];
    queue<Node *> oilQueue;
    Node *rootNode=new Node(root,-1);
    oilQueue.push(rootNode);
    Oil*oil=new Oil();
    int cnt=0;//数组元素个数
    int t=0;//队列中记录的父结点
    int res=0;//记录最终结果的位置
    int r=0;//记录结果数组个数
    arr[0].o=root;
    arr[0].n=-1;
    //建立队列，进行广度优先遍历
    while(!oilQueue.empty())
    {
        Oil *newOil=new Oil();
        Node *newNode=new Node();
        oil=oilQueue.front()->o;
        if(!isCir(oilQueue.front(),cnt,arr))
        {
            arr[cnt].o=oilQueue.front()->o;
            arr[cnt].n=oilQueue.front()->n;
            cnt++;
            t=cnt-1;
        }
        oilQueue.pop();
        //7 两油瓶不满时装满
```

```
        if(oil->y<7)
        {
            newOil=new Oil();
            newNode=new Node();
            newOil->y=7;
            newOil->x=10-7-oil->z;
            newOil->z=oil->z;
            newNode->o=newOil;
            newNode->n=t;
            if(!isCir(newNode,cnt,arr))
               oilQueue.push(newNode);
        }
        //3 两油瓶不满时装满
        if(oil->z<3)
        {
            newOil=new Oil();
            newNode=new Node();
            newOil->z=3;
            newOil->x=10-3-oil->y;
            newOil->y=oil->y;
            newNode->o=newOil;
            newNode->n=t;
            if(!isCir(newNode,cnt,arr))
               oilQueue.push(newNode);
        }
        //7 两油瓶不空时倒空
        if(oil->y>0)
        {
            newOil=new Oil();
            newNode=new Node();
            newOil->y=0;
            newOil->x=10-oil->z;
            newOil->z=oil->z;
            newNode->o=newOil;
            newNode->n=t;
            if(!isCir(newNode,cnt,arr))
               oilQueue.push(newNode);
        }
        //3 两油瓶不空时倒空
        if(oil->z>0)
        {
            newOil=new Oil();
            newNode=new Node();
            newOil->z=0;
```

```
            newOil->x=10-oil->y;
            newOil->y=oil->y;
            newNode->o=newOil;
            newNode->n=t;
            if(!isCir(newNode,cnt,arr))
               oilQueue.push(newNode);
        }
        //7 两油瓶中的油全倒入 3 两油瓶
        if(oil->y>0 && oil->y+oil->z<=3)
        {
            newOil=new Oil();
            newNode=new Node();
            newOil->y=0;
            newOil->z=oil->y+oil->z;
            newOil->x=10-oil->y-oil->z;
            newNode->o=newOil;
            newNode->n=t;
            if(!isCir(newNode,cnt,arr))
              oilQueue.push(newNode);
        }
        //3 两油瓶中的油全倒入 7 两油瓶
        if(oil->z>0 && oil->y+oil->z<=7)
        {
            newOil=new Oil();
            newNode=new Node();
            newOil->z=0;
            newOil->y=oil->y+oil->z;
            newOil->x=10-oil->y-oil->z;
            newNode->o=newOil;
            newNode->n=t;
            if(!isCir(newNode,cnt,arr))
               oilQueue.push(newNode);
        }
        //用 3 两油瓶中的油装满 7 两油瓶
        if(oil->y<7 && oil->y+oil->z>=7)
        {
            newOil=new Oil();
            newNode=new Node();
            newOil->y=7;
            newOil->z=oil->y+oil->z-7;
            newOil->x=10-oil->y-oil->z;
            newNode->o=newOil;
            newNode->n=t;
            if(!isCir(newNode,cnt,arr))
```

```
                oilQueue.push(newNode);
        }
        //用 7 两油瓶中的油装满 3 两油瓶
        if(oil->z<3 && oil->y+oil->z>=3)
        {
            newOil=new Oil();
            newNode=new Node();
            newOil->z=3;
            newOil->y=oil->y+oil->z-3;
            newOil->x=10-oil->y-oil->z;
            newNode->o=newOil;
            newNode->n=t;
            if(!isCir(newNode,cnt,arr))
                oilQueue.push(newNode);
        }
    }
    for(int q=0;q<cnt;q++)
    {
        if(arr[q].o->x==5)
        {
            res=q;
            break;
        }
    }
    while(arr[res].n!=-1){
        result[r]=arr[res];
        res=arr[res].n;
        r++;
    }
    if(arr[res].n==-1)
    {
        result[r]=arr[res];
        res=arr[res].n;
    }
    for(int p=r;p>=0;p--)
    {
       cout<<"<"<<result[p].o->x<<","<<result[p].o->y<<","<<result[p].
        o->z<<">"<<endl;
    }
    return 0;
}
```

程序执行：程序执行结果如图 2.23 所示。

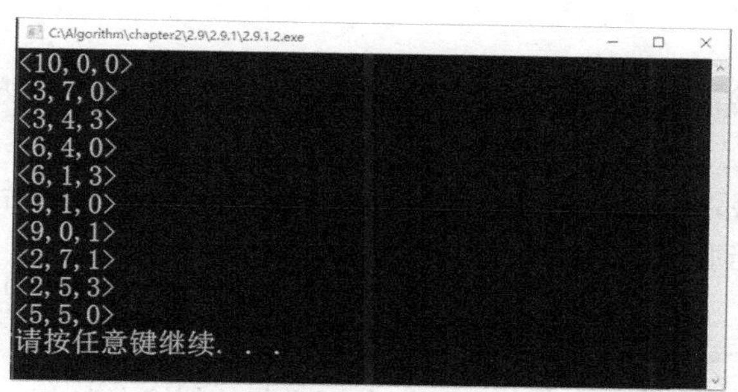

图 2.23　分油问题求解算法执行结果图

算法分析：分油问题求解算法采用的是盲目搜索算法中的广度优先搜索策略，需要采用辅助队列存储整个搜索过程，因为采用的是盲目搜索策略，算法的空间复杂度较大。

2.9.2　深度优先搜索策略

深度优先搜索(depth first search, DFS)策略所遵循的策略，如同其名称所云，是在图中尽可能“更深”地进行搜索。深度优先搜索与广度优先搜索类似，也是对一个连通图进行遍历的算法。它的思想就是从一个顶点开始，沿着一条路一直走到底，如果发现不能到达目标解，就返回到上一个结点，然后从另一条路开始走到底，这种尽量往深处走的概念就是深度优先。

> 中国有句谚语“只要功夫深，铁杵磨成针”充分说明了坚持勤奋的重要性。中国科学院院士、诺贝尔物理学奖获得者杨振宁说：“只要持之以恒，知识丰富了，终能发现其奥秘。”

深度优先搜索是图论中的经典算法，利用深度优先搜索算法可以产生目标图的相应拓扑排序表，利用拓扑排序表可以方便地解决很多相关的图论问题，如“n 皇后问题”“马踏棋盘问题”“旅游路径问题”等，一般用栈来辅助实现深度优先搜索算法。

深度优先搜索算法步骤如下。

(1) 访问顶点 V。

(2) 依次从 V 的未被访问的邻接点出发，对图进行深度优先搜索，直至图中和 V 有路径相通的顶点都被访问。

(3) 若此时尚有顶点未被访问，则从一个未被访问的顶点出发，重新进行深度优先搜索，直到图中所有顶点均被访问过为止。

上述描述可能比较抽象，我们接下来以一个具体的例子来对深度优先搜索进行演示。

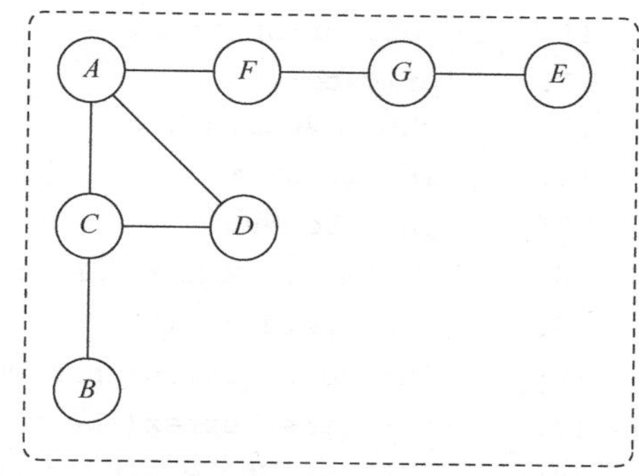

图 2.24　无向图 G_1

如图 2.24 中的无向图 G_1 所示，对其进行深度优先搜索，从顶点 A 开始。

(1) 访问结点 A。

(2) 访问结点 A 的邻接点 C；在第(1)步访问结点 A 之后，接下来应该访问结点 A 的邻接点，即结点 C, D, F 中的一个。但在此例中，结点 A，B，C，D，E，F，G 是按照顺序存储的，结点 C 在 D 和 F 的前面，因此，这里我们首先访

问结点 C。

(3) 访问结点 A 的邻接点 B；在第(2)步访问结点 C 之后，接下来访问结点 B 和 D 中的一个，而由于结点 B 在结点 D 之前，所以先访问结点 B。

(4) 访问结点 C 的邻接点 D。在第(3)步访问结点 C 的邻接点 B 之后，结点 B 没有未被访问的邻接点，因此，返回到访问 C 的另一个邻接点 D。

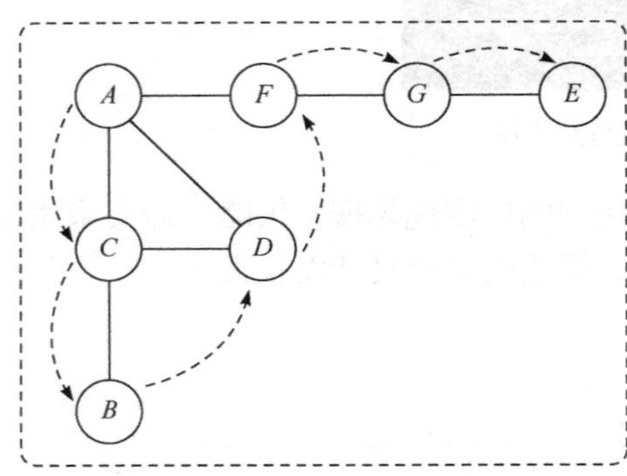

图 2.25　深度优先搜索过程示意图

(5) 访问结点 A 的邻接点 F。前面已经访问了结点 A，并且访问完了结点 A 的邻接点 B 的所有邻接点(包括递归的邻接点在内)，因此，此时返回到访问 A 的另一个邻接点 F。

(6) 访问结点 F 的邻接点 G。

(7) 访问结点 G 的邻接点 E。

图 2.25 是对图 2.24 进行深度优先搜索的示意图，从顶点 A 开始进行搜索。根据深度优先搜索，结点访问的顺序是 A→C→B→D→F→G→E。

我们用邻接矩阵来实现图 2.25 的深度优先搜索策略。

程序设计：深度优先搜索策略的算法 2.9.3。

```
#include <iostream>
using namespace std;
const int MAX=100;
class MatrixUDG
{
    public:
    MatrixUDG();//创建图，自己输入数据
    MatrixUDG(char vexs[],int vlen,char edges[][2],int elen);
    //使用已经存在的矩阵
    ~MatrixUDG();
    void DFS();
    void print();
    private:
    char mVexs[MAX];        //顶点集合
    int mVexNum;            //顶点数
    int mEdgNum;            //边数
    int mMatrix[MAX][MAX];    //邻接矩阵
    char readChar();           //读取一个输入字符串
    int getPosition(char ch);     //返回 ch 在 mMatrix 矩阵中的位置
    int firstVertex(int v);       //返回顶点 v 的第一个邻接顶点的索引，失败则返回-1
    int nextVertex(int v,int w); //返回顶点 v 的相对于顶点 w 的下一个索引，失败
                                  则返回-1
    void DFS(int i,int *visited);//深度优先搜索遍历图的递归实现
};
```

```
MatrixUDG::MatrixUDG()
{
    char c1,c2;
    int i,p1,p2;
    //输入顶点和边的数量
    cout<<"input vertex number:";
    cin>>mVexNum;
    cout<<"input edge number:";
    cin>>mEdgNum;
    if(mVexNum<1 || mEdgNum<1 || mEdgNum>mVexNum*(mVexNum - 1))
    {
        cout<<"input error:invalid parameters!";
        return;
    }
    // 初始化顶点
    for(i=0;i<mVexNum;i++)
    {
        cout<<"vertex("<<i<<")"<<endl;
        mVexs[i]=readChar();
    }
    //初始化边
    for(i=0;i<mEdgNum;i++)
    {
        cout<<"edge("<<i<<")";
        c1=readChar();
        c2=readChar();
        p1=getPosition(c1);
        p2=getPosition(c2);
        if(p1==-1 || p2==-1)
        {
            cout<<"input error:invalid parameters."<<endl;
            return;
        }
        mMatrix[p1][p2]=1;
        mMatrix[p2][p1]=1;
    }
}
```

```
MatrixUDG::MatrixUDG(char vexs[], int vlen, char edges[][2], int elen)
{
    int i, p1, p2;
    //初始化“顶点数”和“边数”
    mVexNum=vlen;
    mEdgNum=elen;
```

```
    //初始化“顶点”
    for(i=0; i<mVexNum; i++)
        mVexs[i]=vexs[i];
    //初始化“边”
    for(i=0; i<mEdgNum; i++)
    {
        //读取边的起始顶点和结束顶点
        p1=getPosition(edges[i][0]);
        p2=getPosition(edges[i][1]);
        mMatrix[p1][p2]=1;
        mMatrix[p2][p1]=1;
    }
}
```

```
MatrixUDG::~MatrixUDG()
{}
```

```
int MatrixUDG::getPosition(charch)
{
    int i;
    for(i=0;i<mVexNum;i++)
        if(mVexs[i]==ch)
            return i;
    return -1;
}
```

```
char MatrixUDG::readChar()
{
    char ch;
    do
    {
        cin>>ch;
    }while(!((ch>='a' && ch<='z') || (ch>='A' && ch<='Z')));
    return  ch;
}
```

```
int MatrixUDG::firstVertex(int v)
{
    int i;
    if(v<0 || v>(mVexNum-1))
        return -1;
    for(i=0;i<mVexNum;i++)
    {
        if(mMatrix[v][i]==1)
            return i;
    }
```

```
    return -1;
}
```

```
int MatrixUDG::nextVertex(int v,int w)
{
    int i;
    if(v<0 || v>(mVexNum-1) || w<0 || w>(mVexNum-1))
        return -1;
    for(i=w+1;i<mVexNum;i++)
    {
        if(mMatrix[v][i]==1)
            return i;
    }
    return -1;
}
```

```
void MatrixUDG::DFS(int i,int *visited)
{
    int w;
    visited[i]=1;
    cout<<mVexs[i]<<' ';
    for(w=firstVertex(i);w>=0;w=nextVertex(i,w))
    {
        if(!visited[w])
            DFS(w,visited);
    }
}
```

```
void MatrixUDG::DFS()
{
    int i;
    int visited[MAX];
    for(i=0;i<mVexNum;i++)
        visited[i]=0;
    cout<<"图的深度优先搜索(DFS):";
    for(i=0;i<mVexNum;i++)
    {
        if(!visited[i])
            DFS(i,visited);
    }
    cout<<endl;
}
```

```
void MatrixUDG::print()
{
    int i,j;
```

```
    cout<<"Matrix Graph:"<<endl;
    cout<<"   A  B  C  D  E  F  G"<<endl;
    for(i=0;i<mVexNum;i++)
    {
        cout<<mVexs[i]<<"  ";
        for(j=0;j<mVexNum;j++)
            cout<<(mMatrix[i][j]==1?1:0)<<"  ";
        cout<<endl;
    }
}
```

```
int main()
{
    char vexs[]={'A', 'B', 'C', 'D', 'E', 'F', 'G'};
    char edges[][2]={
        {'A', 'C'},
        {'A', 'D'},
        {'A', 'F'},
        {'B', 'C'},
        {'C', 'D'},
        {'E', 'G'},
        {'F', 'G'}};
    int vlen=sizeof (vexs)/sizeof (vexs[0]);
    int elen=sizeof (edges)/sizeof (edges[0]);
    MatrixUDG* pG;
    pG=new MatrixUDG(vexs, vlen, edges, elen);
    pG->print(); //打印图
    pG->DFS();   //深度优先遍历
    return 0;
}
```

程序执行：程序执行结果如图 2.26 所示。

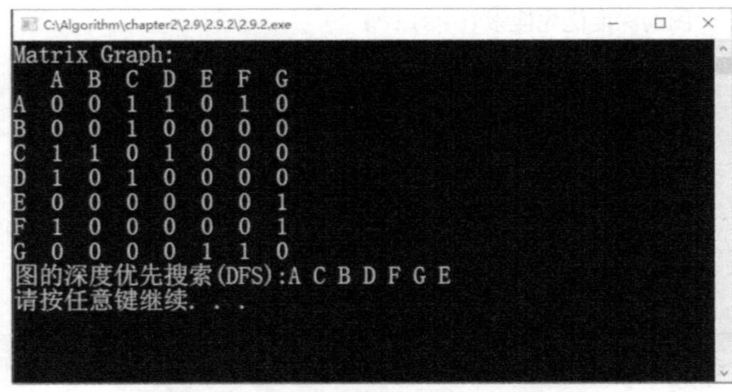

图 2.26　深度优先搜索算法执行结果

2.9.3　队列制导搜索策略

队列制导搜索策略即先进先出(first in first out, FIFO)搜索策略依赖“队列”这一基本数据结构。一开始，根结点是唯一的活结点，将根结点加入队列。从活结点队列中取出根结点后，作为当前的扩展结点。对于当前的扩展结点，先从左到右遍历它的所有儿子结点，把所有满足约束条件的儿子结点加入活结点队列中。再从活结点队列中取出队首结点(队中最先进来的结点)为当前扩展结点，如此反复，直到找到一个解或活结点队列为空为止。

中国古代学者孟子说：“不以规矩，不能成方圆。”意思是不用规和矩，就画不成方形和圆形，引申出了一个重要的道理，做任何事情都要有规矩，懂规矩，守规矩，才能有良好的秩序。

先进先出搜索算法的解空间树如图 2.27 所示，其中 E，F 和 G 点不满足约束条件。

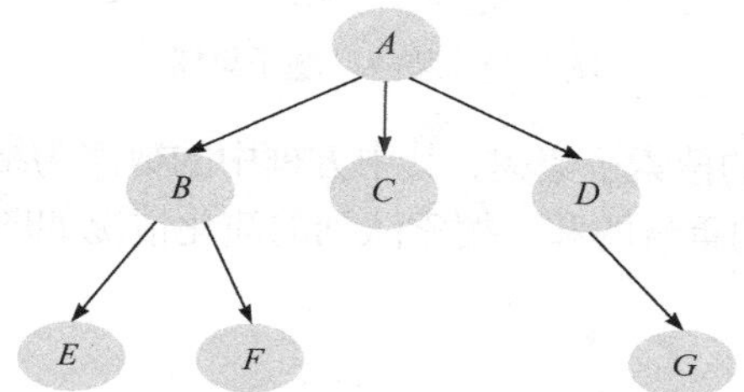

图 2.27　先进先出搜索算法的解空间树

算法的扩展过程如图 2.28 所示。

图 2.28　先进先出搜索算法的扩展过程

例 2.2　装载问题：假设有 n 个集装箱要装上两艘载重量分别为 c_1 和 c_2 的轮船，其中集装箱 i 的重量为 w_i，装载问题要求确定是否有一个合理的装载方案，可将 n 个集装箱装上这两艘轮船。如果有，请给出装载方案。

问题分析：从题目中我们可以得知，如果一个给定装载问题有解，则采用下面的策略可得到最优的装载方案。

(1) 首先要将第一艘轮船尽可能装满。

(2) 将剩余的集装箱装上第二艘轮船。

将第一艘轮船尽可能装满等价于一个特殊的 0-1 背包问题：背包容量是 c_1，候选物品是全体集装箱，每种物品的价值和重量相等。将问题转化为一艘船的最优化问题后，问题的解空间为一个子集树，即算法要考虑所有物品取舍情况的组合。n 种物品的取舍组合为 2^n 个分支，搜索这个子集树是一个非确定性多项式(non-deterministic polynomial, NP)复杂的问题。

算法设计：如图 2.29 所示，当 $n=3$ 时，轮船 A 装货物的所有可能方案可以用如下的子集树来表示。

图 2.29 中，$X_i=1$ 表示第 i 个货物装入轮船 A，$X_i=0$ 表示第 i 个货物不装入轮船 A。我们假设，物品的重量为 $w=\{10,30,50\}$，$c_1=60$，根据队列式(FIFO)分支限界法，有以下的搜索步骤：当前实际装在轮船 A (c_1)上的货物总重量用 ew 表示，需要满足约束条件：$\text{ew}+w_1 \leqslant c_1$，bestw

为当前装入的最优装载值。

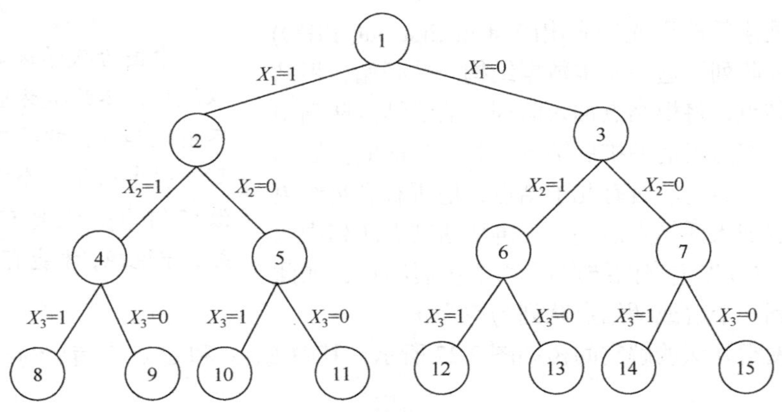

图 2.29　装载问题子集树

我们构造出图 2.30 所示的搜索子集树，其中方框中的数字为结点的装载上界，即已装入物品重量与未来可能装入物品的重量的和。搜索队列的演化情况如图 2.31 所示。

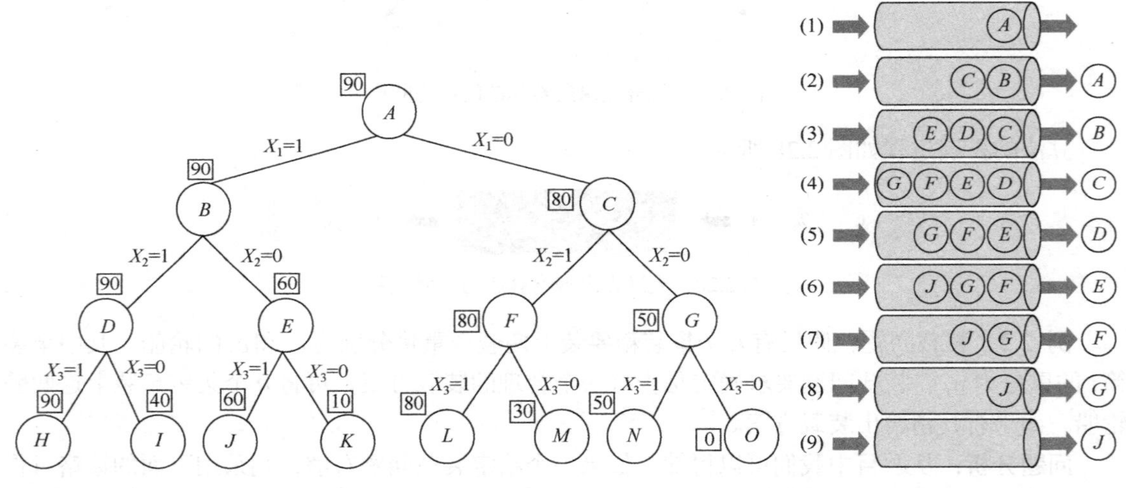

图 2.30　装载问题搜索子集树　　　　图 2.31　装载问题搜索队列

当进行到第(9)步，J 为叶子结点，且搜索队列为空，算法结束。具体的搜索过程如下。

(1) 初始队列中只有结点 A。

(2) 结点 A 变为 E-结点(即扩展结点)扩充 B 入队，则当前 bestw = 10；结点 C 的装载上界为 30+50 = 80>bestw，也入队。

(3) 结点 B 变为 E-结点扩充 D 入队，则当前 bestw = 40；结点 E 的装载上界为 60>bestw，也入队。

(4) 结点 C 变为 E-结点扩充 F 入队，则当前 bestw 仍为 40；结点 G 的装载上界为 50>bestw，也入队。

(5) 结点 D 变为 E-结点，因为叶子结点 H 超过容量，不入队；叶子结点 I 的装载上界为 40 = bestw = 40，不入队。

(6) 结点 E 变为 E-结点，叶子结点 J 装载上界为 60>bestw = 40，入队，并将 bestw 更新为

60；叶子结点 K 的装载上界为 10<bestw = 40，不入队，即被剪掉。

(7) 结点 F 变为 E-结点，叶子结点 L 超过容量，不入队，bestw 仍为 60；叶子结点 M 的装载上界为 30<bestw = 60，被剪掉。

(8) 结点 G 变为 E-结点，叶子结点 N，O 都被剪掉。

(9) 结点 J 变为 E-结点，由于 J 是叶子结点，算法结束。所有出队结点中的叶子结点到根结点的路径就是最优装载方案，即最优解(可能有多个最优解)。

程序设计：队列制导搜索策略的算法 2.9.4。

```
#include<iostream>
using namespace std;
template <class T>
class Queue
{
    public:
        Queue(int MaxQueueSize=50);  //定义的队列长度
        ~Queue(){delete [] queue;}
        bool IsEmpty()const{return front==rear;}//队列判空方法
        bool IsFull(){return ( (  (rear+1)%MaxSize==front )?1:0);}
        //满队列方法
        T Top() const;  //返回第一个
        T Last() const;  //返回最后一个
        Queue<T>& Add(const T& x);   //入队列
        Queue<T>& AddLeft(const T& x);
        Queue<T>& Delete(T& x);  //出队列
        void Output(ostream& out)const;  //输出队列
        int Length(){return (rear-front);}  //队列长度
    private:
        int front;
        int rear;
        int MaxSize;
        T *queue;
};
```

```
template<class T>
Queue<T>::Queue(int MaxQueueSize)
{
    MaxSize=MaxQueueSize+1;
    queue=new T[MaxSize];
    front=rear=0;
}
```

```
template<class T>
T Queue<T>::Top()const
{
    if(IsEmpty())
    {
```

```
        cout<<"queue:no element,no!"<<endl;
        return 0;
    }
    else return queue[(front+1) % MaxSize];
}
```

```
template<class T>
T Queue<T> ::Last()const
{
    if(IsEmpty())
    {
        cout<<"queue:no element"<<endl;
        return 0;
    }
    else return queue[rear];
}
```

```
template<class T>
Queue<T>&  Queue<T>::Add(const T& x)
{
    if(IsFull())cout<<"queue:no memory"<<endl;
    else
    {
        rear=(rear+1)% MaxSize;
        queue[rear]=x;
    }
    return *this;
}
```

```
template<class T>
Queue<T>&  Queue<T>::AddLeft(const T& x)
{
    if(IsFull())cout<<"queue:no memory"<<endl;
    else
    {
        front=(front+MaxSize-1)% MaxSize;
        queue[(front+1)% MaxSize]=x;
    }
    return *this;
}
```

```
template<class T>
Queue<T>&  Queue<T> ::Delete(T& x)
{
    if(IsEmpty())cout<<"queue:no element(delete)"<<endl;
    else
    {
        front=(front+1) % MaxSize;
```

```
        x=queue[front];
    }
    return *this;
}
```

```
template<class T>
void Queue <T>::Output(ostream& out)const
{
    for(int i=rear%MaxSize;i>=(front+1)%MaxSize;i--)
      out<<queue[i];
}
```

```
template<class T>
ostream& operator << (ostream& out,const Queue<T>& x)
{
    x.Output(out);
    return out;
}
```

```
#include "stdafx.h"
#include "Queue.h"
#include <iostream>
using namespace std;
const int N=3;  //定义的物品的个数
template<class Type>
class QNode
{
    template<class Type>
    friend void EnQueue(Queue<QNode<Type>*> &Q,Type wt,int i,int n,Type
    bestw,QNode<Type> *E,QNode<Type> *&bestE,int bestx[],bool ch);
    template<class Type>
    friend Type MaxLoading(Type w[],Type c,int n,int bestx[]);
    public:
        QNode *parent;//指向父结点的指针
        bool LChild;  //左儿子标识
        Type weight;  //结点所相应的载重量
};
```

```
template<class Type>
void EnQueue(Queue<QNode<Type>*> &Q,Type wt,int i,int n,Type bestw,QNode<
Type> *E,QNode<Type> *&bestE,int bestx[],bool ch);
```

```
template<class Type>
Type MaxLoading(Type w[],Type c,int n,int bestx[]);
```

```
int main()
{
    float c=60;
    float w[]={0,10,30,50};//下标从1开始
```

```
    int x[N+1];
    float bestw;
    cout<<"轮船载重为: "<<c<<endl;
    cout<<"待装物品的重量分别为: "<<endl;
    for(int i=1; i<=N; i++)
    {
        cout<<w[i]<<" ";
    }
    cout<<endl;
    bestw=MaxLoading(w,c,N,x);
    cout<<"分支限界选择结果为:"<<endl;
    for(int m=1; m<=4; m++)
    {
        cout<<x[m]<<" ";
    }
    cout<<endl;
    cout<<"最优装载重量为: "<<bestw<<endl;
    return 0;
}
```

```
//将活结点加入活结点队列Q中
template<class Type>
void EnQueue(Queue<QNode<Type>*> &Q,Type wt,int i,int n,Type bestw,
QNode<Type> *E,QNode<Type> *&bestE,int bestx[],bool ch)
{
    if(i==n)//可行叶子结点
    {
        if(wt==bestw)
        {
            //当前最优装载重量
            bestE=E;
            bestx[n]=ch;
        }
        return;
    }
    //非叶子结点
    QNode<Type> *b;
    b=new QNode<Type>;
    b->weight=wt;
    b->parent=E;
    b->LChild=ch;
    Q.Add(b);
}
```

```
template<class Type>
Type MaxLoading(Type w[],Type c,int n,int bestx[])
{//队列式分支限界法，返回最优装载重量，bestx返回最优解
```

```
    //初始化
     Queue<QNode<Type>*> Q;     //活结点队列
     Q.Add(0);                  //同层结点尾部标识
     int i=1;                   //当前扩展结点所处的层
     Type Ew=0,                 //扩展结点相应的载重量
         bestw=0,               //当前最优装载重量
         r=0;                   //剩余集装箱重量
     for(int j=2; j<=n; j++)
     {
        r+=w[j];
     }
     QNode<Type> *E=0,          //当前扩展结点
                 *bestE;        //当前最优扩展结点
     //搜索子集空间树
     while (true)
     {
         //检查左儿子结点
         Type wt=Ew + w[i];
         if(wt<=c)//可行结点
         {
             if(wt>bestw)
             {
                 bestw=wt;
             }
             EnQueue(Q,wt,i,n,bestw,E,bestE,bestx,true);
         }
         //检查右儿子结点
         if(Ew+r>bestw)
         {
             EnQueue(Q,Ew,i,n,bestw,E,bestE,bestx,false);
         }
         Q.Delete(E);           //取下一扩展结点
         if(!E)                 //同层结点尾部
         {
             if(Q.IsEmpty())
             {
                 break;
             }
             Q.Add(0);          //同层结点尾部标识
             Q.Delete(E);       //取下一扩展结点
             i++;               //进入下一层
             r-=w[i];           //剩余集装箱重量
         }
         Ew=E->weight;          //新扩展结点所对应的载重量
     }
```

```
    //构造当前最优解
    for(int k=n-1; k>0; k--)
    {
        bestx[k]=bestE->LChild;
        bestE=bestE->parent;
    }
    return bestw;
}
```

程序执行：程序执行结果如图 2.32 所示。

图 2.32　装载问题求解算法执行结果

算法分析：队列式分支限界法将活结点组织成一个队列，按照队列先进先出原则选取下一个结点为扩展结点。它搜索解空间树的方式类似于对解空间树进行广度优先搜索，不同的是队列式分支限界法不搜索以不可行结点为根的子树(不可行结点是指那些已经被判定不能得出可行解或不能得出最优解的结点)。按照规则，这样的结点未被列入活结点队列。该算法在一定程度上提高了搜索的效率。

在 MaxLoading 的循环体中，首先检测当前扩展结点的左儿子结点是否为可行结点。如果是则将其加入活结点队列中。然后将其右儿子结点加入活结点队列中(右儿子结点一定是可行结点)，两个儿子结点都产生后，当前扩展结点被舍弃。

结点的左子树表示将此物品装入轮船中，右子树表示不将此物品装入轮船中。设 bestw 是当前的最优解，Ew 是当前扩展结点所对应的重量，r 是剩余集装箱的重量，则当 $Ew+r<bestw$ 时，可以将其右子树剪去，因为此时若要轮船装入物品最多，就应该将此物品装入轮船中。另外，为了确保右子树成功剪枝，算法每一次进入左子树需要更新 bestw 的值。

为了在算法结束后能方便地构造出与最优值相应的最优解，算法必须存储相应子集树中从活结点到根结点的路径。为此，我们在每个结点处设置指向其父结点的指针，并设置左、右儿子结点标志。

当算法最终找到最优值后，可以根据父结点回溯到根结点，从而得出最优解以及装入的具体物品。

函数 MaxLoading 实现装载问题的队列式分支限界法，其返回最优装载重量，bestx 返回最优解。由于每一个集装箱都有两种选择(装载和不装载)，所以其子集树一共有 2^n 个结点，其时间复杂度为 $O(2^n)$。

2.9.4 栈制导搜索策略

栈制导搜索策略利用一个栈结构来存放需要被访问的结点，首先栈的第一个元素是形成的搜索树的顶点，顶点入栈，接着顶点出栈，被标记为已访问，然后将这个结点的所有未被访问的邻接点压入栈中，接着栈顶结点出栈，被标记为已访问，该结点的邻接点入栈，以此类推，直到栈为空时找到一个最优解。

例 2.3 要在 8×8 的国际象棋棋盘中放 8 个皇后，使任意两个皇后都不能互相吃掉。规则：皇后能吃掉同一行、同一列、同一对角线的任意棋子。求使任何一个皇后都无法直接吃掉其他皇后的解。

问题分析：规则是每一个皇后与前面的所有皇后不能在同一行、同一列、同一对角线。我们可以从第 0 行、第 0 列开始摆放，然后按深度优先的原则，按规则往更下面的行摆放皇后，直到摆放完 8 行。因为解不止一个，当某一行(包括最后一行和最后一行之前的所有行)的所有列都被尝试过后，再回溯返回到上一行，继续深度优先，直到遍历完整个棋盘的所有情况，得出所有的解。图 2.33 所示为其中的一个解。

图 2.33　八皇后问题解示例

算法设计：我们可以利用栈制导搜索策略的思想进行问题求解：首先依次确定每一行皇后的位置，如果在某一列可以放下一个皇后，我们就在这里放下，并搜索下一行。若无法放下皇后则回到上一行，当 n 行的皇后都已经确定后，我们就找到了一种方案。

搜索开始的结点就成为一个活结点，同时也成为当前的扩展结点。在当前的扩展结点处，以深度优先方式移至一个新结点。这个新结点就成为一个新的活结点，并成为当前扩展结点。如果在当前的扩展结点处不能再向纵深方向移动，则当前扩展结点就成为死结点。此时，应往回移动至最近的一个活结点处，并使这个活结点成为当前的扩展结点。回溯法即以这种工作方式递归地在解空间中搜索，直至找到所要求的解或解空间中已没有活结点为止。

程序设计：栈制导搜索策略的算法 2.9.5。

```
#include <stdio.h>
#include <math.h>
#include <stack>
using namespace std;
//八皇后问题是在 8*8 的棋盘上放置 8 个皇后，使棋盘中每个横向、纵向、左上至右下斜向、
右上至左下斜向均只有一个皇后//
const int N=8;  //棋盘行数
int a[N]={0};    //表示棋盘，若 a[2]=2,则表示在第 3 行、第 2 列放一个皇后，因为同一
                   行不能放两个皇后，所以只需要 1 维数组就可以表示一个棋盘
int solution=0;  //解的个数
struct Node
{
    int row;
    int col;
};
```

```
//row行，col列，是否可以摆皇后
bool IsOK(Node node)
{
    for(int i=0;i<node.row; i++)
    {
        if(a[i]==node.col || (abs(a[i]-node.col)==node.row-i))
        {
            return false;
        }
    }
    return true;
}
```

```
//打印出所有解
void Print()
{
    printf ("第%d种解: \n", ++solution);
    for(int i=0; i<N; i++)
    {
        for(int j=0; j<N; j++)
        {
            if(a[i]==j)
            {
                printf("%d", i);
            }
            else
            {
                printf("#");
            }
        }
        printf("\n");
    }
    printf("------------------\n");
}
```

```
void DSF()
{
    Node node;
    stack<Node> stack;
    node.row=0;
    node.col=0;
    stack.push(node);
    while(stack.size()>=1)
    {
        node=stack.top();
        while(node.col<N && !IsOK(node))
        {
```

```
            node.col++;
        }
        if(node.col<N)
        {
            if(node.row<N-1)
            {
                //把符合判断条件的结点放到当前层
                a[node.row]=node.col;
                stack.pop();
                stack.push(node);
                //进入下一层的第一个结点
                node.row++;
                node.col=0;
                stack.push(node);
            }
            else
            {
                a[node.row]=node.col;
                Print();
                //进入当前层的下一个结点
                //node=stack.top();
                node.col++;
                stack.pop();
                stack.push(node);
            }
        }
        else
        {
            stack.pop();
            if(stack.size()==0)
            {
                return;
            }
            node=stack.top();
            node.col++;
            stack.pop();
            stack.push(node);
        }
    }
}
```

```
int main() {
    DSF();
    return 0;
}
```

程序执行：程序执行结果如图 2.34 所示。

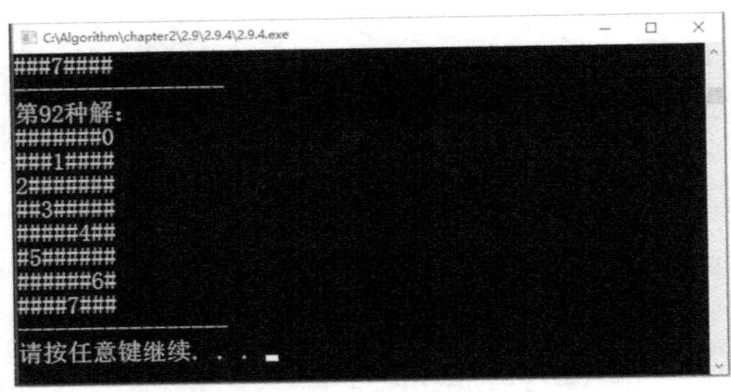

图 2.34　八皇后问题求解算法执行结果

算法分析：利用栈制导搜索策略解决八皇后问题，其本质就是利用深度优先搜索结合一个工作栈，对该问题形成的搜索树进行深度优先搜索的过程，针对八皇后这样皇后数较小的问题，该算法能够有效地解决，若增加问题的规模，该搜索算法就会变得无能为力。

2.9.5　优先队列分支限界搜索策略

优先队列式搜索过程中，为了加速搜索的进程，应采用有效的方式选择扩展结点进行扩展。优先队列式搜索就是对每个活结点计算一个优先级(某些信息的函数值)，并根据这些优先级，从当前活结点表中优先选择一个优先级最高(最有利)的结点作为扩展结点，使搜索朝着解空间树上有最优解的分支推进，以便尽快地找出一个最优解。关键是使用数据结构“堆(heap)”。

优先队列的构造：结点的优先级确定后，简单地按结点优先级进行排序，就生成了优先队列。但是排序算法的时间复杂度较高，并且考虑到搜索算法每次只扩展一个结点，数据结构中堆排序方法适合这一特点，元素比较和交换的次数最少。

优先队列分支限界搜索的算法思想：优先队列分支限界搜索通过结点的优先级，可以使搜索尽快朝着解空间树上能到达最优解的分支进行推进，通常这样当前的最优解较接近真正的最优解。

其后，我们就可以将当前的最优解作为一个“界”，对上界(或者下界)不可能达到(大于)这个界的分支则不进行搜索，这样就缩小了搜索的范围，从而提高了搜索效率，这种优先队列式分支限界搜索方法简称为 LC-检索(least cost search)。

同样以装载问题为例，进行算法讲解。

例 2.4　假设有 n 个集装箱，要装上两艘载重量分别为 c_1 和 c_2 的轮船，其中集装箱 i 的重量为 w_i，装载问题要求确定是否有一个合理的装载方案可将这些集装箱装上这两艘轮船。如果有，请给出这种装载方案。

问题分析：从题目中我们可以得知：如果一个给定的装载问题有解，则采用下面的策略可得到最优装载方案。

(1) 首先要将第一艘轮船尽可能装满。

(2) 将剩余的集装箱装上第二艘轮船。

将第一艘轮船尽可能装满等价于一个特殊的 0-1 背包问题：背包容量是 c_1，候选物品是全体集装箱，每种物品的价值和重量相等。将问题转化为一艘轮船的最优化问题后，问题的解空间为一个子集树，也就是算法要考虑所有物品取舍情况的组合。

算法设计：图 2.29 中，当 $n=3$ 时，轮船 A 装货物的所有可能方案，用一个子集树来表示。其中，$X_i=1$ 表示第 i 个货物装入轮船 A，$X_i=0$ 表示第 i 个货物不装入轮船 A。

若我们假设，物品的重量为 $w=\{10,30,50\}$，$c_1=60$，根据优先队列式分支限界搜索规则，当前实际装在轮船 $A(c_1)$上的货物总重量用ew表示，需要满足约束条件：$\mathrm{ew}+w_1 \leqslant c_1$，bestw为当前装入的最优装载值。

图 2.35 中方框内的数字表示该结点的装载上界，作为结点的优先级，装载上界 = 已经装入的物品重量+未来可能装入的物品的重量。

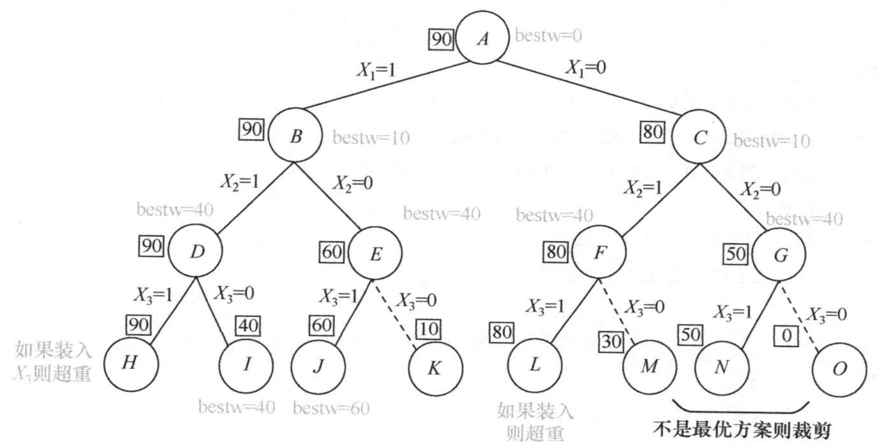

图 2.35　装载问题搜索步骤示意图

我们用一个最大堆来表示优先队列搜索的过程，如图 2.36 所示。

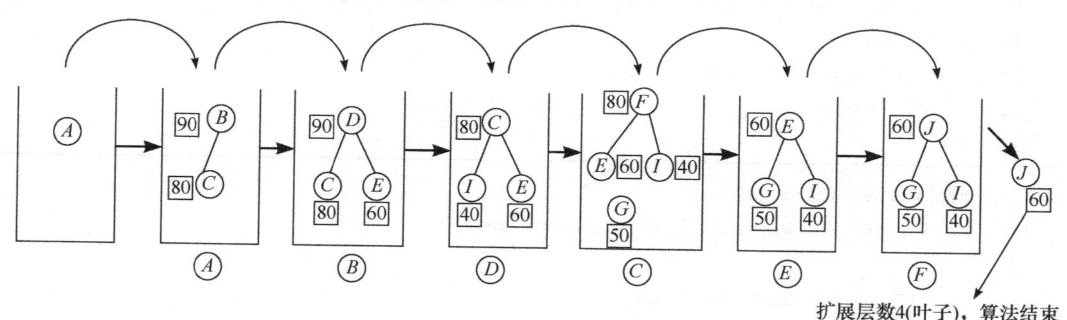

图 2.36　装载问题优先队列搜索过程

(1) 初始队列中只有结点 A。

(2) 结点 A 变为 E-结点扩充 B 入队，bestw = 10；结点 C 的装载上界为 30+50 = 80>bestw，也入堆；堆中 B 上界为 90，在优先队列之首。

(3) 结点 B 变为 E-结点扩充 D 入堆，bestw = 40；结点 E 的装载上界为 60>bestw，也入堆；此时堆中 D 上界为 90，在优先队列之首。

(4) 结点 D 变为 E-结点，叶子结点 H 超过容量，叶子结点 I 的装载上界为 40 = bestw = 40，入堆；此时堆中 C 上界为 80，在优先队列之首。

(5) 结点 C 变为 E-结点扩充 F 入堆，bestw 仍为 40；结点 G 的装载上界为 50>bestw，也入

堆；此时堆中 E 上界为 60，在优先队列之首。

(6) 结点 E 变为 E-结点，叶子结点 J 装载量为 60，入堆，bestw 变为 60；叶子结点 K 上界为 10< bestw，被剪掉；此时堆中 J 上界为 60，在优先队列之首。

(7) 结点 J 变为 E-结点(叶子结点)，扩展的层次为 4(或队首结点为叶子)，算法结束。

虽然此时堆并不为空，但是可以确定已经找到了最优解。

程序设计：利用优先队列分支限界法解决装载问题的算法 2.9.6。

```
template<class T>
class MaxHeap
{
public:
    MaxHeap(int MaxHeapSize=10);
    ~MaxHeap() { delete[] heap; }
    int Size() const { return CurrentSize; }
    T Max()
    {    //查
        if(CurrentSize==0)
        {
            throw OutOfBounds();
        }
        return heap[1];
    }
    MaxHeap<T>& Insert(const T& x);//增
    MaxHeap<T>& DeleteMax(T& x);    //删
    void Initialize(T a[], int size, int ArraySize);
private:
    int CurrentSize, MaxSize;
    T *heap;
};
```

```
template<class T>
MaxHeap<T>::MaxHeap(int MaxHeapSize)
{
    MaxSize=MaxHeapSize;
    heap=new T[MaxSize+1];
    CurrentSize=0;
}
```

```
template<class T>
MaxHeap<T>& MaxHeap<T>::Insert(const T& x)
{
    if(CurrentSize==MaxSize)
    {
        cout << "no space!" << endl;
        return *this;
    }
```

```
        //寻找新元素 x 的位置
        // i— —初始为新叶结点的位置，逐层向上，寻找最终位置
        int i=++CurrentSize;
        while (i!=1&&x> heap[i/2])
        {
            // i 不是根结点，且其值大于父结点的值，需要继续调整
            heap[i]=heap[i/2];  //父结点下降
            i/=2;  //继续向上，搜寻正确位置
        }
        heap[i]=x;
        return *this;
}
```

```
template<class T>
MaxHeap<T>& MaxHeap<T>::DeleteMax(T& x)
{
    if(CurrentSize==0)
    {
        cout << "Empty heap!" << endl;
        return *this;
    }
    x=heap[1];                      //删除最大元素
    //重整堆
    T y=heap[CurrentSize--]; //取最后一个结点，从根开始重整
    int i=1,
        ci=2;
    while(ci<=CurrentSize)
    {
        // 使 ci 指向 i 的两个儿子结点中较大者
        if(ci<CurrentSize && heap[ci]<heap[ci+1])
        {
            ci++;
        }
        // y 的值大于等于孩子结点吗?
        if(y>=heap[ci])
        {
            break;              //是，i 就是 y 的正确位置，退出
        }
        //否，需要继续向下，重整堆
        heap[i]=heap[ci];    //大于父结点的孩子结点上升
        i=ci;                //向下一层，继续搜索正确位置
        ci*=2;
    }
    heap[i]=y;
    return *this;
}
```

```
template<class T>
void MaxHeap<T>::Initialize(T a[], int size, int ArraySize)
{
    delete[] heap;
    heap=a;
    CurrentSize=size;
    MaxSize=ArraySize;
    //从最后一个内部结点开始，一直到根，对每个子树进行堆重整
    for(int i=CurrentSize/2;i>=1;i--)
    {
        T y=heap[i]; //子树根结点元素
        int c=2*I;
        while(c <= CurrentSize)
        {
            if(c<CurrentSize && heap[c]<heap[c+1])
            {
                c++;
            }
            // 能否把 y 放入 heap[c/2]?
            if(y>=heap[c])
            {
                break;  // 能的话
            }
            // 不能的话
            heap[c/2]=heap[c];
            c*=2;
        }
        heap[c/2]=y;
    }
}
```

```
//装载问题， 优先队列式分支限界法求解
#include "stdafx.h"
#include "MaxHeap.h"
#include <iostream>
using namespace std;
const int N=3;
class bbnode;
template<class Type>
class HeapNode
{
    template<class Type>
    friend void AddLiveNode(MaxHeap<HeapNode<Type>>& H, bbnode *E,
    Type wt, bool ch, int lev);
    template<class Type>
    friend Type MaxLoading(Type w[], Type c, int n, int bestx[]);
```

```
public:
    operator Type() const{ return uweight; }
private:
    bbnode *ptr;       //指向活结点在子集树中相应结点的指针
    Type uweight;      //活结点优先级(上界)
    int level;         //活结点在子集树中所处的层序号
};
```

```
class bbnode
{
    template<class Type>
    friend void AddLiveNode(MaxHeap<HeapNode<Type>>& H, bbnode *E, Type wt, bool ch, int lev);
    template<class Type>
    friend Type MaxLoading(Type w[], Type c, int n, int bestx[]);
    friend class AdjacencyGraph;
private:
    bbnode *parent;    //指向父结点的指针
    bool LChild;       //左儿子结点标识
};
```

```
template<class Type>
void AddLiveNode(MaxHeap<HeapNode<Type>>& H, bbnode *E, Type wt, bool ch, int lev);
```

```
template<class Type>
Type MaxLoading(Type w[], Type c, int n, int bestx[]);
```

```
int main()
{
    float c=60;
    float w[]={ 0, 10, 30, 50 };//下标从 1 开始
    int x[N+1];
    float bestw;
    cout << "轮船载重为: " << c << endl;
    cout << "待装物品的重量分别为: " << endl;
    for(int i=1; i<=N; i++)
    {
        cout << w[i] << " ";
    }
    cout << endl;
    bestw=MaxLoading(w, c, N, x);
    cout << "分支限界选择结果为:" << endl;
    for(int i=1; i <= 3; i++)
    {
        cout << x[i] << " ";
    }
    cout << endl;
```

```
    cout << "最优装载重量为: " << bestw << endl;
    system("pause");
    return 0;
}
```

```
//将活结点加入表示活结点优先队列的最大堆 H 中
template<class Type>
void AddLiveNode(MaxHeap<HeapNode<Type>>& H, bbnode *E, Type wt, bool
ch, int lev)
{
    bbnode *b=new bbnode;
    b->parent=E;
    b->LChild=ch;
    HeapNode<Type> N;
    N.uweight=wt;
    N.level=lev;
    N.ptr=b;
    H.Insert(N);
}
```

```
//优先队列式分支限界法，返回最优载重量，bestx 返回最优解
template<class Type>
Type MaxLoading(Type w[], Type c, int n, int bestx[])
{
    //定义最大的容量为 1000
    MaxHeap<HeapNode<Type>> H(1000);
    //定义剩余容量数组
    Type *r=new Type[n+1];
    r[n]=0;
    for(int j=n-1; j>0; j--)
    {
        r[j]=r[j+1] + w[j+1];
    }
    //初始化
    int i=1;//当前扩展结点所处的层
    bbnode *E=0;//当前扩展结点
    Type Ew=0; //扩展结点所相应的载重量
    //搜索子集空间树
    while(i!=n+1)//非叶子结点
    {
        //检查当前扩展结点的儿子结点
        if(Ew+w[i]<=c)
        {
            AddLiveNode(H, E, Ew + w[i]+r[i],true,i+1);
        }
        //右儿子结点
        AddLiveNode(H, E, Ew+r[i], false, i+1);
```

```
            //取下一扩展结点
            HeapNode<Type> N;
            H.DeleteMax(N);//非空
            i=N.level;
            E=N.ptr;
            Ew=N.uweight-r[i-1];
        }
        //构造当前最优解
        for(int j=n; j>0; j--)
        {
            bestx[j]=E->LChild;
            E=E->parent;
        }
        return Ew;
}
```

程序执行：程序执行结果如图 2.37 所示。

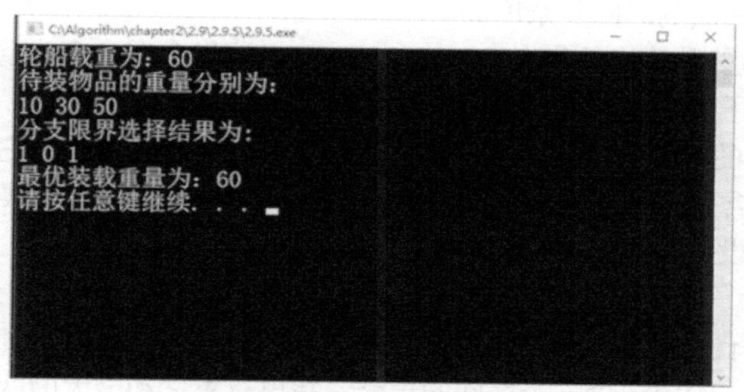

图 2.37　装载问题优先队列式分支限界求解算法运行结果

算法分析：优先队列式分支限界法解决装载问题用最大优先队列存储活结点表。活结点 x 在优先队列中的优先级定义为从根结点到结点 x 的路径所对应的载重量再加上剩余物品的重量之和。优先队列中优先级最高的活结点成为下一个扩展结点。以结点 x 为根的子树中所有结点相应的路径的载重量不超过它的优先级，子集树中叶子结点所相应的载重量与其优先级相同。

在优先队列式分支限界法中，一旦有一个叶子结点成为当前扩展结点，则可以断言该叶子结点相应的解即为最优解，此时就可以终止算法。

在该算法程序中，我们用最大堆 H 存储活结点表。函数 AddLiveNode 将活结点插入表示活结点优先队列的最大堆 H 中，函数 DeleteMax 设置最大元素，同时从堆中删除最大元素，函数 Insert 插入元素到最大堆中。

函数 MaxLoading 具体实现装载问题的优先队列分支限界法，其返回最优装载重量，bestx 返回最优解。该算法中的变量 E 是当前的扩展结点：相应的重量是 Ew 。算法中 while 循环产生当前扩展结点的左、右两个孩子结点：如果其左孩子结点是可行结点，则将其加入第 $i+1$ 层，并插入最大堆；而扩展结点的右孩子结点总是可行结点，直接插入最大堆，然后从最大堆中取出最大元素作为下一个扩展结点。如果此时不存在下一个扩展结点，则相应问题无可行解。如果下一个扩展结点是叶子结点，那么它的可行解就是最优解，该最优解相应的路径可由子集树中从该叶子结点开始沿结点父指针逐步构造出来，详见算法的 for 循环。

对于该算法，由于每一种物品都有两种选择(装载或者不装载)，所以装载问题的子集树有 2^n 个结点，其算法的时间复杂度为 $O(2^n)$。

习　题

1. 在 n 枚外观相同的硬币中，有一枚是假币，并且已知假币较轻。可以通过一架没有刻度的天平来任意比较两组硬币，从而得知两组硬币的重量是否相同，或者哪一组更轻一些，但不知道轻多少。要求设计一个高效的算法来检测这枚假币，分析算法的时间复杂度。

2. 对第 1 题的条件略做修改：在 n 枚外观相同的硬币中，有一枚是假币，不知道假币比真币轻还是重，可以通过一架没有刻度的天平来任意比较两组硬币，从而得知两组硬币的重量是否相同，或者哪一组更轻一些，但不知道轻多少。要求设计一个高效的算法来检测这枚假币，分析算法的时间复杂度。

3. 平面上有 n 个点，已知这些点的坐标，要设计算法计算出这些点两两之间的最短距离及对应的两个点，分析算法的时间复杂度。

4. 已知有 m 个自然数构成的集合 $Z=\{1,2,\cdots,m\}$，该集合有 n 个非空子集合 $Z_1,\cdots,Z_n$，试设计算法验证这 n 个子集合是否两两不相交，并分析算法的时间复杂度。

5. 已知每个区间的开始时间和结束时间，若两个区间不重叠，则称它们是相容的。区间调度问题是指，给定包含 n 个区间的集合，找出最大的两两相容的区间子集。试证明该问题具有最优子结构性质，并设计贪心算法找出最优解。分析算法的时间复杂度，并证明该贪心算法可以找到最优解。

6. 对第 5 题的条件略做修改：每个区间增加一个权重，原问题变为加权区间调度问题。加权区间调度问题是指，给定包含 n 个区间的集合，找出权重之和最大的两两相容的区间子集。试证明该问题具有最优子结构性质，并设计动态规划算法找出最优解，分析算法的时间复杂度。

7. 针对画“一笔画”的小游戏，请用图搜索遍历的思想写一个程序，判断一个图是否能够用一笔画下来，其中规定所有的边都只能画一次，不能重复画。

第 3 章　概率算法设计策略与方法

前面介绍了经典算法设计策略与方法，在经典算法中，每一个计算步骤都是确定的。本章将讨论允许算法在执行过程中随机选择下一个计算步骤的概率算法。由于概率算法在执行过程中引入了随机因素(偶然性)，在很多时候可以大大降低算法的复杂度。

3.1　概率算法概述

> 在科学技术活动中，经常会碰到人们未曾料到的偶然机遇，认真分析偶然现象，往往可以从中获得意想不到的结果和新的知识。

概率算法也称为随机算法、非确定性算法，这是因为概率算法的输入包括两部分：一部分是原问题的输入；另一部分是一个供算法进行随机选择的随机数序列。概率算法在运行过程中，包括一处或若干处随机选择，因此结果带有某种不确定性，即偶然性。辩证唯物主义认为，现实世界中的任何事物、任何关系、任何过程都具有必然和偶然的双重属性。必然性通过大量的偶然性表现出来，同时偶然性能够加速(或延缓)事物发展的必然进程，因此，在科学研究中要善于抓住有利的偶然事件，使它成为促进事物发展的契机。许多情况下，当算法在执行过程中面临选择时，随机性选择常常比最优选择省时，因此概率算法可在很大程度上降低算法的复杂度。

随机数在概率算法设计中扮演着十分重要的角色。随机数可以分为两类：真随机数和伪随机数。真随机数指的是随机数的样本不可重复、无法预测，具有真正的随机性。伪随机数可以基于确定的算法产生或基于经典热噪声产生，确定算法根据输入的随机数种子产生具有均匀分布的随机数。然而，对于确定的输入，确定的算法将给出确定的输出序列，从这个角度来说，这类随机数本质上是确定性的，并不真正随机。基于经典热噪声产生的随机数利用芯片读取当前物理环境中的噪声，通过测量噪声的随机波动，获得随机数。相对于基于算法产生的随机数，基于经典热噪声的方法由于环境中的变量更多，因此更难预测。然而在牛顿力学的框架下，即使影响随机数产生的变量非常多，在每个变量的初始状态确定后，整个系统的运行状态及输出在理论上也是可以预测的，因此基于经典热噪声产生随机数的方法也是确定性的过程，产生的只是某种更难预测的伪随机数。量子力学的发现从根本上改变了这一局面，因为其基本物理过程具有经典物理中所不具有的内禀随机性，从而可以制造出真正的随机数产生器。

我们在概率算法中使用的随机数都是用确定的算法生成的伪随机数，并不是真正的随机数，但伪随机数具有类似于真随机数的统计特征，如均匀性、独立性等，完全能够满足日常生活需要。在计算伪随机数时，若使用的初值(种子)不变，那么产生的伪随机数序列也不变。目前，编程语言往往都提供了伪随机数生成函数，例如，在 C/C++语言中可以调用 rand 函数产生伪随机数，其产生伪随机数的算法为线性同余法。由线性同余法产生的随机序列

$a_0, a_1, \cdots, a_n$ 满足：

$$\begin{cases} a_0 = d \\ a_n = (ba_{n-1} + c)\%m, \quad n = 1, 2, \cdots \end{cases} \tag{3-1}$$

其中，$b \geqslant 0, c \geqslant 0, d \geqslant m$。式(3-1)中要对 m 取余，所以产生的随机数序列具有周期性，m 的大小决定了周期的长短，同时 b 和 c 也会影响周期。d 称为随机序列的种子，也就是说 b, c, m 和 d 的取值决定了产生的随机数序列的周期是否难以预测，因此 b, c, m 和 d 的取值十分重要，但这是随机性理论研究的内容，本书不做讨论。从直观上看，m 应取得充分大，因此可取 m 为机器大数，且通常 m 与 b 互质。其中随机数种子 d 在 C/C++语言中可以通过调用 srand 函数产生。

量子随机数产生器与潘建伟

我国在量子随机数产生器研究方面取得了令世界瞩目的成绩。2021 年 7 月中国科学技术大学潘建伟院士团队联合浙江大学，通过研制硅基光子集成芯片和优化处理，实现了速率达 18.8Gbit/s 的世界最快的实时量子随机数发生器。2021 年 10 月，该团队还构建了 113 个光子 144 模式的量子计算原型机“九章二号”，完成对用于演示“量子计算优越性”的高斯玻色取样任务的快速求解，求解速度比目前全球最快的超级计算机快 10^{24} 倍。量子物理学家、加拿大卡尔加里大学教授巴里·桑德斯认为，这是“令人激动的实验杰作”。

九章二号

由于线性同余法过于简单，产生的随机数序列有一定的周期性，尽管周期通常非常大，一般的计算机不容易推算出来，但是通过超级计算机的演算，找出伪随机数的规律性并不是困难的事。当被攻击者获取到某些随机数之后，其种子 d 以及 b, c, m 都会被反向计算出来，不适用于加密密钥的生成。因此在信息安全与密码学、区块链、量子通信等领域，致力于研究如何产生安全伪随机数或真随机数。

概率算法把“对于所有合理的输入都必须给出正确的输出”这一求解问题的条件放宽，把随机性的选择注入算法中，其基本特征是不可再现性，即同一个概率算法在同一实例上执行两次，其结果可能不同，而且这两次求解所需的时间也可能不同，同时某些类型的概率算法允许结果以较小的概率出现错误，以此为代价获得运行时间的大幅度减少。

一般情况下，可将概率算法大致分为四类：数值(numerical)概率算法、蒙特卡罗(Monte Carlo)算法、拉斯维加斯(Las-Vegas)算法和舍伍德(Sherwood)算法。

3.2　数值概率算法

3.2.1　数值概率算法的基本思想

【策略思想】　数值概率算法普遍用于求解数值问题，该类算法是基于概率统计思想，随机数序列分布的均匀性、几何概率以及大数定律来求问题近似解的方法。

【问题特征】

(1) 数值概率算法得到的近似解的精度会随着随机数数量的增加而不断提高。

(2) 当要求解问题的精确解存在，但无法在可行的时间内求得或有时答案是以置信区间的形式给出的情况下选择使用数值概率算法。

【算法步骤】

(1) 输入：模拟产生随机数的实验次数。

(2) 处理：模拟生成随机数序列，基于大数定律和几何概率公式构建数学模型。

(3) 输出：问题的一个近似解。

【典型问题】

(1) 用随机投点法计算圆周率。

(2) 用随机投点法计算定积分。

上面的这两个典型问题算法实现的理论依据都是伯努利大数定律，其内容是：对任意的正数$\varepsilon>0$，有$\lim\limits_{n\to\infty} P\left\{\left|\frac{n_A}{n}-p\right|<\varepsilon\right\}=1$(其中$n_A$是$n$次独立重复试验中事件$A$发生的次数，$\frac{n_A}{n}$是事件$A$发生的频率，$p$是事件$A$在每次试验中发生的概率)。伯努利大数定律揭示了频率与概率的辩证统一关系。在随机试验中，事件发生的频率是随着试验次数的改变而变化的，具有偶然性，但背后隐藏的统计规律即事件发生的概率具有必然性，这个必然性是通过大量的重复试验的结果表现出来的，离不开偶然性。当随机试验次数n趋向于无穷大时，事件A在n重伯努利试验中发生的频率$\frac{n_A}{n}$稳定于一个客观常数，这个常数就是事件A在一次试验中发生的概率p。

我们在实践中要坚持必然与偶然的辩证统一，不被偶然现象迷惑，善于从偶然性中发现必然性，着力认识和把握必然性，才能确定有利于事情发展的行动方向和目标。

3.2.2　用随机投点法计算圆周率

我们知道，圆周率的值是圆的周长和直径的比值，约为 3.1415926。4000 多年前的古巴比伦王国就已经记载了圆周率为 3.125，我国魏晋时期数学家刘徽利用割圆术计算圆周率的大概数值是 3.14。南北朝时期，数学家祖冲之继承和发展了割圆术，在刘徽的基础上把圆周率精确到了小数点后七位，更确定了圆周率数值在 3.1415926 和 3.1415927 之间。而且在此后的近千年从来没有人打破过这个纪录，直到 15 世纪，阿拉伯数学家阿尔·卡西才打破了这一纪录，把圆周率计算到了 17 位小数。目前，现代的超级计算机已经将圆周率计算到了小数点后 30 万亿位，并且仍在致力于不断提高其精度。

问题描述：如何通过概率算法计算圆周率

刘徽的割圆术

所谓“割圆术”，是用圆内接正多边形的面积去无限逼近圆面积并以此求圆周率的方法。刘徽在《九章算术注》中说：割之弥细，所失弥少，割之又割，以至于不可割，则与圆合体，而无所失矣。刘徽的“割圆术”在人类历史上首次将极限和无穷小分割引入数学证明，成为人类文明史中不朽的篇章。

刘徽 (约公元 225—295 年)

的值？

问题分析： 由于随机数具有均匀性、独立性的特征，可利用圆的面积公式和随机数的统计特征，通过概率算法计算圆周率的近似值。

数学模型： $S=\pi r^2$，当 r 为 1 时，$S=\pi$ (即 π 值为单位圆的面积 S)。

计算模型： 以原点为圆心、1 为半径作圆，如果向其外切正方形内随机地投掷一点(图 3.1(a))，根据几何概率公式，该点落入圆内的概率为 $p=\dfrac{\pi}{4}$，若投掷的随机点个数足够多，根据大数定律，该概率也可近似表示为

$$p \approx \frac{\text{落入单位圆内的随机点数}}{\text{向正方形投掷的随机点数总数}}$$

从而有

$$\frac{\pi}{4} \approx \frac{\text{落入单位圆内的随机点数}}{\text{向正方形投掷的随机点数总数}}$$

因此可以利用随机投点法近似地计算圆周率的值。

算法设计： 随机投点法计算圆周率算法 3.2.1(自然语言描述)。

输入：实验总次数 n。

输出：圆周率的近似值。

(1) 输入模拟投点的实验次数 n。

(2) 循环生成 n 个均匀分布在正方形区域内的随机点，统计随机点落在其内接圆范围内的次数。

(3) 根据计算模型，计算圆周率并输出。

算法设计： 随机投点法计算圆周率的算法 3.2.1(伪代码描述)。

算法 3.2.1：随机投点法计算圆周率

输入：模拟实验总次数 n

输出：圆周率的近似值

```
k=0; //统计落在圆域内的随机点数
for i=1 to n do //循环生成 n 个均匀分布在正方形区域内的随机点
  x = Random(0, 1)    //产生 0～1 的随机数 x
  y = Random(0, 1)    //产生 0～1 的随机数 y
  if x^2 +y^2 ≤1 then
    k++
  endif
endfor
return 4k/n
```

算法分析： 该算法只有一条循环语句，循环内的基本操作为产生随机点和统计落在正方形内接圆内的随机点数，循环次数为 n，显然该算法的时间复杂度为 $O(n)$。

算法模拟： 为了便于计算，只考虑随机点落入第一象限的情况(如图 3.1(b))，用系统生成

的分布在[0，1]×[0，1]的正方形区域的随机点代表投掷的点，用点到原点的距离判断其是否在圆内，最后通过计算，得到圆周率的近似值。

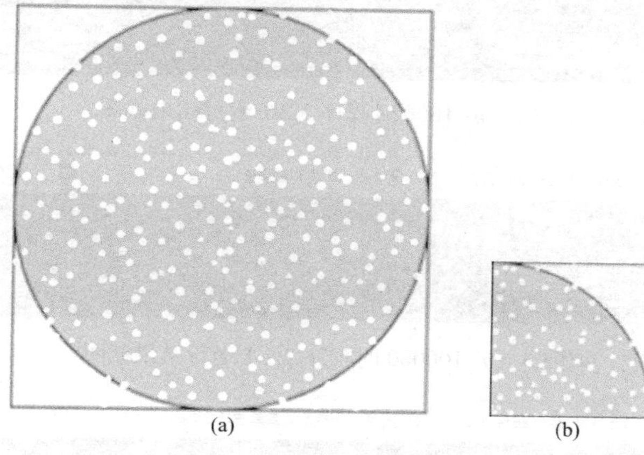

图 3.1　随机投点法示意图

程序设计：随机投点法计算圆周率算法的 C 语言程序 3.2.1。

```
#include <stdlib.h>
#include <stdio.h>
#include <time.h>
int main( )
{
    srand((unsigned) time(NULL));  //产生随机数种子
    int n;          //实验总次数
    double x,y;     //随机数 x 和 y
    int k=0;        //用 k 统计随机点落在图 3.1(b)1/4 圆域的数目
    printf("请输入实验次数：");
    scanf("%d",&n);
    for(int i=1; i<=n; i++)
    {
        x=rand()/(double)(RAND_MAX);    //x 产生 0～1 的随机数
        y=rand()/(double)(RAND_MAX);    //y 产生 0～1 的随机数
        if(x*x+y*y<=1.0)
        {
            k++;  //统计随机点落在图 3.1(b)1/4 圆域的数目
        }
    }
    printf("圆周率为%lf", (4.0*k)/n);
}
```

程序执行：程序执行时给出了三种不同的模拟投点实验总次数 n 的值。n=1000 时，算得的圆周率为 3.140000，程序运行结果如图 3.2 所示；n=100000 时，算得的圆周率为 3.141800，程序运行结果如图 3.3 所示。n=10000000 时，算得的圆周率为 3.141630，程序运行结果如图 3.4 所示。通过程序运行结果不难发现，随着实验次数的增加，算得的圆周率的值越来越精确。

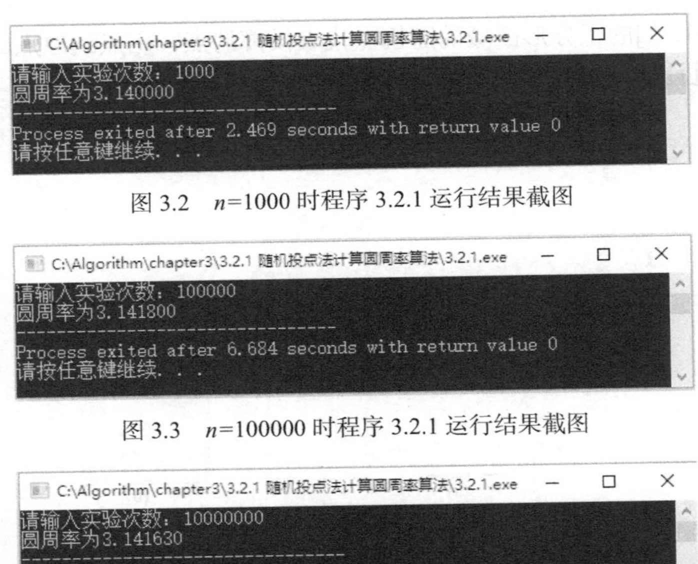

图 3.2　n=1000 时程序 3.2.1 运行结果截图

图 3.3　n=100000 时程序 3.2.1 运行结果截图

图 3.4　n=10000000 时程序 3.2.1 运行结果截图

3.2.3　用随机投点法计算定积分

问题描述： 以计算 $f(x)=x^2$ 在区间[0, 1]上的定积分为例，如何利用概率算法计算该定积分的值？

问题分析： 上面的问题所求的定积分就是被积函数 $f(x)$ 与区间[0, 1]所围成的曲边梯形的面积(记为 S)，如图 3.5 所示的阴影部分。利用数值概率算法思想，模拟产生分布在[0, 1]×[0, 1]正方形区域的随机点序列，可利用随机点落入阴影部分的频率近似表示其概率。而随机点落入阴影部分的概率又与其面积相等，从而可求得定积分的近似值。

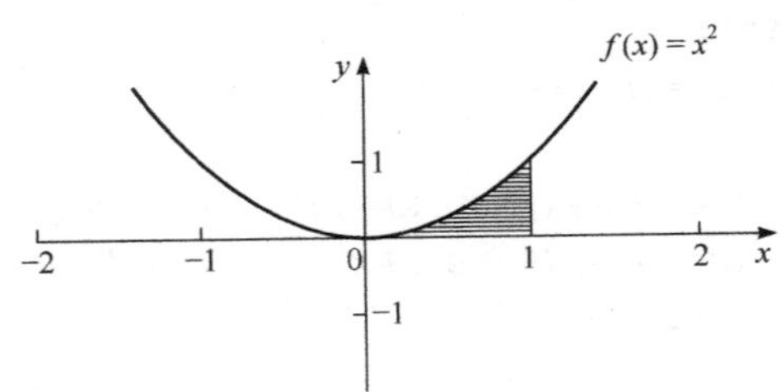

图 3.5　函数 $f(x)=x^2$ 在区间[0, 1]上的定积分示意图

数学模型： 向图 3.5 中的[0, 1]×[0, 1]正方形区域随机地投点(X, Y)，则该随机点落在阴影部分的概率为 $P(0\leqslant X\leqslant 1,0\leqslant Y\leqslant f(x))=\int_0^1\int_0^{f(x)}1\mathrm{d}y\mathrm{d}x=\int_0^1 f(x)\mathrm{d}x=S$。

计算模型： 利用系统随机地产生均匀分布在[0, 1]×[0, 1]正方形区域的 n 个数，统计这些数落入图 3.5 中阴影区域内的数目 k，则 $S=P(0\leqslant X\leqslant 1, 0\leqslant Y\leqslant f(x))\approx\dfrac{k}{n}$。

算法设计： 随机投点法计算定积分的算法 3.2.2 (自然语言描述)。

(1) 获取实验次数 n。

(2) 循环生成 n 个均匀分布在正方形区域内的随机点，统计随机点落在图 3.5 的阴影区域内的数目 k。

(3) 计算 $\frac{k}{n}$，得到定积分的近似值并输出。

算法设计： 随机投点法计算定积分的算法 3.2.2 (伪代码描述)。

算法 3.2.2：随机投点法计算定积分

输入：模拟实验总次数 n

输出：$\int_0^1 x^2 \mathrm{d}x$ 的近似值

```
k=0                          //统计落在圆域内的随机点数
for i=1 to n do              //循环生成 n 个均匀分布在正方形区域内的随机点
  x = Random(0, 1)           //产生 0～1 的随机数 x
  y= Random(0, 1)            //产生 0～1 的随机数 y
  if y≤x² then
    k++
  endif
endfor
return k/n
```

算法分析： 该算法只有一条循环语句，其语句体内的基本操作是一个计数器，循环次数为 n，显然算法时间复杂度为 $O(n)$。如果任意给定的区间 $[a, b]$ 上的定积分 $\int_a^b f(x)\mathrm{d}x$ 可通过变量替换 $x=a+(b-a)y$ 变换为 $\int_0^1 f'(y)\mathrm{d}y$，其中 $f'(y)=\frac{f(a+(b-a)y)}{b-a}$。该算法简单，通用性强，读者可以很容易地将计算一重定积分的概率算法推广到计算多重定积分问题上，但该算法的缺点是当 n 较小时，近似解精度不高。

程序设计： 随机投点法计算定积分的算法的 C 语言程序 3.2.2。

```
#include <iostream>
#include <cstdlib>
using namespace std;
double function (int n)
{
 int k=0;  //用 k 统计随机点落在图 3.5 的阴影部分的数目
 for(int i=0; i <n; i++)
 {
    double x=rand()/(double)(RAND_MAX) ;
    doubley= rand()/(double)(RAND_MAX) ;
    if(y<=x*x)
        k++;  //统计随机点落在 y=x² 图形下(图 3.5 阴影部分)的数目
```

```
  }
 return k/(double)n;  //通过频率计算积分值
}
```

```
int main( )
{
  printf("请输入实验次数: ");
  int n;
  scanf("%d" , &n);
  double re=function (n);
  printf("%lf", re);  //调用通过概率计算积分值的函数
  return 0;
}
```

程序执行：如图 3.6 所示，当模拟投点实验总次数 n=10000000 时，得到的定积分值与 $\int_0^1 x^2 \mathrm{d}x$ 精确值的误差绝对值小于 0.0001。

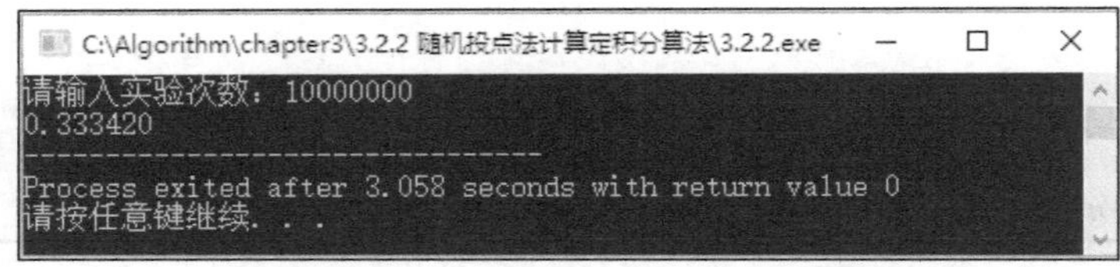

图 3.6　实验总次数 n=10000000 时程序 3.2.2 运行结果截图

3.3　蒙特卡罗算法

3.3.1　蒙特卡罗算法的基本思想

【策略思想】　蒙特卡罗算法又称为统计模拟方法或随机抽样方法，是由美国数学家斯塔尼斯拉夫·乌拉姆(Stanisław Ulam)与美籍匈牙利数学家冯·诺依曼(Von Neumann)在 20 世纪 40 年代中叶为研制核武器的需要而首先提出来的。实际上，早在 17 世纪初期，瑞士数学家雅各布·伯努利(Jakob Bernoulli)就在他的著作《猜度术》中就提出了“伯努利大数定律”，即当试验次数充分大时，可以用事件发生的频率近似表示其概率。而这正是蒙特卡罗算法的理论依据和精髓。下面的例子可以很好地说明蒙特卡罗算法的思想：设一个篮子里有 10 个苹果，其中 9 个苹果有虫眼，只有 1 个是好的，允许一个人有放回地随机取，如果只允许他取 1 次，则他取到好苹果的概率就是 1/10，如果允许他取 k 次，则他能取到好苹果至少一次的概率就为 $1-\left(\frac{9}{10}\right)^k$。虽然不能确定他每次都能取到好苹果，但显然 k 越大，他能取到好苹果的概率越大。蒙特卡罗算法不能判断一个具体解是否正确，其求得正确解的概率依赖于算法所用的时间，算法所用的时间越多，得到正确解的概率就越高。

适合用蒙特卡罗思想求解的问题通常可以分成两类。一类是所求解问题可以转化为某种随机分布的数字特征，如随机事件出现的概率或者随机变量的期望值。通过随机抽样的方法，

以随机事件出现的频率估计其概率，或者以抽样的数字特征估算随机变量的数字特征，并将其作为问题的近似解。这样一类问题多是数值计算问题，通常把求解这类问题的算法单独作为一类，称为数值概率算法(见 3.2 节)。另一类是判定问题，即判定某个命题是否为真的问题，如主元素存在性判定、素数判定、两集合相等判定等。

本节介绍的蒙特卡罗算法主要针对判定问题，此类蒙特卡罗算法又分为偏真(true-biased)算法和偏假(false-biased)算法。偏真算法是指蒙特卡罗算法返回 true 时的解总是正确的，返回 false 时的解不一定正确；反之，称为偏假算法。

【问题特征】

(1) 待求解问题的有效解必须满足的条件是已知的。

(2) 一般不能有效地确定算法的答案是否正确。

(3) 算法偶尔会犯错，但对任何实例均能以高概率找到正确解。

(4) 当算法出错时，没有警告信息。

【典型问题】

(1) 主元素存在性判定问题。

(2) 素数判定问题。

3.3.2 主元素存在性判定问题

问题描述：在一个大小为 n 的数组 A 中，如果有超过一半的元素具有相同的值，则具有这个值的元素称为 A 的主元素。如何在 $O(n)$时间内判定数组 A 中是否含有主元素？

问题分析：从问题的描述可以看出，对于任意数组 A，主元素可能存在，也可能不存在，但如果存在，则一定是唯一的。这个问题如果直接用枚举法，则算法的时间复杂度为 $O(n^2)$，如果对数组 A 先排序，再枚举，则需要 $O(n\log n)$的时间复杂度(读者可以尝试自行编程实现上述算法)。但以上方法都不能满足时间复杂度为 $O(n)$的要求。

算法设计：主元素存在性判定的算法 3.3.1(蒙特卡罗算法的自然语言描述)。

(1) 初始化循环变量 i=0，并根据给定的错误率阈值ε设定循环上限 k。

(2) 在数组中随机选择一个元素 x。

(3) 判断 x 是否是主元素，如果 x 是主元素，则输出 true；否则 i++，重复步骤(2)，当 $i>k$ 时输出 false。

算法设计：主元素存在性判定的算法 3.3.1 (蒙特卡罗算法的伪代码描述)。

算法 3.3.1：主元素存在性判定的蒙特卡罗算法 MainElement

输入：长度为 n 的数组 arr，错误率阈值ε

输出：数组 arr 中是否含有主元素，如果有，则输出主元素

```
k= ceil(log(1/ε)/log((float)2))        //根据给定的错误阈值ε设置循环上限 k
for j = 0 to k do                      //重复 k 次调用算法 MEMC
    x = MEMC(arr, n)
    if x != 0 then
        return x
```

```
        endif
    endfor
    return 0
```

函数 MEMC(arr, *n*) //判断给定的数组中是否有主元素

```
    index = Random(0, n−1) //随机生成数组元素下标
    elem = arr[index]
    k = 0
    for i=0 to n−1 do
        if arr[i] = elem then
            k++
        endif
    endfor
    if k>n/2 then
        return elem
    else
        return 0
    endif
```

算法分析：根据主元素的定义，如果主元素存在，则随机选一个元素是主元素的概率大于 1/2，那么如果设计一个偏真的蒙特卡罗算法，做 k 次选取，则选不出主元素的概率小于 $\left(\frac{1}{2}\right)^k$，当 k 较大时，蒙特卡罗算法可以以高概率得到正确解。对于给定的 $\varepsilon > 0$，如果希望算法的错误率小于 ε，可令 $\left(\frac{1}{2}\right)^k < \varepsilon$，从而 k 值取 $\left\lceil \log_2 \frac{1}{\varepsilon} \right\rceil$ 即可。即在算法 3.3.1 中重复调用 $\left\lceil \log_2 \frac{1}{\varepsilon} \right\rceil$ 次函数 MEMC 算法(其时间复杂度为 $O(n)$)就可满足错误率小于 ε，而总的算法复杂度为 $O(\left\lceil \log_2 \frac{1}{\varepsilon} \right\rceil n)$。

程序设计：主元素存在性判定算法的 C 语言程序 3.3.1。

```
#include <iostream>
#include <stdio.h>
#include <stdlib.h>
#include <math.h>
using namespace std;
#define N 10
int MEMC(int *arr, int length)
{ //求主元素的蒙特卡罗算法
  int num=rand()%N;
  int elem=arr[num];int times = 0;
```

```
    for(int i=0; i<length; i++)
   {
     if(arr[i]==elem)
        times++;
    }
    if(times>length/2)
        return elem
    else
        return 0;
  }
```

```
int MainElement(int *arr, int length, double error)
{//重复⌈log2(1/ε)⌉次调用算法MEMC
  int x;
  for(int j=0; j<ceil(log(1/error)/log((float)2)); j++)
  {
    x=MEMC(arr,length);
    if(x!=0)
       return x;
   }
   return 0;
 }
```

```
int main()
{
   float ε= 0.001;
   int x;
   int arr[N]={2,5,2,1,3,4,2,2,2,2};  //给定一组元素
   printf("这个数组共有%d个元素\n",N);
   printf("这些元素是: \n");
   for(int k=0; k<N; k++)          //对数组元素进行遍历
   {
      printf("%d", arr[k]);        //输出这组数组
      if(k!=N-1)
          printf(",");             //元素与元素之间添加","
   }
  printf("\n");
   x = MainElement(arr,N,error);
  if(x!=0)
      printf("这些元素中的主元素是: %d\n",x);
  else
    printf("很遗憾,这些元素中没有主元素\n");
  return 0;
}
```

程序执行：程序执行时用两组数据进行了测试，第一组数据包含 10 个元素，分别是 2，

5，2，1，3，4，2，2，2，2，其中主元素为 2，程序执行结果如图 3.7 所示；第二组数据含有 20 个元素，分别是 8，5，9，2，1，2，3，4，5，8，1，3，4，8，8，8，7，9，6，8，该数组没有主元素，程序执行结果如图 3.8 所示。

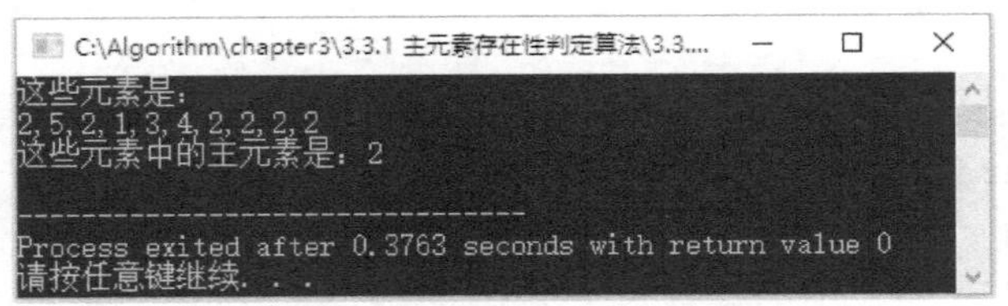

图 3.7　有主元素时程序 3.3.1 运行结果截图

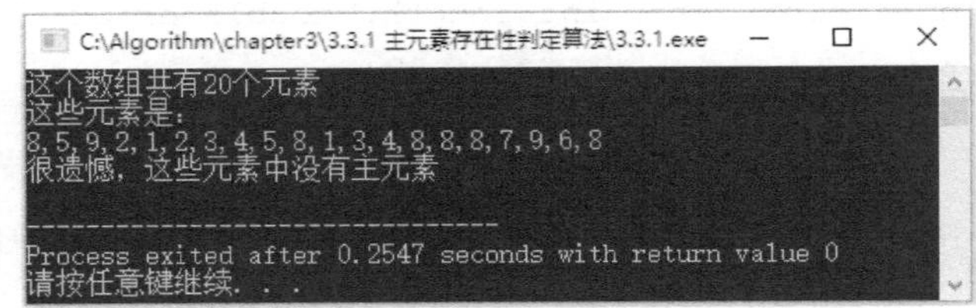

图 3.8　无主元素时程序 3.3.1 运行结果截图

3.3.3　素数判定问题

陈景润与哥德巴赫猜想

1742 年，德国数学家哥德巴赫提出：每一个不小于 6 的偶数都是两个奇素数之和；每一个不小于 9 的奇数都是三个奇素数之和。两百多年来，许多数学家孜孜以求，但始终未能完全证明。

1966 年，我国著名数学家陈景润潜心钻研证明了“任何一个充分大的偶数都可以表示成一个素数与另一个素因子不超过 2 个的数之和”，简称“1+2”。

这是迄今世界上对“哥德巴赫猜想”研究的最佳成果。该方法被数学界称为“陈氏定理”，被誉为“筛法的光辉顶点”。

素数(prime)又称质数，是指除了 1 和该数本身以外，不能被任何整数整除的数。一直以来人们热衷于研究素数，从欧几里得的《几何原本》到哥德巴赫猜想，再到全球合作项目“互联网梅森素数大搜索(GIMPS)”，都试图发现素数之间更多的规律和寻找最大的素数。虽然欧几里得很早就已经证明了素数有无限多个，但判定一个大数是否是素数始终是一个难题，素数具有一些人们至今无法证明的难以捉摸的本质。也正是因为素数的神秘莫测，它也被应用在许多领域。素数最主要的应用是密码学中的(rivest-shamir-adleman, RSA)加密，利用素数对信息进行加密可以保护国家情报和战时的军事机密，大大提高信息的安全性。在汽车工业中，如果将汽车发动机大小齿轮的齿数都设计为素数，可以增加两齿轮内两个相同的齿相遇次数的最小公倍数，使磨损更均匀，增加耐用度，从而减少故障。另外，农业技术专家发现，农药的使用周期以素数次数的使用最为合理。科学家还发现许多物种的生命周期和素数有一定关系，因此如果需要引进新物种，就要提前对生命周期和素数的关系进行演算，来降低此物种和其天敌相遇的概率，提高新物种的成活率。

问题描述：任给一个整数 n，要求判定其是否是素数。

问题分析：从素数的定义可以看出，对于任意给定的整数 n，一个比较直观的判定算法是蛮力算法，即从 2 到 $n-1$ 一一枚举，看其中是否有 n 的因子，如果没有，则 n 就是素数，否则 n 就是合数。显然这种蛮力算法的渐进时间复杂度为 $O(n)$，但该算法还可以改进，因为如果 n 能被 2～$n-1$ 中的某个整数 i 整除，不妨设商为 j，若 $i \neq j$，则 i 和 j 是 n 的两个因子，且这两个因子必定有一个小于 $\sqrt{n}$，另一个大于 $\sqrt{n}$，否则 $i=j=\sqrt{n}$。例如，16 能被 2 整除，商为 8，则 2，8 是 16 的两个因子，其中 $2<\sqrt{16}$，$8>\sqrt{16}$；16 能被 4 整除，商为 4，则 $4=\sqrt{16}$；因此只需判定在 2～$\sqrt{16}$ (即 2～4)范围内有无因子即可。基于以上分析，判定 n 是否是素数，可以将枚举范围缩小为 2～$\sqrt{n}$，算法时间复杂度为 $O(\sqrt{n})$。但对于一个正整数 n，其位数为 $m=\lceil \lg(n+1) \rceil$，则算法的时间复杂度是 $O(\sqrt{n})=O(10^{\frac{m}{2}})$，即算法时间复杂度关于位数 m 是指数阶的。本节介绍一个蒙特卡罗算法——Miller-Rabin 素性判定法，该算法虽然有时不能确定给出的解是否正确，但能以高效率、高概率地给出正确解，该算法结合了费马小定理和二次探测定理。

引理 3.1　如果 n 是一个素数，那么对任意一个小于 n 的正整数 a，则有 $a, 2a, 3a, \cdots, (n-1)a$ 除以 n 的余数正好是 1～$n-1$ 的全排列。

证明　反证法：假设结论不成立，即存在两个小于 n 的正整数 k 和 m 使 ka 和 ma 除以 n 的余数相同。不妨设 $k>m$，则 n 可以整除$(k-m)a$。但 n 是素数，那么 a 和 $k-m$ 中至少有一个含有因子 n。这显然是不可能的，因为 a 和 $k-m$ 都比 n 小，所以假设错误，结论成立。

定理 3.1　费马小定理：如果 n 是一个素数，a 为正整数且 $0<a<n$，则 $a^{n-1} \bmod n \equiv 1$。

证明　根据引理有

$$
\begin{aligned}
(n-1)! &\equiv (a(\bmod n)) \cdot (2a(\bmod n)) \cdot \cdots \cdot ((n-1)a(\bmod n)) \\
&\equiv (a \cdot 2a \cdot \cdots \cdot (n-1)a)\ (\bmod n)
\end{aligned}
$$

即$(n-1)! \equiv (n-1)!\ a^{n-1}\ (\bmod n)$，等式两边同时除以$(n-1)!$，得 $a^{n-1} \bmod n \equiv 1$。

由数理逻辑的知识可知，如果费马小定理为真，则费马小定理的逆否命题显然也为真，即如果存在一个小于 n 的正整数 a，使 $a^{n-1} \bmod n \neq 1$，则 n 肯定不是素数。如果其逆命题(即如果存在一个小于 n 的正整数 a，使 $a^{n-1} \bmod n \equiv 1$，则 n 是素数)也为真，那么我们就有了一个可以判定任意给定的整数是否是素数的方法了。

但遗憾的是其逆命题并不成立，也就是存在小于 n 的正整数 a，使 n 能整除 $a^{n-1}-1$时，n 也未必是素数。1819 年有人发现了费马小定理逆命题的第一个反例：当 a 取 2 时，$2^{340}\ (\bmod\ 341) \equiv 1$，但 $341=11\times31$ 不是素数。后来，人们又发现了 561, 645, 1105 等数都表明 $a=2$ 时费马小定理的逆命题不成立。人们把所有能整除 $2^{n-1}-1$ 的合数 n 叫作伪素数(pseudoprime)。

由于伪素数的存在，人们不能用费马小定理的逆命题直接判定素数，卡内基・梅隆大学的计算机系教授加里・米勒(Gary Miller)和以色列耶路撒冷希伯来大学的迈克尔・拉宾(Michael Rabin)教授两个人在费马小定理的基础上，建立了 Miller-Rabin 素性判定算法，该算法基于下面的二次探测定理。

定理 3.2　二次探测定理：如果 n 是一个素数，x 为正整数且 $0<x<n$，则 $x^2 \equiv 1\ (\bmod n)$的解为 $x=1$ 或 $n-1$。

证明　由 $x^2 \equiv 1\ (\bmod n)$可知 $x^2-1 \equiv 0\ (\bmod n)$，即$(x-1)(x+1) \equiv 0\ (\bmod n)$，又已知 $0<x<n$，所以有 $x=1$ 或 $n-1$。

二次探测定理表明，$x^2 \equiv 1 \pmod{n}$的解 $x=1$ 或 $n-1$ 是 n 为素数的必要条件，如果 $x^2 \equiv 1 \pmod{n}$的解 $x \neq 1$ 且 $x \neq n-1$，那么 n 肯定不是素数，但 $x^2 \equiv 1 \pmod{n}$的解 $x=1$ 或 $n-1$ 时，n 也有可能不是素数，但 n 为素数的概率比较高。

我们可以用二次探测定理验证 341 并不是素数。已知 $2^{340} \pmod{341} = 1$，如果 341 是素数，那么根据二次探测定理有 $x=(2^{170} \pmod{341})$，值只可能是 $x=1$ 或 $x=340$ ；当发现 $2^{170} \pmod{341} = 1$ 时，继续查看$(2^{85} \pmod{341})$的结果，我们发现 $2^{85} \pmod{341} = 32$，这一结果说明 341 不是素数。

根据算术基本定理，先将 $n-1$ 表示为 $d \cdot 2^r$(d 为奇数)，生成一个 2～$n-1$ 的随机数 a，则问题变成计算 $a^{d \cdot 2^r} \bmod n$ ，如果 $a^{d \cdot 2^r} \bmod n \neq 1$，则 n 不是素数，否则 $a^{d \cdot 2^r} \bmod n = 1$，利用二次探测定理，继续探测 $a^{d \cdot 2^{r-1}} \bmod n$，如果 $a^{d \cdot 2^{r-1}} \bmod n \neq 1$ 和 $a^{d \cdot 2^{r-1}} \bmod n \neq n-1$，则 n 不是素数，否则如果 $a^{d \cdot 2^{r-1}} \bmod n = n-1$，输出 n 是素数，如果 $a^{d \cdot 2^{r-1}} \bmod n = 1$，再继续探测 $a^{d \cdot 2^{r-2}} \bmod n$ 是否是 1 或者 $n-1$，如果都不是，则直接判断不是素数，如果 $a^{d \cdot 2^{r-2}} \bmod n = 1$，那么继续计算 $a^{d \cdot 2^{r-3}} \bmod n$，…，直到对于某个 k，$a^{d \cdot 2^k} \bmod n = n-1 (0 \leqslant k < r)$ 或者 $a^d \bmod n = 1$，这样通过了所有以 a 为底的探测，当输出结果显示 n 是素数时，n 也可能不是素数，如果想提高正确解的概率，可以循环生成不同的随机数 a，循环次数越多，得到正确解的概率越高。一般随机取 10 个 a，就能达到 99.99%的正确率。

算法设计：素数判定算法 3.3.2 (蒙特卡罗算法的自然语言描述)。

(1) 如果 $n=2$，则 n 为素数；否则如果 $n=1$ 或 n 为大于 2 的偶数，则 n 不是素数。

(2) 设要测试的数为 n，随机生成 2～$n-1$ 的整数 a，设 d、r 满足 $d \cdot 2^r = n-1$(其中 d 为奇数)。

(3) 算出 $a^d \pmod{n}$，然后不断地平方并且进行二次探测(进行 r 次)。

(4) 根据费马小定律，如果 $a^{n-1} \bmod n \neq 1$，则 n 为合数。

(5) 循环生成不同的随机数 a 进行 Miller-Rabin 素数判定，以提高正确率。

算法设计：素数判定算法 3.3.2 (蒙特卡罗算法的伪代码描述)。

算法 3.3.2：素数判定的蒙特卡罗算法 Miller-Rabin

输入：一个待判定的整数 n

输出： n 是否是素数

```
if n = 2 then
  return true
endif
if n(mod2) = 0 or n = 1 then
  return false
endif
r = 0, d = n–1, now=0
while d(mod2) = 0 do          //如果 d 是 2 的倍数，将 n–1 表示为 d · 2^r(d 为奇数)
  d = d / 2                   //d 除以 2
  r = r +1                    //r 是 2 的幂指数
endwhile
```

```
12:  for i=1 to log(n)/log(2) do            //用 log(n)/log(2)个不同的 a 进行判定
13:    a = Random(2,n−1)                     //随机生成一个 2～n−1 的整数
14:    now = Power_Mul(a,d,n)                //调用 Power_Mul 算 now= a^d(modn)
15:    next = now
16:    for j=1 to r do                       //不断地平方并且进行二次探测(进行 r 次)
17:      next = (now^2) mod n
18:      if next =1and now != 1 and now != n−1 then //根据二次探测定理，可知 n 不是素数
19:        return false
20:      endif
21:      now = next                          //继续探测
22:    endfor
23:    if now != 1 then                      //根据费马小定理，a^(n-1) mod n ≠1，知 n 不是素数
24:      return false
25:    endif
26:  endfor
27:  return true
```

函数 Power_Mul(a,d,n)　　　　//计算 a^d(modn)

```
a =a (mod n)
res =1
while d !=0 do                        //当 d 不为 0 时
  if d(mod 2) != 0 then               //如果 d 不是 2 的倍数
      res = (res*a) (mod n)
  endif
      d = d / 2                       //d 是偶数，则每次除以 2
      a = (a^2) (mod n)
endwhile
return res                            //返回结果 res = a^d(modn)
```

算法分析： Power_Mul 函数的时间复杂度为 $O(\log_2^d)$，算法 Miller-Rabin 中 $\log_2^n$ 次调用算法 Power_Mul 并执行 16～20 行的内部 for 循环，总的时间复杂度为 $O(\log_2^n(\log_2^d + r))$，又由于 $d \cdot 2^r = n-1$，$\log_2^d + r = \log_2^d + \log_2^{2^r} = \log_2^{d\cdot 2^r} = \log_2^{n-1}$，所以总的时间复杂度为 $O((\log_2^n)^2)$，换算成以 10 为底的对数，并基于位数为 $m = \lceil \log_{10}(n+1) \rceil$，则可得关于位数的时间复杂度为 $O(m^2)$。

程序设计： 素数判定算法的 C 语言程序 3.3.2。

```
#include<iostream>
#include<cstdio>
#include<bits/stdc++.h>
```

```
using namespace std;
typedef long long ll;
ll Power_Mul(ll a, ll d, ll n)       //计算 a^d(mod n)
{
    ll res=1;
    a=a%n;
    while(d)                         //当 d 不为 0 时
    {
        if(d&1)                      //如果 d 不是 2 的倍数
            res=(res*a)%n;
        d>>=1;                       //d 是偶数，则每次除以 2
        a=(a*a)%n;
    }
    return res;
}
```

```
bool Miller-Rabin(ll n)    //利用费马小定理结合二次探测判定 n 是否是素数
{
    ll a;
    if(n==2)
      return true;
    if(n%2==0||n==1)
      return false;
    ll r=0,d=n-1,now;
    while((d&1)==0)                    //d 是 2 的倍数
    {
      d>>=1;                           //d 除以 2
      r+=1;                            //r 是 2 的幂指数
    }
    printf("d=%lld,r=%lld\n",d,r);         //打印 n-1=d*2^r 中的 d 和 r
    for(int i=1;i<=log(n)/log(2);i++)      //用log(n)/log(2)个不同的a进行判定
    {
       a = rand() % (n - 1) + 1;      //随机生成一个 2～n-1 的整数
       printf("a=%ld\n",a);
       now=Power_Mul(a,d,n);          //now=a^d(modn)
       ll next=now;
       for(int j=1;j<=r;j++)          //不断地平方并且进行二次探测(进行 r 次)
       {
         next=(now*now)%n;
         if(next==1&&now!=1&&now!=n-1) //根据二次探测定理，可知 n 不是素数
           return false;
           now=next;           //继续探测
       }
      if(now!=1)               //根据费马小定理，a^(n-1) mod n≠1，知 n 不是素数
        return false;
    }
```

```
    printf("now is %lld\n",now);
    return true;
}
```

```
int main()
{
  ll m;
  scanf("%lld",&m);
  ll n;                                   //待判定的素数
  for(int i=1;i<=m;i++)
  {
    scanf("%lld",&n);                     //输入待判定的素数
    if(Miller_Rabin(n))
       printf("Yes,it is a prime!\n");
    else
       printf("No,it is not a prime!\n");
  }
}
```

程序执行：程序执行时输入两个整数，第 1 个整数是 97，该数是素数，第 2 个整数是 791，该数是合数，程序执行结果如图 3.9 所示。

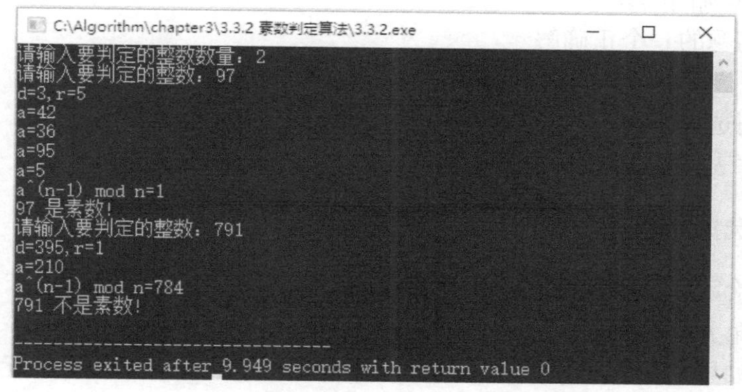

图 3.9　素数判定算法程序 3.3.2 执行结果截图

3.4　舍伍德算法

在分析一个算法的平均时间复杂度时，通常假定算法的输入数据符合某一特定的概率分布。但很多时候，输入数据的分布是未知的，而且算法的时间复杂度完全取决于输入数据的初始状态。例如，当输入的数据为均匀分布时，快速排序法所需要的平均时间复杂度为 $O(n\log n)$，但当输入的数据“几乎”为有序时，最坏的时间复杂度为 $O(n^2)$。舍伍德算法就是通过引入随机性来消除最坏情形的出现，从而减少算法的计算时间与特定实例之间的关联性。舍伍德算法总能算出所求解问题的一个解，并且这个解总是正确的。

3.4.1　舍伍德算法的基本思想

【策略思想】　舍伍德算法的思想就是通过引入随机性来减少算法的计算时间与特定输入实例间的联系，从而消除具体实例造成计算时间过长的极端情况。当一个确定性算法在平均情况下的计算复杂度和最坏情况下的计算复杂度差距较大时，可以在这个算法中引入随机性，使它变成舍伍德算法，以此来减少或者消除这种差距。

【问题特征】　设 A 为一个确定性算法，$t_A(x)$ 为输入实例为 x 时所需要的时间。设 X_n 是一个输入规模为 n 的实例的全体，当这个问题的输入规模为 n 时，算法 A 需要的平均时长为 $\overline{t}_A(n)=\frac{1}{|X_n|}\sum_{x\in X_n}t_A(x)$。但显然不能排除存在 $x\in X_n$，使得有 $t_A(x)\gg\overline{t}_A(n)$ 的可能性，针对这种情况，如果能够引入某个概率算法 B，让它对一个输入规模为 n 的问题的任何一个实例 $x\in X_n$，均有 $t_B(x)=\overline{t}_A(n)+s(n)$，那么，算法 B 关于输入规模为 n 的实例的全体 X_n 的平均计算时长为 $\overline{t}_B(n)=\frac{1}{|X_n|}\sum_{x\in X_n}t_B(x)=\overline{t}_A(n)+s(n)$，当 $s(n)$ 与 $\overline{t}_A(n)$ 相比来说可以忽略时，舍伍德算法可以获得一个非常好的平均性能。舍伍德算法不能避免最坏情况的发生，但是能够消除最坏情况与特定实例之间的关联性，这也是舍伍德算法的精髓。

【算法步骤】

(1) 输入：求解问题必需的参数。

(2) 处理：通过在确定性算法 A 中引入随机性来构建一个概率算法 B，以此减少算法的计算时间与输入实例间的联系。

(3) 输出：问题的一个正确解。

【典型问题】

(1) 线性时间选择问题。

(2) 搜索有序表问题。

3.4.2　线性时间选择问题

问题描述：给定一个长度为 n 的序列 a_1，a_2，…，a_{n-1}，a_n 和一个整数 $k\,(1\leqslant k\leqslant n)$，要找出这 n 个元素中第 k 小的元素。

问题分析：如果这 n 个元素按从小到大顺序排列，那么第 k 个位置的元素就是要找的元素。否则，可以借助快速排序的思路来实现。在快速排序算法中，每进行一次排序就可以确定被随机选择的基准元素在数字中的最终位置。在查找问题中，要查找第 k 小的元素，也就是有 k–1 个小于这个元素的数字，这个数字排在第 k 位，这里只需要保证其前面的数字都小于它就可以了，不必在意前面数字的顺序如何。也就是在每次随机选择基准之后，把所有小于基准的放置到基准左边，大于基准的放置到基准右边，基准所在位置就是它最终该放置的位置。

算法设计：线性时间选择算法 3.4.1(自然语言描述)。

输入：长度为 n 的数组及整数 $k(1\leqslant k\leqslant n)$。

输出：数组中第 k 小的元素。

(1) 随机地选择一个基准 pivot，然后将 pivot 与序列第一个元素交换位置。

(2) 用 pivot 对数据序列进行划分，将小于 pivot 的元素交换到其左边，大于 pivot 的元素交换到其右边。

(3) 如果 pivot 所在位置的下标为 k，则算法结束。

(4) 否则判断 k 与 pivot 所在位置的下标的相对大小，当 pivot 所在位置的下标小于 k 时，继续对右侧序列重复步骤(1)～(3)，否则对左侧序列重复步骤(1)～(3)。

算法设计：线性时间选择算法 3.4.1(伪代码描述)。

算法 3.4.1：线性时间选择非递归算法

输入：数组 a，数组长度 n 及整数 k ($1 \leqslant k \leqslant n$)

输出：数组 a 中第 k 小的元素

```
if k<1 or k>n then
   exit(0)
else
   return SherwoodSelect (a, 0, n–1, k)
```

函数 SherwoodSelect (a[],m , n, k)　　//舍伍德选择算法

```
while true
   if m≥n then
      return a[m] //返回要查找的元素
   t←m+ Random(0, n−m)     //随机选择划分基准 a[t]
   swap(a[m], a[t])     //将基准与数组的最左边元素交换
   pivot←a[m]    //记录基准
   i = m       //i 指向搜索区间的最左指针 i
   j= n+1   //j 指向搜索区间的最右指针 j
   //以划分基准为轴做元素交换
   while true
      while i<n and a[++i] <pivot   //从左向右找大于等于基准的元素
      endwhile
      while j>m and a[− −j] >pivot   //从右向左找小于等于基准的元素
      endwhile
      if i≥j then
         break
      endif
      swap(a[i], a[j])   //将右边小元素与左边大元素交换
   endwhile
    //j 为基准位置，m 是起止位置，如果 j−m+1=k，则基准是第 k 小的元素
   if j−m+1 == k then
      return pivot
   endif
   //a[j]必然小于 pivot，做最后一次交换，满足左侧比 pivot 小,右侧比 pivot 大
   a[i] = a[j]
```

```
  a[j] = pivot   //将基准放置到其该在的位置
  //对子数组重复划分过程
  if j − m + 1 < k then
    k = k − (j − m + 1 )    //在基准右侧元素找第 k–(j–m + 1 )小的元素
    m = j + 1
  else  //在基准左侧区域找第 k 小的元素
    n = j– 1
  endif
endwhile
```

算法分析：算法 3.4.1 中函数 SherwoodSelect(舍伍德选择算法的实现)对含有 n 个元素的数组进行划分的时候，随机选择的元素处在 n 个位置中任意位置的概率是相等的，所以划分出来的高区子数组中含有 i 个元素的概率为 $1/n$ (i=0, 1, 2, ⋯ , n−1)。设 $T(n)$表示"在 n 个元素的数组中查找第 k 小元素"问题舍伍德算法所需期望时间的上界，考虑在最坏情况下，第 k 小元素总是会被划分在元素多的子数组中，因此可以得到关于 $T(n)$的递归式：

$$T(n) \leqslant \frac{1}{n}\left(\sum_{i=1}^{n} T(\max(i-1, n-i))\right) + O(n)$$
$$= \frac{2}{n}\sum_{i=\frac{n}{2}}^{n-1} T(i) + O(n)$$

解上面的递归式可以得到 $T(n)=O(n)$。换句话说，非递归的舍伍德选择算法可以在平均时间 $O(n)$内找出 n 个输入元素中的第 k 小元素，即该算法的平均时间复杂度为 $O(n)$，因此该算法称为线性时间的随机选择算法。为什么该算法能实现线性时间复杂度呢？这是因为算法 3.4.1 中用到了减治法，所谓减治法就是对于一个大问题的多个子问题，只需要解决一个，总的大问题就解决了，这个方法最典型的实例就是二分查找。在二分查找中，每次只需要在给定序列的一半中进行查找，也就是说虽然有两个子序列，但实际上每次都只需选择一个执行。

程序设计：线性时间选择算法的 C++程序 3.4.1。

```
//交换函数
void swap(int& t1, int& t2){
int temp = t1;
    t1 = t2;
    t2 = temp;
}
```

```
int SherwoodSelect(int a[], int m , int n, int k){ //舍伍德选择函数
while(true){
   if(m >= n){
   return a[m];
   }
   //随机选择划分基准
   int i = m, t = m + rand() % (n - m + 1); //随机生成下标 t，其对应元素为基准
   swap(a[i], a[t]); //将基准与数组的最左元素交换
```

```
    j = n + 1;
    int pivot = a[m];
    //以划分基准为轴做元素交换
    while(true){
        while(i<n&&a[++i]<pivot); //从前往后找大于等于基准的元素
        while(j>m&&a[--j]>pivot); //从后往前找小于等于基准的元素
        if(i>= j){
            break;
        }
        swap(a[i], a[j]);
    }
    //如果最后基准元素在第 k 个位置，则找到了第 k 小的元素
    if(j - m + 1 == k){
            return pivot;
    }
    //a[j]必然小于 pivot，做最后一次交换，满足左侧比 pivot 小，右侧比 pivot 大
   a[m] = a[j];
   a[j] = pivot;
   //对子数组重复划分过程
   if(j - m + 1 < k){
      k = k - (j - m + 1 ); //基准右侧元素，求出相对位置
      m = j + 1;
   }
   else{ //基准左侧元素
      n = j - 1;
   }
   }
}
```

```
int Select(int a[],int n,int k){
if(k<1||k>n){
printf("Index out of bounds\n");
exit(0);
}
return SherwoodSelect (a,0,n-1,k);
}
```

```
#include <iostream>
#include <stdlib.h>
using namespace std;
int main(){
    int n,k,r;
    printf("给定线性序集中的元素个数 n 为：");
    scanf("%d", &n);
    printf("求这 n 个元素中第 k 小的元素，给定 k 为：");
    scanf("%d", &k);
    int a[n];
```

```
    printf("输入元素:");
    for(int i=0; i<n; i++)
        scanf("%d", &a[i]);
    r=Select(a,n,k);
    printf("输出线性序集中第%d 小的元素为:", k);
    printf("%d", r);
    return 0;
}
```

程序执行：当 k=3 时，在给定序列中找第 k 小元素的程序执行结果如图 3.10 所示。

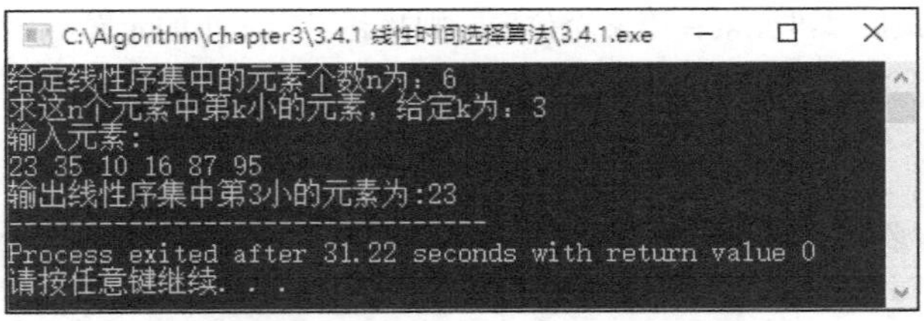

```
C:\Algorithm\chapter3\3.4.1 线性时间选择算法\3.4.1.exe
给定线性序集中的元素个数n为：6
求这n个元素中第k小的元素，给定k为：3
输入元素:
23 35 10 16 87 95
输出线性序集中第3小的元素为:23
--------------------------------
Process exited after 31.22 seconds with return value 0
请按任意键继续. . .
```

图 3.10　线性时间选择算法 3.4.1 程序执行结果截图

舍伍德算法不能避免最坏情况的发生，但由于算法中引入了随机性，这种最坏情况发生的概率非常小，从而消除了不同输入实例对算法时间性能的影响。另外，如果一个确定性算法无法直接通过引入随机性改造成舍伍德算法，则可以采用随机预处理方法，对输入实例进行随机“洗牌”操作，将“随机性”施加到输入实例上，同样可获得舍伍德算法的效果。

3.4.3　搜索有序表

问题描述：线性表的存储有两种方式，即顺序存储和链式存储。顺序存储的逻辑顺序与物理顺序一致，可采用其索引进行存取，因此是一种随机存取结构，表中的任意一个结点都可在 $O(1)$的时间内直接存取，但是在表中插入和删除元素时需要移动大量的元素，该结构适合经常进行查找、很少做插入和删除操作的场合。链式存储的插入和删除不需要移动元素，只需要修改指针即可，但其查找的时间复杂度为 $O(n)$。那么，有没有一个数据结构，既能像链式存储结构那样，插入和删除不需移动大量元素，在查找时又能与顺序存储结构相似，不用比较较多的数据呢？答案是：有序表。下面介绍用数组模拟链表的数据结构——有序表。

用两个数组来表示所给的含有 n 个元素的有序集 S。用 value[0: n]存储有序集中的元素，link[0: n]存储有序集中元素在数组 value 中位置的指针。link[0]指向有序集中的第一个元素，value[link[0]]是有序集中的最小元素。一般地，如果 value[i]是所给有序集 S 中的第 i 个元素，则 value[link[i]]是 S 中第 i+1 个元素。S 中元素的有序性表现为：对于任意 $1 \leqslant i \leqslant n$，有 value[$i$] $\leqslant$value[link[i]]。对于集合 S 中的最大元素 value[i]，有 link[i]=0 且 value[0]是一个大数。例如，对于有序集 S={2, 5, 7, 10, 12, 17}，其数据存储结构如表 3.1 所示。

表 3.1　有序集的数组表示

i	0	1	2	3	4	5	6
value[i]	∞	12	5	2	10	7	17
link[i]	3	6	5	2	1	4	0

在上述所给出的例子中，link[0]=3 表示 S 中最小的元素在 value[3]中，其值为 2，S 中第 2 小的元素为 value[link[3]]= value[2]=5，第 3 小的元素为 value[link[2]]=value[5]=7，…，以此类推，最后 link[6]=0。容易看出，这种数据结构的核心思想就是利用数组来模拟一个有序链表。

那么基于上面介绍的数据结构，如何设计一个高效的算法，实现元素的查找、插入和删除操作？

问题分析：对于有序表，可以采用顺序的方式在所给出的有序集 S 中搜索一个值为 x 的元素。利用数组下标的索引，通过随机抽取数组元素若干次，从较接近搜索元素 x 的位置开始顺序搜索则可以设计出一个具有随机化的搜索算法，从而改进算法搜索时间的复杂度。同时借助有序表中的指针数组，可以在不需要移动大量元素的前提下，实现插入、删除操作。如果有序集 S 中包含 n 个元素，则在比较坏的情况下，按顺序搜索算法所需要的计算时间复杂度将会是 $O(n)$。

算法设计：搜索有序表算法 3.4.2(自然语言描述)。

输入：含 n 个元素的有序表和要搜索的元素 x。

输出：元素 x 是否存在，如果存在，则返回其在数组中的索引 index。

(1) 给定随机抽取数组元素的次数 k。

(2) 随机抽取 k 个数组元素，在这 k 个元素中找到小于 x 的最大元素 max，并记录索引 index。

(3) 当 value[link[index]]$<x$ 时，沿着指针数组 link 继续向下搜索(index=link[index])，直到 value[link[index]]$\geq x$。

(4) 如果 value[link[index]]=x，则返回 true 和 index，否则返回 false。

算法分析：如果随机抽取数组元素 k 次，则其顺序搜索所需的平均比较次数为 $O(n/k+1)$。因此，如果取 $k=\sqrt{n}$，则算法所需的平均计算时间为 $O(\sqrt{n})$。

程序设计：搜索有序表算法的 C++程序 3.4.2-1。

```
#include "math.h"
#include <iostream>
#include "stdlib.h"
using namespace std;
class OrderedList
{
    friend int main();
    public:
        OrderedList(int Small,int Large,int MaxL);
        ~OrderedList();
        bool Search(int x,int& index); //搜索指定元素
        int SearchMax(void);           //搜索最大元素
        void Insert(int k);            //插入指定元素
        void Delete(int k);            //删除指定元素
        void Output();                 //输出数组中元素
    private:
        int n;                         //当前数组中元素的个数
```

```
        int MaxLength;                    //数组中最大元素的个数
        int *value;                       //存储元素的数组
        int *link;                        //指针数组
        int SMALL;                        //数组中元素的下界
        int INF;                          //数组中元素的上界
};
//构造函数
OrderedList::OrderedList(int small,int large,int MaxL)
{
    MaxLength = MaxL;
    value = new int[MaxLength+1];
    link = new int[MaxLength+1];
    INF = large;
    n = 0;
    link[0] = 0;
    value[0] = INF;
    SMALL = small;
}
//析构函数
OrderedList::~OrderedList()
{
    delete value;
    delete link;
}
```

其中，MaxLength 是数组中元素个数的上限；SMALL 和 INF 分别是数组中所有元素的下界和上界；OrderedList 的构造函数初始化其私有成员数组 value 和 link，析构函数则释放 value 和 link 所占有的空间。

OrderedList 类的共享成员函数 Search 用来搜索当前数组中的元素 x，当 Search 搜索到元素 x 时，将该元素在数组 value 中的位置返回到 index 中，并返回 true，否则返回 false。

程序设计：搜索有序表算法的 C++程序 3.4.2-2。

```
//搜索集合中指定元素 k
bool OrderedList::Search(int x, int& index)
{
    index = 0;
    int max = Small;
    int m = floor(sqrt(double(n)));//随机抽取数组元素次数
    for(int i = 1; i <= m; i++)
    {
        int j = rand()%n + 1;//随机产生数组元素位置
        int y = value[j];
        if((max<y)&&(y<x))
        {
```

```
                max = y;
                index = j;
            }
        }
        //顺序搜索
        while(value[link[index]]<x)
        {
            index = link[index];
        }
        return (value[link[index]] == x);
}
```

利用函数 Search，很容易设计支持有序集插入、删除等运算的函数，由于篇幅有限，请读者编程实现 OrderedList 类中其他成员的函数。

程序执行：搜索有序表的程序执行结果如图 3.11 所示。

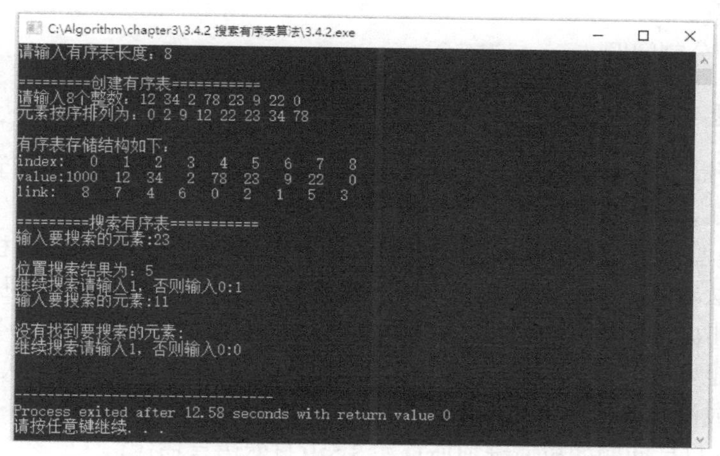

图 3.11　搜索有序表程序 3.4.2 运行结果截图

3.5　拉斯维加斯算法

拉斯维加斯算法是另一类重要的随机算法，该算法旨在找到正确解，但有时拉斯维加斯算法所做的随机性决策会导致算法找不到解，和蒙特卡罗算法一样，该算法求得正确解的概率也依赖于算法所用的时间。由于拉斯维加斯算法可能会得不到解，所以通常采用逻辑型方法来表示是否找到了问题的解，当算法找到一个解时返回 true，否则返回 false。当返回 false 时，可再次独立调用该算法，如果迭代次数足够多，那么该算法会以大概率得到问题的解。

3.5.1　拉斯维加斯算法的基本思想

【策略思想】　下面这个例子可以简要说明拉斯维加斯算法的思想：假设有 1 把锁和 100 把钥匙，这 100 把钥匙中只有 1 把可以打开锁。一种可行的方法(枚举法)就是用每把钥匙逐一去试，但是如果问题的规模很大，如有 10 000 把钥匙，这种方法的代价就会很大。拉斯维加斯算法则是每次随机取一把钥匙，如果打不开就换一把。随着尝试的次数增多，打开锁的概率也就变大了。也正是因为这种“猜”正确解的做法，该算法以赌城拉斯维加斯命名。

【问题特征】

(1) 一般可快速找到问题的一个解，但不能保证一定找到问题的解，找到解的概率依赖于迭代次数，所以算法的时间复杂度不确定。

(2) 一旦找到问题的一个解，这个解一定是正确的。

【算法步骤】

(1) 输入：求解问题必需的参数(如 n 皇后问题中的 n)。

(2) 处理：迭代生成一个随机解并判断生成的随机解是否正确，不正确则重复执行步骤(2)，正确或达到指定迭代次数则执行步骤(3)。

(3) 输出：返回 true 或 false。

【典型问题】

(1) n 皇后问题。

(2) 整数因子分割问题。

3.5.2　n 皇后问题

问题描述：将 n 个皇后放置在 $n \times n$ 的棋盘上，要求每一个皇后所在的行、列、对角线上没有其他皇后存在，应如何把 n 个皇后相容地全部放置在棋盘上？

问题分析：n 皇后问题中，皇后在棋盘上的位置无任何规律，更像是随机放置的，因此，用拉斯维加斯算法求解 n 皇后问题是合理的。求解时，在棋盘的每一行随机放置皇后，并使皇后相互不能攻击(即棋盘每一行、列、对角线上至多有 1 个皇后)，直到 n 个皇后全部放置完毕或已没有满足要求的放置位置时算法终止。需要注意的是，每调用一次拉斯维加斯算法只会产生一个解或没有解，而不是求出 n 皇后问题的所有可行解。

算法设计：n 皇后问题的拉斯维加斯算法 3.5.1(自然语言描述)。

输入：皇后数量 n。

输出：1～n 的一组整数排列，如八皇后返回结果为 68241753，表示第 1 行的皇后在第 6 列，第 2 行的皇后在第 8 列，以此类推，或输出 Not found 表示未能找到正确解。

(1) 在棋盘的第 1 行到第 n 行随机地放置皇后，每一次放置时要检查后放置的皇后是否与之前放置的皇后发生攻击。

(2) 如果 n 个皇后已经按照要求放置好，则算法结束，输出结果；否则，如果在某一步没有满足要求的放置位置，且皇后还有剩余，则回到步骤(1)。

在实际应用中，通常将拉斯维加斯算法与回溯法结合来求解 n 皇后问题。如算法 3.5.1 的代码所示，可以在前若干行采用随机放置皇后的方法，剩下的行采用回溯法放置。使用两种策略相结合求解，是因为单纯的拉斯维加斯算法一旦失败就需要从头开始，而回溯法放置某个皇后一旦失败，就采取回退一步的策略，所以两种策略相结合可以更有效地求解。

算法分析：若单纯使用回溯法解决 n 皇后问题，需要依次遍历棋盘的每一行，第 1 行至多遍历 n 个位置，第 2 行至多遍历 $n-1$ 个位置，…，以此类推，所以回溯法解决 n 皇后问题的时间复杂度为 $O(n!)$；若单纯使用拉斯维加斯算法解决 n 皇后问题，因为每个皇后的位置都是随机的，所以每运行一次的时间复杂度为 $O(n)$，但是往往需要运行多次才能找到正确解。本节将回溯法和拉斯维加斯算法结合起来，实现优势互补，前 m 行采用拉斯维加斯算法，剩余的 $n-m$ 行采用回溯法，时间复杂度为 $O(m(n-m)!)$，且通常仅需运行一次即可得到正确解。

> 物固莫不有长，莫不有短，人亦然。故善学者，假人之长以补其短。
>
> ——《吕氏春秋·用众》

程序设计：n 皇后问题的拉斯维加斯算法的 C++程序 3.5.1-1。

```
//定义皇后类
class Queen{
friend bool nQueens(int n);
private:
    bool Position (int k);              //测试第 k 行、第 x[k]列的位置是否合法
    bool QueensBacktrack(int t);        //回溯法
    bool QueensLasVegas(int stop);      //拉斯维加斯算法，随机放置 stop 个皇后
    int n, *x, *y;
};
```

求解 n 皇后问题时，从棋盘的第 1 行到第 n 行，每一行放置一个皇后。首先，程序 3.5.1-1 对 Queen 类进行了定义。其中，n 表示皇后的个数，数组 x 的第 k 个元素 $x[k]$存储第 k 行皇后所在的列，y 是辅助列表。

Queen 类有三个私有成员：Position (int k)用于测试第 k 行皇后置于第 $x[k]$列的合法性；QueensBacktrack(int t)是解 n 皇后问题的回溯法；QueensLasVegas(int stop)是随机放置 n 个皇后的拉斯维加斯算法。类中三个成员函数的实现如下。

程序设计：n 皇后问题的拉斯维加斯算法 3.5.1 的 C++程序 3.5.1-2。

```
// n 皇后问题的三个私有成员
bool Queen::Position(int k){//测试第 k 行、第 x[k]列的位置是否合法
    for (int j=1;j<k;j++)
        if((abs(k-j)==abs(x[j]-x[k]))||(x[j]==x[k]))
            return false;
    return true;
}
bool Queen::QueensBacktrack(int t){//解 n 皇后问题的回溯法
    if(t>n){
        for(int i=1;i<=n;i++)
            y[i]=x[i];
            return true;
    }
    else{
```

```
        for(int i=1;i<=n;i++){
            x[t]=i;
            if(Position(t)&&QueensBacktrack(t+1))
                return true;
        }
    }
    return false;
}
bool Queen::QueensLasVegas(int stop){//拉斯维加斯算法，随机放置 stop 个皇后
    time_t t=time(NULL);     //产生随机数种子
    srand(t);                //初始化随机数
    int k=1;                 //下一个放置的皇后的编号
    int count=1;             //记录有多少个位置可以放置皇后
    while((k<=stop)&&(count>0)){//stop 取值范围为[0,n]，表示允许随机放置的皇后数
        count=0;
        for(int i=1;i<=n;i++){   //遍历第 k 行所有可以放置的列号，用 y 保存下来
            x[k]=i;
            if(Position(k))
                y[count++]=i;
        }
        if(count>0)               //随机取出一个可行的位置来放置第 k 行的皇后
            x[k++]=y[rand()%count];//随机位置，取值范围为[0，count-1]
    }
    return (count>0);  //最后，count>0 表示放置成功
}
```

最后是结合回溯法和拉斯维加斯算法的主算法，完整程序代码如下。

程序设计： n 皇后问题的拉斯维加斯算法 3.5.1 的 C++程序 3.5.1-3。

```
//结合回溯法和拉斯维加斯算法求解 n 皇后问题
bool nQueens(int n){
    Queen X;
    X.n=n;
    int *p=new int [n+1];
    int *q=new int [n+1];
    for(int i=0;i<=n;i++){
        p[i]=0;
        q[i]=0;
    }
    X.y=p;
    X.x=q;
    int stop=3; //设置随机放置皇后的个数
    if(n>15)  //n 过大时，预留 15 行给回溯法，防止程序陷入死循环
        stop=n-15;
    bool found=false;
```

```
    while(!X.QueensLasVegas(stop));  //拉斯维加斯算法求解部分
    if(X.QueensBacktrack(stop+1)){   //算法的回溯搜索部分
        for(int i=1; i<=n; i++)
            cout<<p[i]<<" "; //找到正确解并将其打印出来
        found=true;
    }
    else{
        cout<<"Not found";  //没有找到正确解
    }
    cout<<endl;
    delete [ ] p;
    delete [ ] q;
    return found;
}
```

```
#include<time.h>
#include<math.h>
#include<iostream>
#include<stdlib.h>
using namespace std;
int main(){
    int n;
    cout<<"请输入皇后的数量:\n";
    cin>>n;  //输入皇后的数量 n
    cout<<"程序执行结果为:\n";
    nQueens(n);
    return 0;
}
```

程序执行：上述代码中，stop 取值范围为[0, n]，表示允许随机放置的皇后数。当 stop=0 时，表示完全采用回溯法求解；当 stop=n 时，表示采用拉斯维加斯算法求解。stop 为 0 或 n 时返回正确解的概率为 100%，stop 为其他值时，只运行一次有可能找不到正确解，需要多次重复才能返回正确解。算法 3.5.1 之所以有时会找不到正确解，是因为即使在调用函数 QueensLasVegas(stop)为前 stop 行皇后找到了互不攻击的放置位置，也不代表对后面 n−stop 行调用函数 Backtrack(stop+1)就可以找到满足条件的放置位置。因为这里的回溯不是一个彻底的回溯，它是从 stop+1 行开始回溯的，而前面的 stop 行皇后位置决定了后续行皇后是否存在满足条件的放置位置。对于八皇后问题，stop=2 或 3 时算法具有较高的效率。图 3.12 给出了当 stop=3 时八皇后问题的一次程序执行结果。

图 3.12　八皇后问题拉斯维加斯算法 3.5.1 程序执行结果截图

3.5.3 整数因子分割问题

问题描述：假设 n 是合数，则 n 必有一个非平凡因子 $x(1<x<n)$，使 n 可以被 x 整除。给定一个合数 $n(n>1)$，找 n 的一个非平凡因子 x 的问题就称为整数因子分割问题。

问题分析：对于整数因子分割问题，最直观的方法就是试除法，即遍历从 2 到 $\sqrt{n}$ 的所有素数，若可整除 n 则直接返回该数，若不能整除，则继续遍历，直至遍历结束。

试除法的算法逻辑比较简单，读者可以自行进行算法的程序编写。但对于特殊的数，特别是素因子普遍较大的时候，试除法的效率较低。1975 年，John M. Pollard 提出了第二种因数分解的方法——Pollard 算法。Pollard 使用一种特别的伪随机数生成器来生成[0, n–1]范围内的伪随机数序列：设序列第一个数为 x_1，则根据$x_i=\left(x_{i-1}^2-1\right)\bmod n$，得到一个伪随机数序列 $x_1,x_2,\cdots,x_k,\cdots$。

算法设计：Pollard 算法 3.5.2(自然语言描述)。

输入：大于 1 的整数 n。

输出：整数 n 的非平凡因子。

(1) 选取 0～n–1 的一个随机数 x_1，然后按式(3-2)循环迭代，产生序列 $x_1,x_2,\cdots,x_k,\cdots$：

$$x_i=\left(x_{i-1}^2-1\right)\bmod n \tag{3-2}$$

(2) 对于$i=2^k,k=0,1,\cdots$，以及$2^k<j\leqslant 2^{k+1}$，计算出 x_i-x_j 与 n 的最大公因子 d。

(3) 若 d 是 n 的非平凡因子，则实现对 n 的一次分割，算法输出 n 的因子 d，算法结束。该算法在求取 x_i-x_j 和 n 的最大公因子 d 时使用了欧几里得算法。

算法分析：虽然试除法的时间复杂度为 $O\left(n^{\frac{1}{2}}\right)$，效率较低，但对于大多数整数，试除法已经足够。Pollard 算法利用了递推公式 $x_i=\left(x_{i-1}^2-1\right)\bmod n$ 及随机数序列来产生问题的解，其时间复杂度为 $O\left(n^{\frac{1}{4}}\right)$，相比试除法的平均时间复杂度 $O\left(n^{\frac{1}{2}}\right)$有较大的提高。所以当 n 特别大时，应当选择 Pollard 算法。

程序设计：Pollard 算法 3.5.2 的 C++程序 3.5.2。

```
//Pollard算法求解整数因子分割问题
#include<iostream>
#include<time.h>
#include<stdlib.h>
using namespace std;
//求整数 a 和 b 最大公因子的欧几里得算法
int gcd(int a,int b){
    if(b==0){
        return a;
    }
    else{
    return gcd(b, a%b);
    }
}
```

```
//求整数 n 的非平凡因子的拉斯维加斯算法
void Pollard(int n){
    time_t t=time(NULL);        //产生随机数种子
    srand(t);                   //初始化随机数
    int i = 1;
    int x = rand()%n;           //随机整数
    int y = x;
    int k = 2;
    while(true){
        i++;
        x = (x*x - 1) % n;          //x[i]=(x[i-1]^2-1) mod n
        int d = gcd(y-x,n);         //求 n 的非平凡因子
        if((d>1) && (d<n)){
            cout<<d<<"\n";      //因子分割问题：求 n 的一个非平凡因子的问题
            return;
        }
        if(i == k){
            y = x;
            k *= 2;
        }
        else{
            x = rand()%n;       //重新生成 x，避免因 x 不合适陷入死循环
        }
    }
}
```

```
int main( ){
    int n;
    cout<<"请输入一个合数:\n";
    cin>>n;
    cout<<"程序执行结果为:\n";
    Pollard(n);
    system("PAUSE");  //等待用户的操作
    return 0;
}
```

程序执行：当输入的合数为 445478532 时，程序给出了该合数的一个因子为 12，如图 3.13 所示。注意到即使是给定同一个合数，由于该程序只是给出合数的一个因子即可，而且最初的 x_1 是随机选出的，所以得到的合数的因子不一定相同。

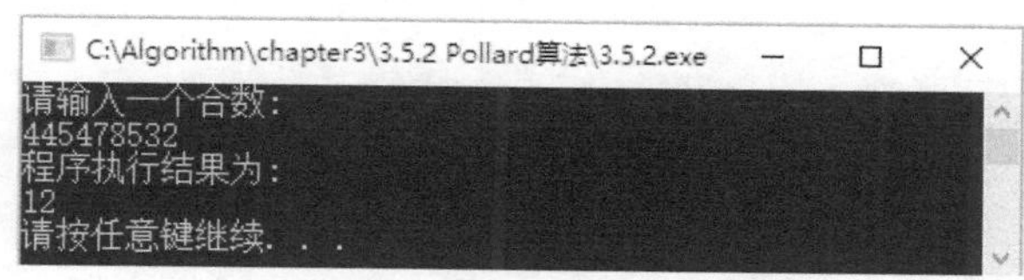

图 3.13　Pollard 算法程序 3.5.2 执行结果截图

习　题

1. 说明蒙特卡罗算法、舍伍德算法和拉斯维加斯算法各自的思想和特点。

2. 利用数值概率算法计算定积分 $\iiint_{\Omega}\ln(1+x+y+z)\mathrm{d}x\mathrm{d}y\mathrm{d}z$，其中 $\Omega: 0<x<1, 0<y<1, 0<z<1$。

3. 设计一个蒙特卡罗算法判断两个给定集合 A 和 B 是否相等，并说明该算法是偏真还是偏假算法。

4. 在 3.4.2 节中指出，如果一个确定性算法无法直接通过引入随机性改造成舍伍德算法，则可以采用随机预处理方法，对输入实例进行洗牌操作，将“随机性”施加到输入实例上，请设计并编程实现随机洗牌算法。

5. 编程实现本章搜索有序表算法 3.4.2 的 OrderedList 类中未实现的成员函数，并给出在输入数组为 34，56，7，23，88，9，12，6，21，位置 $k=4$ 时的程序运行结果。

6. 按照国际象棋规则：车可以攻击与之处在同一行或同一列的车。假设在棋盘上的若干个格中设置了堡垒，战车无法穿越堡垒攻击其他战车。请针对给定的设置了堡垒的 8×8 的棋盘(如图 3.14 所示，其中三角形标志表示堡垒)，设计一个概率算法，在棋盘上放置尽可能多的彼此不受攻击的战车。

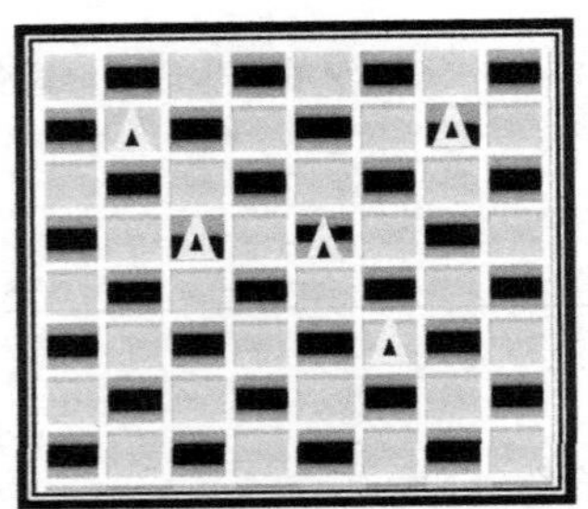

图 3.14　指定位置放置了堡垒的 8×8 的棋盘

第 4 章　计算复杂性理论初步

通俗地说，计算复杂性是指计算机求解问题的难易程度，时空复杂度是其通常的度量标准。我们知道，时空复杂度也是评价算法性能的指标，包括时间复杂度和空间复杂度，其表示方法包括大 O 表示法、大 Ω 表示法和大 Θ 表示法。算法是为了解决问题而提出的，一个问题可以通过多个算法来求解，每个算法具有自己的计算复杂度，那么如何表示问题的计算复杂度呢？在度量问题的计算复杂度的基础上，如何根据问题的难易程度对问题进行分类呢？

计算复杂性就是研究问题本身的复杂程度，而算法复杂性是研究解决一个特定问题的算法的复杂程度，即时空复杂性。仅就时间复杂性而言，算法的复杂性是指解决特定问题的一个具体算法的时间复杂度，这属于算法性质；问题的复杂性是指求解特定问题的所有算法的时间复杂度最小的那个算法的复杂度，这属于问题性质。

4.1　NP 完全性

“计算复杂性”研究的课题之一是 NP 完全性问题。在本质上，一个问题是 NP 完全(non-deterministic polynomial complete, NPC)问题，那么这意味着：虽然我们还不能证明，但该问题在实际计算时是困难的，这将为我们分析问题、设计算法提供思路。本节先介绍什么是 P 问题(polynomial problem)、NP 问题、NPC 问题，然后通过经典的例子了解常见的 NPC 问题。

4.1.1　P 和 NP

我们一般把问题分为两类：一类是判定性问题，另一类是最优性问题。判定性问题，也称判定问题、存在性问题，是指输出仅为“是”或“否”的一类问题，也可以抽象为所有输入到“是”或“否”的映射，例如素数判断问题。最优性问题，也称优化问题、最优化问题，是指要确定或选择一组参数(即解)，在满足一系列有关的限制条件(即约束)下，使得在某个预先定义的目标函数下达到最优值，例如旅行商问题、最大独立集问题、0-1 背包问题。

事实上，判定性问题和最优性问题一般能相互转换，例如，0-1 背包问题是最优性问题。如果我们设定一个价值 V，那么 0-1 背包问题的判定性问题将变为：在不超过背包容量的前提下，是否存在能装入背包的一些物品，使这些物品的价值超过给定的价值 V?

因此，本节我们将以判定性问题为例展开叙述。

定义 4.1　P 问题是指存在多项式时间复杂度算法的问题。

从定义 4.1 可知，P 问题是指这样的问题：该问题存在多项式时间复杂度的算法。P 是多项式(polynomial)的首字母，如果一个问题存在一个多项式时间复杂度的算法来求解它，那么该问题就是 P 问题，例如，排序问题、找最大值问题都属于 P 问题。

需要指出的是，多项式时间复杂度算法具有有限扩展性，即将问题的规模增大为原来的 2 倍，即由 n 变为 $2n$，多项式时间复杂度算法的运行时间将变为原来的常数倍，而与问题规

模 n 无关。例如，对于 $T(n) = n^2$，则有 $T(2n) = (2n)^2 = 4n^2 = 4T(n)$。因此，我们称具有多项式时间复杂度的算法为有效算法。

定义 4.2 NP 问题是指存在多项式时间复杂度的算法来验证一个解是否为问题的正确解的问题。

NP 是英文 non-deterministic polynomial time solvable 的缩写，即非确定多项式时间可解的意思。从定义 4.2 可知，NP 问题是指这样的问题：无须知道该问题是否存在多项式时间复杂度的算法，但是，对于任何一个解，却存在一个多项式时间复杂度的算法(简称多项式时间算法)，该算法能够验证所给的解是否为问题的解，即能够在多项式时间内输出 yes 或 no。显然，P 问题一定是 NP 问题，因为既然能够在多项式时间内求得问题的解，根据算法的正确性，该解一定是正确的，因此，可以在多项式时间内验证该解是否正确。反过来，NP 问题却不一定是 P 问题，因为存在某些问题，这些问题很难，到目前为止尚未找到解决这些问题的多项式时间算法。

例如，对于 0-1 背包问题的判定性版本的问题，我们可以设计一个多项式时间复杂度的算法，该算法对于任何解，即某些物品，都能够判定这些物品是否是问题的可行解。实际上，只需做两个判断即可，一个判断是这些物品的总重量是否超过背包容量，另一个判断是这些物品的价值之和是否超过给定的值 V。显然，这样的算法的时间复杂度是 $O(n)$，其中 n 是物品的数量。

我们称 P 类问题为由所有 P 问题构成的问题集合，NP 类问题为所有 NP 问题构成的问题集合，显然，后者包含前者。但 P 类问题是否等于 NP 类问题呢?

4.1.2 NPC 问题

科学家一直想证明 P=NP，即 P 类问题等于 NP 类问题，并希望能够找到一种通用的多项式时间算法求解所有的 NP 问题，但到目前为止，尚未取得突破。事实上，科学家研究了最优化、组合数学、逻辑学等领域的很多基本问题，希望能够找到这些基本问题的多项式时间复杂度算法。但遗憾的是现在既没有找到这些问题的多项式时间复杂度算法，也没有证明这些问题不存在多项式时间复杂度算法。也就是说，我们还不能证明这些问题有多项式时间复杂度算法(即 P 等于 NP)，也不能证明这些问题没有多项式时间复杂度算法(即 P 不等于 NP)。

虽然尚未证明 P 是否等于 NP，但是科学家已经在计算复杂性研究方面取得了一些重大进展。通俗地讲，存在一些问题，它们中的任何一个问题如果存在多项式时间复杂度算法，那么所有 NP 问题都将存在多项式时间复杂度算法。具有这样的特征的问题就是 NPC 问题，它们显然是 NP 问题中最难的一类问题。

定义 4.3 NPC 问题是指这样一类 NP 问题，它使任何一个 NP 问题都能通过一个多项式时间复杂度算法转换为该问题。

从定义 4.3 可知，如果 NPC 问题解决了，那么所有 NP 问题也都能解决了。具体地说，如果一个问题是 NPC 问题，并且找到了该 NPC 问题的一个多项式时间复杂度算法，那么所有的 NP 问题都存在一个多项式时间复杂度算法，这个多项式时间复杂度算法恰好是通过前面那个 NPC 问题求解的。我们不妨设 X 问题是 NPC 问题，并假设找到了解决 X 问题的多项式时间复杂度算法(记为 A)，那么对于任何 NP 问题 Y，都存在一个多项式时间复杂度算法求解该问题 Y。由定义 4.3 可知，任何 NP 问题 Y 都能通过一个多项式时间复杂度算法 B 转换为 NPC 问题 X，也就是说，求解 NP 问题 Y 可以通过求解 NPC 问题 X 得到，这一过程可通过图 4.1 表示。

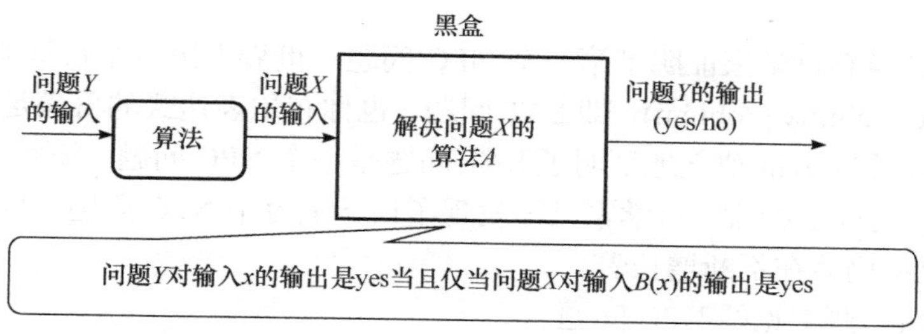

图 4.1　通过问题 X 求解问题 Y 的过程

从图 4.1 可知，解决问题 X 的算法 A 是一个黑盒。多项式时间复杂度算法 B 将问题 Y 的输入(设为 x)转换成问题 X 的输入 $B(x)$，算法 A 将输入 $B(x)$转换为问题 X 的输出，该输出恰好等于问题 Y 的输出。因此，求解任何 NP 问题 Y 都可以通过求解问题 X 的算法间接得到。进一步可知，问题 X 至少像问题 Y 一样难，换句话说，问题 X 不比问题 Y 容易。如果有一个能够解决问题 X 的“黑盒子”，那么也能够解决问题 Y，即 X 有足够能力解决问题 Y。

需要指出的是，定义 4.3 中“一个问题 Y 能通过一个多项式时间复杂度算法转换为另一个问题 X”，我们记 $Y \leqslant_p X$，一般读作“Y 多项式时间可规约到 X”或“X 至少像 Y 一样难”。正式地，我们给出多项式时间规约的概念。

定义 4.4　多项式时间规约。我们称一个问题 Y 可以在多项式时间归约到问题 X，记 $Y \leqslant_p X$，如果问题 X 和问题 Y 满足以下两条性质：

(1) 问题 Y 可以通过多项式时间的基本运算步骤转换为问题 X；

(2) 问题 Y 可以多项式次调用求解问题 X 的算法。

我们由此可证明如下重要定理。

定理 4.1　假设 $Y \leqslant_p X$，如果 X 存在多项式时间复杂度算法，那么 Y 也存在多项式时间复杂度算法。

更进一步，我们可以得出上述定理的逆否命题。

定理 4.2　假设 $Y \leqslant_p X$，如果 Y 不存在多项式时间复杂度算法，那么 X 也不存在多项式时间复杂度算法。

这两个定理显然等价，但是定理 4.2 为我们提供了一个重要结论：如果已经发现一个问题 Y 是难的(即不存在多项式时间复杂度算法)，并且已经证明 $Y \leqslant_p X$，那么难度将被“传播”给问题 X，因此，问题 X 也是难的，不存在多项式时间复杂度算法，否则，可以用它求解 Y。该结论可以为我们证明某些问题是难的提供思路。

我们知道，NPC 问题是 NP 问题中最难的一类，并且具有良好的性质，即如果能够找到解决一个 NPC 问题的多项式时间算法，那么所有的 NP 问题都将存在且能找到多项式时间复杂度算法。

4.1.3　常见的 NPC 问题

NPC 问题具有传递性，即如果一个问题是 NPC 问题，它能够在多项式时间规约到一个 NP 问题，那么该 NP 问题也是 NPC 问题，这是显而易见的。因此，如果能够找到一个 NPC 问题，那么再寻找其他的 NPC 问题就容易多了。但是，根据 NPC 问题的定义，要证明一个 NP 问题是 NPC 问题，需要将所有的 NP 问题都在多项式时间规约到它，这是十分困难的。

幸运的是，已经有科学家证明了第一个 NPC 问题。世界上第一个被证明的 NPC 问题是可满足性问题(satisfiability problem)，即 SAT 问题，也称布尔表达式的可满足性问题、电路可满足性问题。Cook 和 Levin 独立地证明了 SAT 问题是一个 NPC 问题。随后，基于 NPC 问题的传递性，经过长时间的探索，科学家已经发现了成千上万个 NPC 问题。目前，科学家发现的 NPC 问题的数量仍然在不断增长着。

下面我们给出一些常见的 NPC 问题。

(1) SAT 问题。SAT 问题是第一个被证明的 NPC 问题。该问题可描述为：给定一个有穷的布尔变量集合 $X=\{x_1, x_2, \cdots, x_n\}$，每个变量只能取 0 或 1，一组子句 $C=\{C_1, C_2, \cdots, C_m\}$，每个子句 C_i 是由多个变量组成的析取范式，长度不限，问：给定布尔变量集合 X 和子句集合 C，是否存在一个真值赋值，使 C 为真，即每个子句为真。

SAT 问题也称电路可满足性问题，因为所有的布尔运算都可以通过逻辑电路实现。简单地说，电路可满足性问题是指给定一个电路，需要确定是否存在输入的赋值使输出为 1。如果有这样的赋值，则称这个电路是可满足的。

(2) 三元可满足性问题(3-satisfiability problem)，即 3SAT 问题。3SAT 问题是 SAT 问题的特例，其中的每个子句至多包含 3 个布尔变量。

(3) 旅行商问题。旅行商问题即著名的 TSP(travelling salesman problem)。该问题可描述为：给定一系列城市和每对城市之间的距离，求解访问每座城市一次并回到起始城市的最短回路。

旅行商问题对应的判定性问题：给定一系列城市和每对城市之间的距离，并给定一个界限 D，有访问每座城市一次并回到起始城市的长度不超过 D 的路线吗?

(4) 哈密顿回路问题。给定一个有向图，问：它有一条哈密顿回路吗？注：哈密顿回路是指经过图中每个顶点恰好一次的回路。

(5) 哈密顿路径问题。给定一个有向图，问：它有一条哈密顿路径吗？注：哈密顿路径是指经过图中每个顶点恰好一次的路径。

(6) 子集和问题。给定一个自然数集合 A 和目标值 W，问：集合 A 中是否存在一个子集，该子集的和恰好等于目标值 W。

子集和问题对应的最优性问题：给定一个自然数集合 A 和目标值 W，找到一个子集，使该子集的和在不超过 W 的情况下达到最大。

(7) 0-1 背包问题。给定一组物品，每种物品都有自己的重量和价值，在限定的总重量内，我们应该选择哪些物品，才能使物品的总价值最大？其中，所选择的物品不能拆分。

0-1 背包问题对应的判定性问题：在不超过背包容量的前提下，是否存在能装入背包的一些物品，使这些物品的价值超过给定的价值 V?

(8) 独立集问题。给定图 G 和数 k，问：G 中是否存在大小至少为 k 的独立集?

图的独立集是指图中的顶点的子集，这些子集中的任何两个顶点在图 G 中都不存在边相连。

独立集问题对应的最优性问题：给定图 G，找出最大的独立集。

(9) 顶点覆盖问题。给定图 G 和数 k，问：G 中是否存在大小不超过 k 的顶点覆盖?

图 G 的一个顶点覆盖是顶点的一个子集，该子集满足：对于图 G 的任意一条边，该边的两个顶点至少有一个属于该子集。

顶点覆盖问题对应的最优性问题：给定图 G，找出最小的顶点覆盖。

(10) 集合覆盖问题。给定集合 U、U 的若干子集构成的集合 $S=\{S_1,S_2,\cdots,S_m\}$、数 k，问：是否存在 S 的一个元素个数不超过 k 的子集，使该子集的广义并等于集合 U?

集合覆盖问题对应的最优性问题：给定集合 U、U 的若干子集构成的集合 $S=\{S_1, S_2, \cdots, S_m\}$，找出 S 的一个最小的子集，使这个子集的广义并等于集合 U。

(11) 三维匹配问题。给定三个不相交的集合 X、Y 和 Z，三个集合的大小都为 n，给定一个三元组集合 $T\subseteq X\times Y\times Z$，问：$T$ 中是否存在一个大小为 n 的子集，这个子集恰好包含 X、Y 和 Z 每个元素一次?

显然，三维匹配问题是集合覆盖问题的一个特例。

4.1.4 NPC 问题证明

我们已经看到了许多 NPC 问题。从实际角度看，掌握一定数量的 NPC 问题是非常有用的。当我们遇到一个新问题 X 时，如果需要证明其为 NPC 问题，那么我们可以采用如下思路。

(1) 证明问题 X 是 NP 问题。

(2) 选择一个已知的 NPC 问题 Y。

(3) 证明问题 Y 可以在多项式时间规约到问题 X，即证明 $Y\leqslant_p X$。

可以看出，掌握数量越多的 NPC 问题，将越有利于我们的证明。下面我们给出集合覆盖问题是 NPC 问题的证明。

例 4.1　证明集合覆盖问题是 NPC 问题。

证明　显然，集合覆盖问题是 NP 问题。任给一个解，我们可以在多项式时间内判断该解是否是集合覆盖问题的正确解。接下来，我们试图将一个已有的 NPC 问题在多项式时间规约到集合覆盖问题。设 X 是集合覆盖问题，Y 是顶点覆盖问题。已知 Y 是 NPC 问题，如果 $Y\leqslant_p X$，则 X 也是 NPC 问题，因此，我们试图证明 $Y\leqslant_p X$。

顶点覆盖问题是指给定图 $G=(V, E)$和数 k，是否存在大小不超过 k 的顶点子集 V'，使图中每条边都至少有一个点属于这个子集 V'。证明 $Y\leqslant_p X$ 只需证明对于每一个给定的顶点覆盖问题 Y 的实例都可以在集合覆盖问题中找到对应的实例，证明二者等价即可，难点在于构造对应的实例。我们通过如下方式对顶点覆盖问题进行转化。

给定一个集合 U，U 中元素为图 G 中的每条边。对于图 G 中的每个顶点 v，我们都建立一个集合 S_v,S_v 中的元素为 G 中与顶点 v 相连的边。这样，问题 Y 就转化成在集合 $S=\{S_v|v\in V\}$ 中能否找到不超过 k 个元素(每个元素都是 U 的子集)，使这些元素的并集为 U。

(1) 顶点覆盖问题 Y 的解可以导出上述集合覆盖问题 X 的解。

如果顶点覆盖问题 Y 有解，则集合覆盖问题 X 也有解。由于顶点覆盖问题 Y 的解中的顶点与集合覆盖问题 X 的解中的集合构成一一对应关系。只需将顶点覆盖问题 Y 的解中的每个顶点 v 所对应的集合 S_v 也选中，将 S_v 作为集合覆盖问题 X 的解即可。可以看出，顶点覆盖问题 Y 的解中的顶点的个数不超过 k，则集合覆盖问题 X 的解中的集合的个数也不超过 k。由于图 G 的每条边均连接到了顶点覆盖问题 Y 的解中，因此，该边所对应的元素也属于图 G 所对应的集合 U。

(2) 集合覆盖问题 X 的解可以导出上述顶点覆盖问题 Y 的解。

反之，如果集合覆盖问题 X 有解，则顶点覆盖问题 Y 也有解。集合覆盖问题 X 的解中的每个子集都恰好是顶点覆盖问题 Y 的一个顶点。集合覆盖问题 X 的解中的所有子集的并集是全集 U，这恰好包含了图 G 所有的边。

证毕。

显然，顶点覆盖问题 Y 的任何一个实例都对应集合覆盖问题 X 的一个实例。具体来说，顶点覆盖问题中的图 G 中的顶点集合 V 中的每个顶点 v 等价于集合覆盖问题 X 的 S_v，图 G 中的边集合 E 等价于集合覆盖问题 X 的 S_v 的广义并。我们通过如下实例进行说明。

例 4.2　顶点覆盖问题与集合覆盖问题实例。

图 4.2 给出了顶点覆盖问题(如图 4.2(a))与集合覆盖问题(如图 4.2(b))的一个实例。

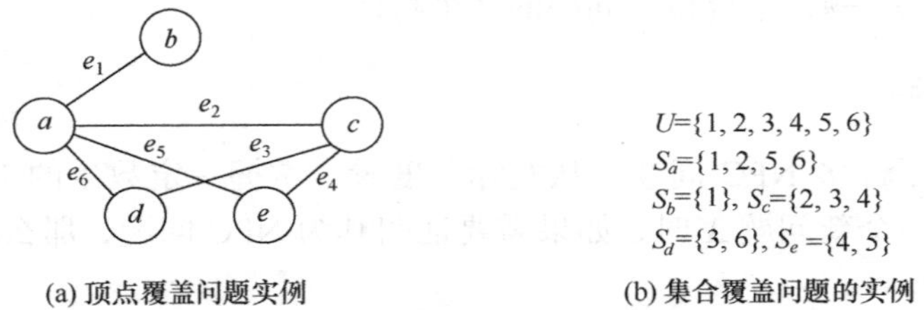

(a) 顶点覆盖问题实例　　(b) 集合覆盖问题的实例

图 4.2　顶点覆盖问题与集合覆盖问题的一个实例

从图 4.2(a)可以看出，该图包含 5 个顶点、6 条边，当 k=2 时，$\{a, c\}$为图的顶点覆盖，对于图 4.2(b)转化后的集合而言，集合 S_a，S_c 的并集为 U。那么，集合覆盖问题能否在多项式时间规约到顶点覆盖问题呢？答案是肯定的，因为它们都是 NPC 问题。但是，我们却不能通过反转例 4.1 的方法实现。不能反转的主要原因在于：对于任意的集合 S_i 而言，每个元素出现的次数可能不是偶数，对于图而言，每条边出现的次数一定是偶数。

下面我们给出 0-1 整数规划问题是 NPC 问题的证明。

例 4.3　证明 0-1 整数规划问题是 NPC 问题。

证明　0-1 整数规划问题的判定性问题：给定一个只能取 0 或 1 的整数变量集合 V 和在 V 上的一组不等式，另有一个定义在 V 上的函数 $f(V)$和一个整数 B，问：是否存在一组变量赋值，使所有的不等式成立，并且 $f(V)\geqslant B$？

(1) 首先证明 0-1 整数规划问题是 NP 问题。对于任意一组整数变量赋值，我们可以在 $O(n)$时间内判断 $f(V)\geqslant B$，在 $O(mn)$时间内判断所有的不等式是否成立，其中，m 和 n 分别是不等式的个数以及变量的个数。因此，0-1 整数规划问题是 NP 问题。

(2) 我们试图将 3SAT 问题在多项式时间规约到 0-1 整数规划问题。对于任意一个 3SAT 问题，我们可以将其转换为一个 0-1 整数规划问题。设一个 3SAT 问题有 n 个文字和 m 个子句，则转换的 0-1 整数规划问题有 $2n$ 个变量，并将 B 赋值为 1。每个文字对应两个变量，并满足等式：

$$x_i + \neg x_i = 1$$

其中，变量 x_i 和 $\neg x_i$ 是第 i 个文字对应的两个变量。

对于每个子句 $C=\{x_1, \neg x_2, \cdots, x_i\}$，我们构造如下不等式：

$$x_1 + \neg x_2 + \cdots + x_i \geqslant 1$$

从上述转换可以看出，我们需要证明任何 3SAT 问题的解可以导出上述 0-1 整数规划问题的解，反之亦然。

首先，如果 3SAT 问题有解，则该解也是上面 0-1 整数规划问题的解。只需将赋值指派为“真”的变量在 0-1 整数规划问题中取 1，而赋值指派为“假”的变量在 0-1 整数规划问题中取 0 即可。由于所有变量只有 0 或 1 两种取值，因此，上述每个子句所对应的不等式都成立，且每个文字和其取反的值之和均为 1，满足等式：$x_i + \neg x_i = 1$。

其次，如果上面的 0-1 整数规划问题有解，则该解也是 3SAT 问题的解。只需将 0-1 整数规划问题中取 1 的变量在 3SAT 中的对应文字赋值为“真”，而取 0 的变量在 3SAT 中的对应文字赋值为“假”即可。由于有等式 $x_i + \neg x_i = 1$ 的存在，一个变量和其对应文字有且只有一个取值为“真”，也就是上述指派是合法的。又由于每个子句均对应一个等式，可以保证每个子句里面至少有一个文字的指派为“真”，即使得子句成立。

证毕。

例 4.4　3SAT 问题与 0-1 整数规划问题实例。

一个 3SAT 问题实例如下：有 4 个文字$\{x_1, x_2, x_3, x_4\}$和 3 个子句，子句分别为 $C_1 = x_1 \vee x_2 \vee \neg x_3$，$C_2 = x_1 \vee x_3 \vee x_4$，$C_3 = \neg x_2 \vee \neg x_3 \vee \neg x_4$。问：是否存在一组赋值，使上述 3 个子句均成立？

对应的 0-1 整数规划问题实例可描述为：有 8 个 0-1 整数变量，分别为 $x_1, \neg x_1, \cdots, x_4, \neg x_4$，是否存在一组 0-1 整数变量的赋值，满足以下不等式，即

$$\begin{cases} x_1 + \neg x_1 = 1 \\ x_2 + \neg x_2 = 1 \\ x_3 + \neg x_3 = 1 \\ x_4 + \neg x_4 = 1 \\ x_1 + x_2 + \neg x_3 \geqslant 1 \\ x_1 + x_3 + x_4 \geqslant 1 \\ \neg x_2 + \neg x_3 + \neg x_4 \geqslant 1 \end{cases}$$

我们可以看出，当 $x_1 = 1, x_2 = 0, x_3 = 0, x_4 = 0$ 时，上述两个问题均有解。

4.2　NP 难与 NP 难问题

我们知道，NP 问题是指存在多项式时间复杂度算法能够判断给定解是否为问题的正确解的问题，其中，NPC 问题是 NP 问题中最难的一类。实际上，还有很多问题比 NP 问题还难，即不存在多项式时间复杂度算法来判断给定解是否为问题的解。NP 难问题(NP hard problem)就是这样一类问题，它不要求问题属于 NP 问题，但它至少与 NPC 问题一样难。

通俗来讲，NP 难问题是指至少与 NPC 问题一样难的问题，即它可能比 NPC 问题还难。需要指出的是，NP 难问题不一定是 NP 问题，也不必是判定性问题。NP 难问题的定义如下。

定义 4.5　对于一个问题 X，如果存在一个 NPC 问题 Y，Y 能够在多项式时间规约为 X，即 $Y \leqslant_p X$，那么称问题 X 是 NP 难的。

从定义 4.5 可知，所有的 NPC 问题一定是 NP 难问题，并且，NP 难问题至少与 NPC 问题一样难，甚至更难。NPC 问题一定是 NP 问题，但是 NP 难问题可能不是 NP 问题。

另外，既然所有的 NPC 问题都可以在多项式时间规约为另一个 NPC 问题，那么所有的 NPC 问题也都能在多项式时间规约到一个 NP 难问题。如果存在一个 NPC 问题，它存在多项式时间复杂度算法，那么所有的 NPC 问题都存在多项式时间复杂度算法。

一个典型的 NP 难问题是停机问题。通俗地说，停机问题就是判断任意一个程序是否能在有限时间内结束运行的问题。该问题等价于如下的判定问题：是否存在一个程序 P，对于任意输入的程序 w，能够判断 w 会在有限时间内结束或者陷入死循环？这是一个判定性问题，且显然不是 NP 问题。

我们已经介绍了 P 问题、NP 问题、NPC 问题和 NP 难问题。图 4.3 列出了这些问题之间的包含关系。

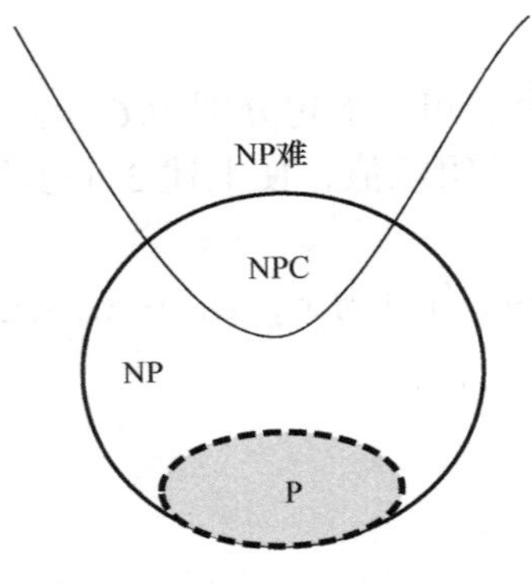

图 4.3　P 问题、NP 问题、NPC 问题与 NP 难问题间的关系

虽然到目前为止，尚未证明 P 是否等于 NP，但科学家倾向于 P≠NP。从图 4.3 可以看出，NP 难问题不仅包含了所有的 NPC 问题，还包括一些非 NP 问题。此外，表 4.1 给出了这些问题的区别。

实践推动理论，理论指导实践。如果人们不知道能量守恒定律，现在仍然会有很多的人致力于研究和建造"永动机"这种机器。

在新的理论获得突破之前，利用现有的算法策略试图找到和设计 NPC 问题的多项式时间复杂度算法注定是徒劳无益的。

表 4.1　P 问题、NP 问题、NPC 问题与 NP 难问题的区别

问题类型	多项式时间可验证	多项式时间可解
P 问题	是	是
NP 问题	是	部分是，部分不知道
NPC 问题	是	不知道
NP 难问题	部分是，部分否	不知道

对于 P 问题，它既存在多项式时间复杂度算法来求解，又显然存在多项式时间复杂度算法来验证一个解是否为问题的解；对于 NP 问题，它存在多项式时间复杂度算法来验证一个解是否为问题的解，但是，NP 问题中的 P 问题是存在多项式时间复杂度算法来求解的；而对于 NP 问题中的 NPC 问题，我们目前尚不知道是否存在多项式时间复杂度算法来求解它；由于 NP 难问题包含了所有的 NPC 问题，因此，对于非 NPC 问题的 NP 难问题，它是不存在多项式时间复杂度算法来验证的。

需要指出的是，在实际生活中，很多问题都是 NP 难的。在研究过程中，证明一个问题是 NP 难问题的思路和证明一个问题是 NPC 问题的思路类似。具体地说，当我们遇到一个新问题 X 时，如果需要证明其为 NP 难问题，我们可以采用如下思路。

(1) 选择一个已知的 NPC 或 NP 难问题 Y。

(2) 证明问题 Y 可以在多项式时间规约到问题 X，即证明 $Y \leqslant_p X$。

从实际角度看，掌握一定数量的 NPC 和 NP 难问题是非常有用的。通俗地讲，寻找某个 NP 难问题(NPC 问题也可以)，然后将它在多项式时间规约到所要证明的问题，如果可以做到，那么就证明了该问题是 NP 难问题。NP 难问题的证明与 NPC 问题的证明的区别在于：不需要证明 NP 难问题是一个 NP 问题，只需找个已知的 NPC 或 NP 难问题，并试图将其在多项式时间规约到需要证明的问题即可。

习　题

1. 给定一个有向加权图 $G=(V,E,W)$，每一条边 e 都有一个权重，该权重可以是正的，也可以是负的。零圈图问题是确定 G 中是否存在一条各边权重之和为 0 的简单圈。试给出该问题的最优化版本的形式化模型。

2. 我们有 n 个需求，标记为 1，2，3，…，n，每个需求指定一个开始时间 s_i、结束时间 f_i，每个需求 i 有一个权重 v_i，如果两个需求的时间不重叠，则称它们是相容的。带权区间调度问题是选择一个两两相容的子集，使权重之和最大。试给出该问题的形式化模型，以及该问题的判定性版本。

3. 整数集划分就是将一个整数集 S 划分成 r 个子集(或类)，满足 $S=S_1\cup S_2\cup\cdots\cup S_r$，其中 $S_i\cap S_j=\varnothing\,(i\neq j,\ i,j=1,2,\cdots,r)$。数字划分问题是将一个整数集合划分为两个子集，使这两个子集的和相等。试给出该问题的最优化版本的形式化模型，并证明该问题是 NPC 问题。

4. 多维 0-1 背包问题可以描述为：有一个背包，其在 n 个维度上的容量为$(C_1,\cdots,C_n)$，这 n 个维度可以包括背包载重、背包体积等属性；有 m 种物品，每种物品 i 在 n 个维度上的“重量”表示为$(w_1,\cdots,w_n)$ ，每种物品 i 的价值为 v_i。需要从这 m 种物品中进行挑选并放入背包，使物品的任一维度的总“重量”不超过背包对应维度上的容量，并让背包中物品的价值最大化。请建立多维 0-1 背包问题的形式化模型，并证明该问题是 NPC 问题。

第 5 章　近似算法设计策略与方法

通常，在多项式时间内能够求解的问题称为 P 问题，P 问题是易处理问题。但有些问题，现在既没有找到这些问题的多项式时间复杂度算法，也没有证明这些问题不存在多项式时间复杂度算法。也就是说，我们还不能证明这些问题有多项式时间复杂度算法，也不能证明这些问题没有多项式时间复杂度算法。如果这些问题存在多项式时间复杂度算法能够验证一个解是否为该问题的正确解，这类问题称为 NP 问题。

有这样一些问题，它们中的任何一个问题，如果存在多项式时间复杂度算法能够求解，那么所有 NP 问题都将存在多项式时间复杂度算法，具有这样特征的问题就是 NPC 问题，它们显然是 NP 问题中最难的一类问题。如果一个现有的 NPC 问题能通过一个多项式时间复杂度算法转换为某个 NP 问题，那么这个 NP 问题也是 NPC 问题。对于 NPC 问题，目前我们没有找到多项式时间复杂度的算法，也许以后也不能找到，但这类问题仍值得我们去研究。一方面，其中许多问题具有非常重要的现实意义；另一方面，有些时候，认识到问题的困难性与掌握解决问题的方法同样重要，当我们能证明一个问题是 NPC 问题时，找不到精确解，可以退而求其次，对特殊情况求解或求其近似解也具有非常重要的意义，实际上，对于各类典型的 NPC 问题找接近最优解的努力从没有停止过。

> 在科学上没有平坦的大道，只有不畏劳苦沿着陡峭山路攀登的人，才有希望达到光辉的顶点。
>
> ——马克思《资本论》

求解这类 NPC 问题，通常采取如下几种策略。

(1) 只对问题的特殊实例求解。在解决一个 NPC 问题之前，应该考虑对于该问题求解是一般意义的求解还是只需求解某些特殊情形。

(2) 求近似解。在现实中遇到的 NPC 问题不必进行非常精确的求解，可以采用损失一部分精度的做法，使用近似算法来求解问题。而且，许多求解 NPC 问题的近似算法在实际应用中是非常有效的。使用近似算法求解的经典问题包括最小顶点覆盖问题、旅行商问题、集合覆盖问题等。

许多问题实质上是最优化问题，也就是需要求得目标函数达到最优值的解。近似算法可以用很短的时间来获得一个很好的近似解。在求解过程中，算法性能评估主要包括两个方面。

(1) 近似精度评估。近似精度评估主要用于刻画近似算法给出的近似解相比于问题优化解的优劣程度。目前，主要存在两种刻画近似精度的度量指标，即近似比、相对误差界。

(2) 近似算法的复杂度。包括算法时间复杂度分析、算法空间复杂度分析。

本章主要介绍近似算法及其性能评价，并且讨论解决这一问题的算法设计策略和方法，以及分析相关的问题实例，包括最小顶点覆盖问题、旅行售货员问题、集合覆盖问题。

5.1　近似算法策略设计与近似算法的性能

5.1.1　近似算法策略设计思想

【策略思想】　以满足一定约束条件为前提，求得某个目标函数达到最大值或最小值的解。通俗来讲，近似算法的思想就是用近似最优解来代替最优解，从而简化算法设计并且降低算法的时间复杂度。在求解的过程中，有可能会找不到一个最优解，但是这个算法总会得到一个近似解。那么，如何评价求得的近似解的优劣呢？此时，将近似比作为一个界限，只要保证实例的近似最优解与最优解相差的程度在这个界限内，即可得到一个近似最优解。当然，相差的程度越小，这个近似算法就越好。

【问题特征】

(1) 允许待求解问题的解有一定的误差。

(2) 可以求得待求解问题的近似最优解。

(3) 求解算法能够在多项式时间内高效运行。

(4) 对于问题的每个实例都是有效的。

【算法步骤】

(1) 输入：待解决问题。

(2) 处理：选择可以得到局部最优解的处理方式。如果待解决问题没有被解决，则重复第(2)步，选择其他可以得到局部最优解的处理方式，直至待解决问题被解决。

(3) 输出：原问题的近似最优解。

【典型问题】

(1) 顶点覆盖问题的近似算法。

(2) 旅行售货员问题的近似算法。

(3) 集合覆盖问题的近似算法。

5.1.2　近似算法的性能评价

对近似算法的性能评估包括时间复杂度评估、空间复杂度评估和近似精度评估。其中，近似精度评估是近似算法特有的分析方法，主要用于刻画近似算法给出的近似解相比于问题优化解的优劣程度。目前，主要存在两种刻画近似精度的度量指标：近似比、相对误差界。

定义 5.1　令$\eta=\max\left\{\frac{c^*}{c},\frac{c}{c^*}\right\}$。其中，$c^*$表示最优化问题的精确最优值，$c$表示该问题在一个近似算法 A 下求得的近似最优解所对应的目标函数值，即近似最优值。η称为近似算法 A 的近似比。

如果近似算法 A 的近似比η是问题输入规模为 n 的一个函数 $\rho(n)$，满足$\eta\leqslant\rho(n)$，则近似算法 A 的近似比可用$\rho(n)$表示，此时有$\max\left\{\frac{c^*}{c},\frac{c}{c^*}\right\}\leqslant\rho(n)$。

> 所有精确的科学都依赖于并不太精确的近似理念，这看似矛盾，却是事实所在。
>
> ——伯特兰·罗素
>
> 伯特兰·阿瑟·威廉·罗素(Bertrand Arthur William Russell，1872—1970 年)，英国哲学家、数学家、逻辑学家、历史学家、文学家，分析哲学的主要创始人。

这个定义适用于所有的最小化和最大化问题。对于一个最小化问题，有$0<c^*\leqslant c$，此时近似算法的近似比为$\frac{c}{c^*}$，而且有$\eta=\frac{c}{c^*}\geqslant 1$。同理，对于一个最大化问题，近似算法的近似比$\eta=\frac{c^*}{c}\geqslant 1$。一个近似算法若能求得精确最优解，则该算法的近似比为 1。在通常情况下，近似算法的近似比大于 1。而

且，近似算法的近似比越大，用该近似算法求得的近似最优解就越差。

定义 5.2　令 $\lambda=\left|\dfrac{c-c^*}{c^*}\right|$，其中，$c^*$表示最优化问题的精确最优值，$c$ 表示用近似算法 A 求得的近似最优值，λ称为近似算法 A 的相对误差。

在某些情况下，使用相对误差来表示近似算法的精确度会更加方便。可以看出，对于任意输入值，近似算法的相对误差值总是非负值。

定义 5.3　设问题的输入规模为 n，如果存在函数 $\varepsilon(n)$ 使 $\left|\dfrac{c-c^*}{c^*}\right|\leqslant\varepsilon(n)$，$c^*$表示最优化问题的精确最优值，$c$ 表示用近似算法 A 求得的近似最优值，则称 $\varepsilon(n)$ 为近似算法 A 的相对误差界。

近似算法 A 的近似比 $\rho(n)$ 与相对误差界 $\varepsilon(n)$ 有如下关系：$\varepsilon(n)\leqslant\rho(n)-1$。

因为 $\varepsilon(n)$ 是近似算法 A 的相对误差界，满足 $\left|\dfrac{c-c^*}{c^*}\right|\leqslant\varepsilon(n)$，对于当前的最优化问题，存在另一个近似算法 B，c_B 表示用近似算法 B 求得的近似最优值，使 $\left|\dfrac{c_B-c^*}{c^*}\right|=\varepsilon(n)$。下面分两种情况讨论。

(1) 如果当前的最优化问题是最大化问题，则：

$$\varepsilon(n)=\left|\frac{c_B-c^*}{c^*}\right|=\frac{c^*-c_B}{c^*}\leqslant\frac{c^*-c_B}{c_B}\leqslant\frac{c^*}{c_B}-1\leqslant\rho(n)-1$$

(2) 如果当前的最优化问题是最小化问题，则：

$$\varepsilon(n)=\left|\frac{c_B-c^*}{c^*}\right|=\frac{c_B-c^*}{c^*}=\frac{c_B}{c^*}-1\leqslant\rho(n)-1$$

综合情况(1) (2)，有 $\varepsilon(n)\leqslant\rho(n)-1$。

对于许多问题，它们的近似算法的近似比 $\rho(n)$ 和相对误差界 $\varepsilon(n)$ 不随问题规模的变化而改变。此时，用ρ 和ε分别表示近似比和相对误差界。然而，总有一些问题，随着问题规模的变化，它们的多项式时间近似算法的近似比并非定值，而是与问题规模 n 成正比关系。对于某些 NPC 问题，可以通过权衡计算量和解的精确度来进行折中处理，可以用增加计算量来改进近似比。计算量较小时求得的近似解较粗略，而计算量大时求得的近似解较为精确。

定义 5.4　一个优化问题的近似模式是一个以问题实例 I 和近似精度 $\varepsilon(\varepsilon>0)$ 为输入的算法，记为 $A(I,\varepsilon)$。对于任意$\varepsilon>0$，一个近似模式 $A(I,\varepsilon)$ 也称为一个$1+\varepsilon$- 近似算法。

接下来，根据近似模式的运行时间，定义不同的近似模式 $A(I,\varepsilon)$。

定义 5.5　若对于任意 $\varepsilon>0$，$A(I,\varepsilon)$ 的计算时间是问题实例 I 的规模 $|I|$ 的多项式，则称近似模式 $A(I,\varepsilon)$ 是一个多项式时间近似模式。

一般情况下，$A(I,\varepsilon)$ 的计算时间不应随着ε的减小而增长太快。

定义 5.6　如果 $A(I,\varepsilon)$ 的运行时间是 $\dfrac{|I|}{\varepsilon}$ 的多项式，则这个近似模式称为完全多项式时间

近似模式。

接下来的章节会针对一些常见的 NPC 问题实例来对其近似算法进行设计与分析。

5.2 顶点覆盖问题的近似算法

例 5.1 顶点覆盖问题。

问题描述： 对于一个无向图 $G=(V,E)$，它的顶点集 V 的一个子集 $V' \subseteq V$，使得若 (u,v) 是 G 的一条边，有 $v \in V'$ 或 $u \in V'$，则称 V' 是 G 的一个顶点覆盖，求解图 G 的一个近似最小覆盖集。其中，顶点覆盖 V' 的大小 $|V'|$ 表示的是它所包含的顶点数目。

问题分析： 若 G 的一个顶点覆盖 V_1 中删除其中的任意一个顶点后不再是顶点覆盖，则称 V_1 是 G 的一个极小覆盖。若 G 有 n 个顶点覆盖集，且有 $|V_1| = \min\{|V_1|,|V_2|,\cdots,|V_n|\}$，则称 V_1 为 G 的最小顶点覆盖。最优化形式的顶点覆盖问题就是要找出图 G 的最小顶点覆盖。由于顶点覆盖问题是一个典型的 NPC 问题，当问题规模很大时，要找到 G 的最小顶点覆盖是非常困难的。但是，找到 G 的一个近似最小覆盖集却不太困难。首先初始化空顶点集，然后从边集中取一条边(第一次选边时可任意选取)，并将构成该边的两个新出现的顶点加入顶点集中，然后在边集中删除这条边，同时再删除与这两个顶点相连的其他边。如此重复，直至边集为空，计算过程结束。

数学模型： 根据问题要求，有如下的目标函数和约束条件。

目标函数：

$$\min |V'|$$

约束条件：

$$G=(V,\ E), V' \subseteq V, \forall (u,v) \in E, u \in V' \text{或} v \in V'$$

综上，顶点覆盖问题就归结为寻找一个满足上述约束条件，并使目标函数达到最小值的顶点子集 V'。

计算模型： 数学模型中 G 用邻接表存储，顶点名作为图结构体的成员。另外，分别用结构体来存储 G 的顶点信息和边信息。首先，分别对边集和顶点覆盖集进行初始化。其次，按照策略从边集选取要求的边，如当循环次数至少为两次时，在第 1 次循环时选取任意一条边，而在第 $i(i>1)$次循环时任意选取边，使该边的两个顶点与上一次循环中加入覆盖集的顶点存在曾经相连的边。最后，将与边对应新出现的顶点加入到顶点覆盖集，同时，将该边从边集中删去，也删除与新加入顶点相连的所有边。依次循环至边集中没有边，处理过程结束，输出近似最优的顶点覆盖集。这个处理过程是一个循环的过程。

> 一个算法必须被认为是可信的。
>
> ——唐纳德·克努特
>
> 《计算机程序设计的艺术》(*The Art of Computer Programming*)，作者：唐纳德·克努特(Donald Knuth)(1938 年—)。该书堪称计算机科学理论与技术的经典巨著，荣获 1974 年度的 ACM 图灵奖。

算法设计： 顶点覆盖优化问题的近似算法 5.2.1。

(1) 存储顶点覆盖的集合设为 cset，且其初始值为空集，即 $\text{cset} = \{\}$。

(2) 若边集 $\text{eset} \neq \{\}$，则转至步骤(3)；否则，转至步骤(5)。

(3) 从 eset 中选取一条边(u, v)，将该边的两个顶点 u，v 加入 cset 中。

(4) 从 eset 中删除与 u，v 相连的所有边，转至步骤(2)。

(5) 算法结束，输出求得的近似最优顶点覆盖集 cset。

算法分析：用图 5.1 表示顶点覆盖优化问题近似算法的运行过程。图 5.1(a)表示无向图 G 的初始状态。图 5.1(b)表示从 eset 中选取边(a, b)，并将顶点 a，b 加入顶点覆盖集 cset 中，再将与 a，b 相连的所有边(a, b)，(a, d)，(b, c)和(b, e)从 eset 中删掉。图 5.1(c)中，对剩下的边进行选择，选取这样的边，使该边的两个顶点与上一次循环中加入覆盖集的顶点存在曾经相连的边，满足这样要求的边有(e, c)，(e, f)和(c, f)，这两条边任选一条边，选择(e, f)。将顶点 e，f 加入顶点覆盖集 cset 中，然后从边集合 eset 中删除(e, f)的同时删除与 e，f 相连的边(e, c)和(f, c)。在图 5.1(d)中选择最后一条边(c, g)，将顶点 c，g 加入顶点覆盖集 cset 中，然后从边集合 eset 中删除(c, g)。该算法最后产生了近似最优的顶点覆盖集 $\text{cset} = \{a, b, c, e, f, g\}$。图 5.1(e)表示无向图 G 的一个最小顶点覆盖集$\{a, c, e\}$。

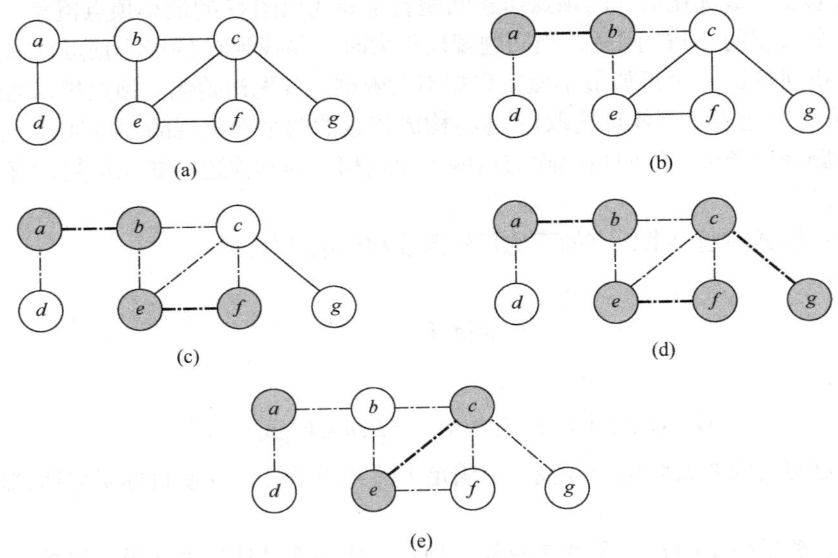

图 5.1　顶点覆盖优化问题的近似算法算例

最后，分析顶点覆盖优化问题近似算法的时间复杂度和近似性能。

(1) 对于时间复杂度，算法的第(3)步中每次都只取一条边，那么整个算法结束最多取$|E|$条边，所以整个算法的时间复杂度不超过 $O(|E|)$。

(2) 对于该算法的近似性能，假定用 E' 表示算法在循环过程中选取出来的边集。在选取过程中一旦选取了某一条边，如边(a, b)，现将顶点 a，b 存入顶点覆盖集合 cset 中，再将与顶点 a 及 b 相关联的所有边全部删掉。当选取第二条边时，第二条边与第一条边将不会具有公共顶点。以此类推，E' 中的所有边都不会具有公共顶点。最终可以得到，放进顶点覆盖集 cset 中的顶点个数与 E' 的边数的关系为 $|\text{cset}| = 2|E'|$。

另外，图 G 的任何一个顶点覆盖集，至少包含 E' 中各条边的一个顶点。若 G 的最小顶点覆盖集为 cset^*，则有 $|\text{cset}^*| \geqslant |E'|$，所以有如下近似比：

$$\eta = \frac{|\text{cset}|}{\text{cset}^*} \leqslant \frac{2|E^*|}{E'} = 2$$

由此得到，顶点覆盖优化问题近似算法的近似比小于或等于 2。

程序设计：顶点覆盖优化问题近似算法 5.2.1 的 C 语言程序 5.2.1。

```
//引入相应的库文件
#include<stdio.h>
#include<stdlib.h>
#include<string.h>
#define MVNUM 100 //定义最大顶点数
//定义图中边的数据结构
typedef struct ArcNode
{
  char adjdata;  //该边所指向的顶点的名字
  struct ArcNode *nextarc; //指向下一条边的指针
} ArcNode;
//定义图中顶点的数据结构
typedef struct VNode //顶点信息
{
  char data; //顶点名称
  ArcNode *firstarc;  //指向第一条依附该顶点的边的指针
}VNode, AdjList[MVNUM]; //AdjList 表示邻接表类型
//定义图的数据结构
typedef struct//邻接表
{
  AdjList vertices; //图中顶点
  int vtnum;  //图的当前顶点数
  int arcnum;  //图的当前边数
} ALGraph;
```

```
void InterruptScanf()//创建一个中断函数
{
  while(1) //用于检测换行符，使函数脱离 scanf 的连续输出
    if(getchar()=='\n')
      break;
}
```

```
void InitGraph(ALGraph &G)  //图的初始化
{
  int i;
  for(i=0;i<MVNUM;i++)  //循环次数为最大顶点数
    G.vertices[i].firstarc=NULL; //使所有的依附当前第 i 个结点的第一条边的
    指针都置空
}
```

```
ArcNode *CreateGraph(ALGraph &G,ArcNode *eset) //创建图
{
```

```
int i; //记录次数
char a; //顶点变量
printf("请输入顶点数和边数:");
scanf("%d %d",&G.vtnum,&G.arcnum); //顶点数和边数的赋值
InterruptScanf(); //该函数用于检测并吸收换行符
printf("请输入顶点名称(连续输入):");
for(i=0;i<G.vtnum;i++) //利用循环输入图中顶点名称
{
  scanf("%c", &a);
  G.vertices[i].data=a; //第 i 个顶点的命名
}
InterruptScanf(); //该函数用于检测并吸收换行符
char b,c;  //顶点变量
int j,k;  //j 和 k 是用来记录次数的
for(i=0;i<G.arcnum;i++) //利用循环输入所有边的两个顶点
{
  printf("请输入边的两个顶点名:");
  scanf("%c %c", &b, &c); //输入
  InterruptScanf(); //该函数用于检测并吸收换行符
  for(j=0; j<G.arcnum; j++)
  {
    if(G.vertices[j].data==b) //在 G.vertices 中找到输入的顶点 b 的位置
      break;
  for(k=0; k<G.arcnum; k++)
  {
    if(G.vertices[k].data==c) //在 G.vertices 中找到输入的顶点 c 的位置
      break;
    ArcNode *p1,*p2; //创建两个结点
    p1=(ArcNode*)malloc(sizeof(ArcNode));
    p1->adjdata=c;
    p1->nextarc=G.vertices[j].firstarc; //利用头插法将顶点 c 插入顶点 b 所在的单链表中
    G.vertices[j].firstarc=p1; //并使头结点永远放在第一位
    p2=(ArcNode*)malloc(sizeof(ArcNode));
    p2->adjdata=b;
    p2->nextarc=G.vertices[k].firstarc; //利用头插法将顶点 b 插入顶点 c 所在的单链表中
    G.vertices[k].firstarc=p2;

    ArcNode *q1,*q2;//构建边的集合 eset, eset 是当前函数的参数
                        //将所有的边的两个顶点构建为单链表
    if(eset==NULL)
    {  //如果边的集合为空，将当前输入的边作为第一条边加入 eset 单链表中
      eset=(ArcNode*)malloc(sizeof(ArcNode)); //结点的初始化
      eset->adjdata=b;
      q2=(ArcNode*)malloc(sizeof(ArcNode));
```

```
            q2->adjdata=c;
            eset->nextarc=q2;
          }
    else
    { //如果边的集合不为空
      //将当前输入的边作为最后一条边加入 eset 单链表中
      ArcNode *q3=eset;
      while(q3->nextarc)
      {
        q3=q3->nextarc;
       }
       q1=(ArcNode*)malloc(sizeof(ArcNode));
       q1->adjdata=b;
       q2=(ArcNode*)malloc(sizeof(ArcNode));
       q2->adjdata=c;
       q1->nextarc=q2;
       q3->nextarc=q1;
     }
       q2->nextarc=NULL;
   }
   return eset;
 }
```

```
void OutputGraph(ALGraph G,ArcNode *eset) //邻接表的输出
{
   int i, j;  //记录次数
   ArcNode *p;  //用于遍历链表
   printf("邻接表为: \n");
   for(i=0;i<G.vtnum;i++)  //利用循环输出
   {
     printf("%c",G.vertices[i].data);
     p=G.vertices[i].firstarc;
     while(p)  //当p为空时, 结束循环
     {
        printf(" -> %c",p->adjdata);
        p=p->nextarc;  //p 指向 p 的下一个结点
      }
      printf("\n");
   }
  p=eset;
  printf("边集 eset:\n");
  for(p; p!=NULL; )
  {
     printf("(%c,%c) ", p->adjdata, p->nextarc->adjdata);
     p=p->nextarc->nextarc;
  }
```

```
  printf("\n\n");
}
```

```
ArcNode *vertexCover(ALGraph G, ArcNode *eset, ArcNode *cset)//顶点覆盖近似算法
{
    ArcNode *p=eset, *q1, *q2;
    ArcNode *r=NULL;
    char u, v;
    while(p)
   {
       if(p->nextarc==NULL)
       {  //如果p所指向的是eset中的最后一个顶点，则进行如下处理
          printf("将顶点%c加入覆盖集：\n", p->adjdata);
          q1=(ArcNode *)malloc(sizeof(ArcNode));
          q1->adjdata=p->adjdata;
          q1->nextarc=NULL;
          ArcNode *q3=cset;
          while(q3->nextarc)
          q3=q3->nextarc;
          q3->nextarc=q1;
          free(p);
          p=NULL;
          eset=NULL;
      }
      else
      {//如果p所指向的不是eset中的最后一个顶点，则进行如下处理
            printf("将顶点%c,%c加入覆盖集\n",p->adjdata, p->nextarc->adjdata);
            printf("删除边：(%c, %c)\n\n", p->adjdata, p->nextarc->adjdata);
         u=p->adjdata;  //从eset中取出当前边的一个顶点u
         v=p->nextarc->adjdata;  //从eset中取出当前边的另一个顶点v
        if(cset==NULL) //将u, v加入cset中
        {
           cset=(ArcNode*)malloc(sizeof(ArcNode));
           cset->adjdata=u;
           q2=(ArcNode*)malloc(sizeof(ArcNode));
           q2->adjdata=v;
           cset->nextarc=q2;
        }
        else
        {
            ArcNode *q3=cset;
            while(q3->nextarc)  //找到cset中的最后一个顶点
                q3=q3->nextarc;
```

```
                q1=(ArcNode*)malloc(sizeof(ArcNode));
                q1->adjdata=u;
                q2=(ArcNode*)malloc(sizeof(ArcNode));
                q2->adjdata=v;
                q1->nextarc=q2;
                q3->nextarc=q1;
            }
            q2->nextarc=NULL;
            eset=p->nextarc->nextarc;
            for(int i=0;i<2;i++)//删除u,v
            {
                r=p;
                p=p->nextarc;
                free(r);
                r=NULL;
            }
            r=eset;
            ArcNode *r1=NULL;
            while(r)//从eset中删除与u, v相关联的边
            {
                if(r->adjdata==u||r->adjdata==v)
                {
                    eset=r->nextarc->nextarc;
                    for(int i=0;i<2;i++)//删除u, v
                    {
                        r1=r;
                        r=r->nextarc;
                        free(r1);
                        r1=NULL;
                    }
                    r=eset;
                }
                else
                    r=r->nextarc;
            }//end while (r)
        } //end else
        p=eset;
    }//end while(p)
    return cset;
}
```

```
void PrintCset(ArcNode *cset)//打印近似最优顶点覆盖集
{
    ArcNode *p=cset;
    printf("最优覆盖顶点集cset:\n",cset->adjdata);
    while(p->nextarc)
```

```
    {
        printf("%c,",p->adjdata);
        p=p->nextarc;
    }
    if(p)
        printf("%c\n",p->adjdata);
}
```

```
int main()//主程序
{
    ALGraph G;
    ArcNode *eset,*cset;
    eset=NULL;
    cset=NULL;
    InitGraph(G); //初始化
    eset=CreateGraph(G,eset); //邻接表的创建
    OutputGraph(G,eset);  //邻接表的输出
    cset=vertexCover(G,eset,cset);  //顶点覆盖近似算法
    PrintCset(cset);  //输出近似最优顶点覆盖集
    return 0;
}
```

程序执行： 顶点覆盖优化问题近似算法 5.2.1 的 C 语言程序的运行结果如图 5.2 所示。若选取删除的边不同，最终形成的覆盖集也可能不同。

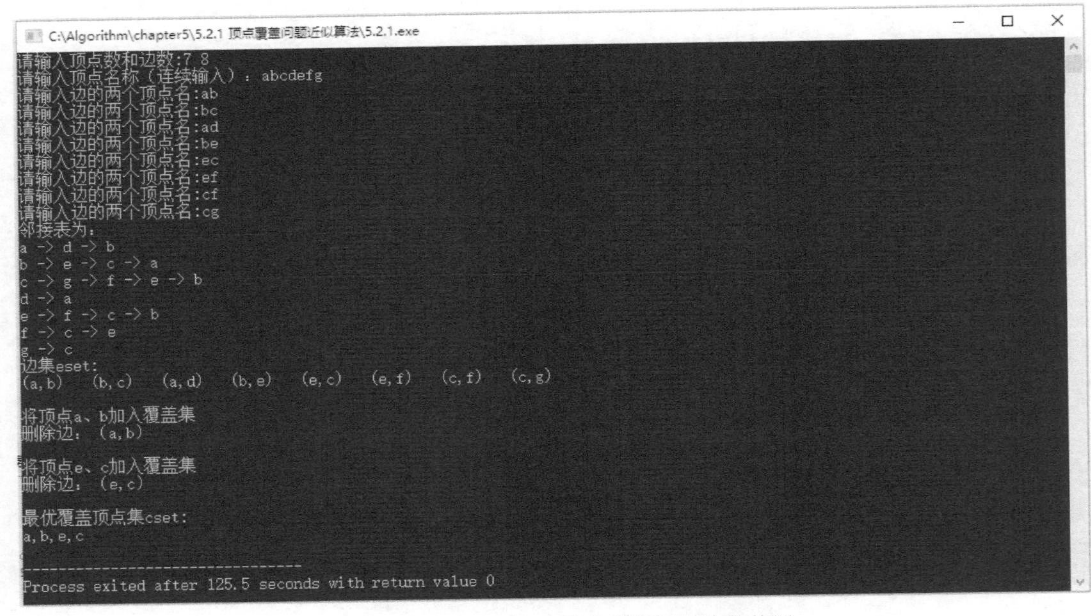

图 5.2　算法 5.2.1 的 C 语言程序运行结果截图

近似算法 5.2.1 还可以应用到系统监控问题。假设 a，b，c，d，e，f，g 是 7 个哨所，监

视着 11 条路段，如图 5.3 所示。需要在哪几个哨所派人站岗就可以监视全部路段？针对这个问题，我们可以把系统监控的无向拓扑图 G 作为近似算法 5.2.1 的输入。近似算法 5.2.1 的输出是图 G 的近似最优顶点覆盖集。覆盖集里面的顶点就是需要派人站岗的哨所。

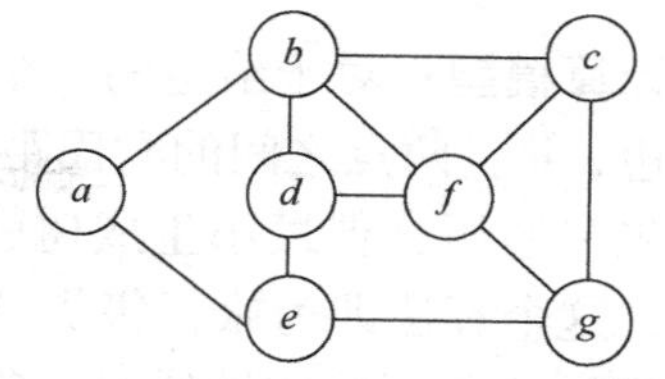

图 5.3　系统监控的无向拓扑图 G

5.3　旅行商问题近似算法

例 5.2　具有三角不等式性质的旅行商问题。

问题描述：有一个售货员要到若干个城市中推销自己的商品，各个城市之间的行程费用是已知的，售货员要选定一条路线，要求每个城市只能经过一次，在推销完自己的商品之后，要回到自己原来的城市，并保证整个旅行费用最小。行程费用满足三角不等式性质。

问题分析：通常情况下，以最优的形式提出的旅行商问题可以描述成，给定一个完全无向图 $G(V,E)$，我们用 $(u,v)\in E$ 表示图中的边，非负整数 $c(u,v)$ 表示经过边 (u,v) 的费用。需要在图 G 中找一条哈密顿回路，使总费用最小。

但是，从现实中抽象出的旅行商问题往往都具有一些特殊的性质，如上述问题中的费用函数 c 通常就具有三角不等式性质，即在图 G 中任选三个顶点 $u,\ v,\ w\in V$，其费用 $c(u,w)+c(w,v)\geqslant c(u,v)$，当图 G 是平面图时，两点之间的费用可以理解为两点之间的欧氏距离。

能够证明，尽管费用函数 c 有三角不等式性质，但是旅行商问题依旧为 NPC 问题。所以，要找到多项式时间复杂度算法解决这类问题目前无法做到。于是，可以使用有效的近似算法来解决此类问题。当费用函数 c 满足三角不等式性质时，能够设计出近似比为 2 的近似算法。

数学模型：给定一个完全无向图 $G(V,E)$，两点之间的欧氏距离可以看作两顶点间的费用。任选三个顶点 $u,\ v,\ w\in V$，其费用满足 $c(u,w)+c(w,v)\geqslant c(u,v)$。根据问题要求，有如下的目标函数和约束条件。

旅行商问题的历史很久，最早的描述是 1759 年欧拉研究的骑士周游问题，即对于国际象棋棋盘中的 64 个方格，走访 64 个方格一次且仅一次，并且最终返回到起始点。这个问题一经提出，就引起了人们极大的兴趣。

理论计算机科学家为了检验有效计算的极限，对这一问题进行了反复研究。近几十年来，它也激发了计算机科学中许多基础的进步，帮助阐释了线性规划等技术的能力。先后涌现出许多求解旅行商问题的近似算法：贪心算法、启发式算法、遗传算法、蚁群算法等。

目标函数：

$$\min\sum_{i=1}^{|V|-1}c(u_i,u_{i+1})+c(u_{|V|},u_1)$$

约束条件：

(1)　$R=(u_1,\ u_2,\cdots,u_{|V|},u_1)$ 是完全无向图 $G(V,E)$ 中的哈密顿回路；

(2)　$R=(u_1,\ u_2,\cdots,u_{|V|},u_1)$ 中任意三个顶点 $u_i,\ u_j,\ u_k$，其费用满足三角不等式性质 $c(u_i,u_j)+c(u_j,u_k)\geqslant c(u_i,u_k)$。

综上，旅行售货员问题就归结为寻找一个满足上述约束条件，并使目标函数达到最小的哈密顿回路，可用 $R=(u_1,\ u_2,\cdots,u_{|V|},u_1)$ 表示完全无向图 $G(V,E)$ 中的哈密顿回路。

计算模型：对于给定的一个完全无向图 $G(V,E)$，V 中存储所有的顶点，E 中存储所有的边，并且两点之间的欧氏距离等价于两顶点间的费用，用 Prim 算法得到最小生成树，然后先序遍历这棵最小生成树就得到了一个序列，将这个序列首尾相连就可以得到一条回路，这个算法即为旅行售货员问题的一个近似算法，即近似算法 5.3.1。该算法在费用函数满足三角不等式性质时，得到的旅行售货员回路费用不会超过最优旅行售货员回路费用的 2 倍。

算法设计：具有三角不等式性质的旅行售货员问题的近似算法 5.3.1。

给定无向图 $G(V,E)$，并满足条件：任选三个顶点 u，v，$w \in V$，其费用 $c(u,w)+c(w,v) \geqslant c(u,v)$。

(1) 从图 G 中任选一个顶点 a，使用 Prim 算法选取一棵以 a 为根结点的最小生成树 t。

(2) 先序遍历树 t，得到树的先序遍历列表 pl，将 a 加入链表 pl 的末尾，使链表中的结点能够构成一条回路 R。

(3) 按照 pl 中的顺序访问各结点，形成一条哈密顿回路 R。

(4) 算法结束。

算法分析：

(1) 时间复杂度分析：步骤(1)的时间复杂度为 $O(|V|^2)$；步骤(2)的时间复杂度为 $O(|V|)$；步骤(3)的时间复杂度为 $O(|V|)$。所以，算法的时间复杂度为 $O(|V|^2)$。

算法的一个具体算例运行情况如图 5.4～图 5.8 所示，图中的小格子的边长假设为 1。图 5.4 显示了图 G 中所有的顶点，顶点到顶点之间的费用用两点间的欧氏距离表示，因而费用函数满足三角不等式性质。例如，a，b 之间差两格，就代表 a，b 之间的代价函数 $c(a,b)=2$，然后根据 Prim 算法找到一棵最小生成树 t，如图 5.5 所示。接着先序遍历最小生成树 t，遍历过程如图 5.6 所示。根据图 5.6 的遍历过程生成如图 5.7 所示的哈密顿回路 R，可以把回路 R 看成旅行售货员问题的近似最优解，其总费用我们可以算出来，为 $2+\sqrt{2}+\sqrt{5}+\sqrt{17}+\sqrt{2}+\sqrt{2}+2+\sqrt{20}$。图 5.8 所示的是最小费用旅行售货员回路 R^*，其总费用为 $2+\sqrt{2}+\sqrt{5}+\sqrt{5}+2+\sqrt{2}+\sqrt{2}+2$。通过计算，可以得出，最小费用要比近似最优旅行售货员回路 R 所需费用少大约 23%。

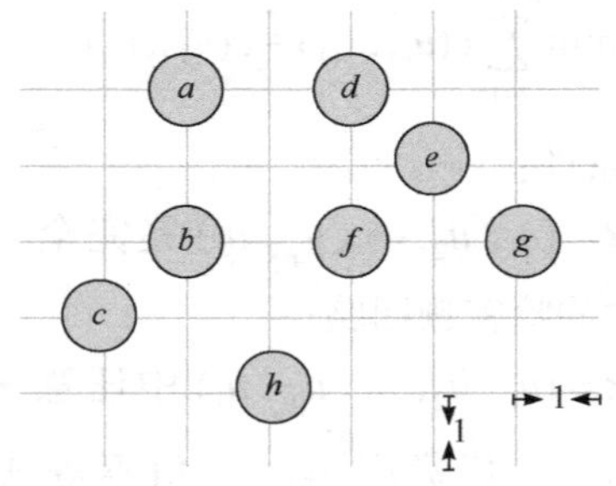

图 5.4　算例运行初始状态

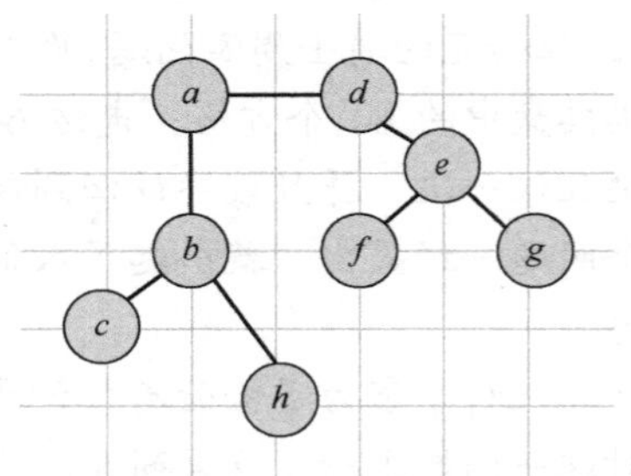

图 5.5　用 Prim 算法选取一棵以 a 为根结点的最小生成树

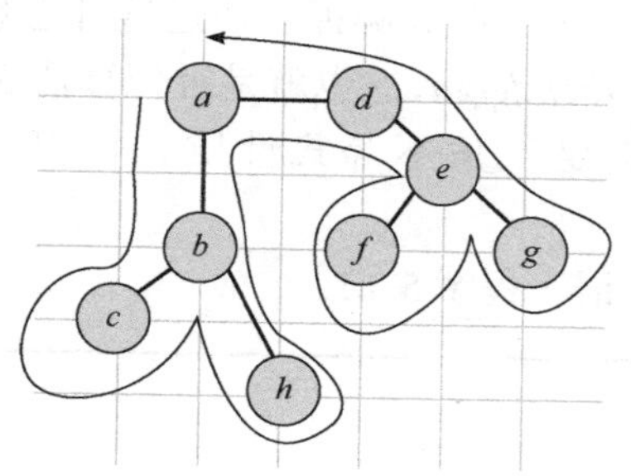

图 5.6　先序遍历最小生成树

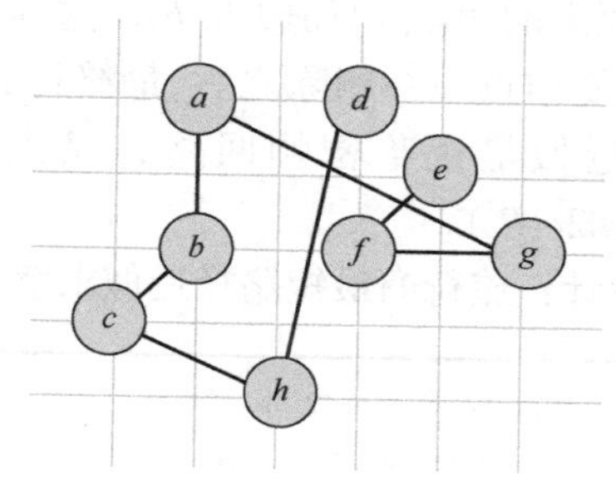

图 5.7　按先序顺序访问各个结点形成的哈密顿回路

(2) 近似比分析：可以看到上述算法中没有明显用到费用函数的三角不等式性质，所以上述算法对于一般的旅行商问题也同样适用。但是，如果费用函数满足三角不等式性质，那么该算法的近似比就为常数 2。为此，我们给出定理 5.1。

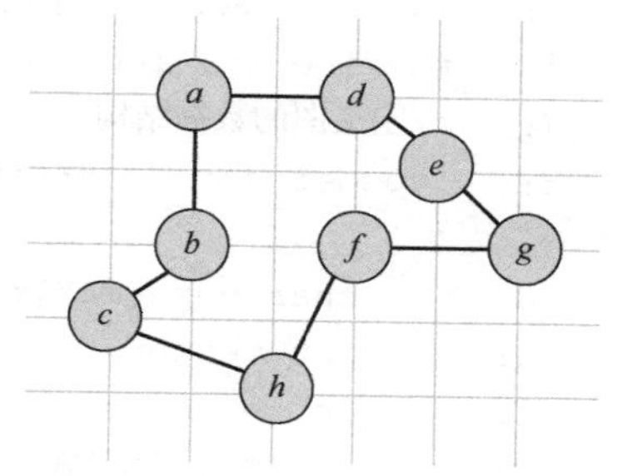

图 5.8　最优解

定理 5.1　如果用 R^*表示图 G 的最小费用的旅行商回路，用 R 表示近似算法 5.3.1 得到的旅行商近似最优回路，那么，$c(R) \leqslant 2c(R^*)$。

证明　近似算法 5.3.1 通过 Prim 算法得到了图 G 的最小生成树 t。图 G 的最小费用旅行商回路记为 R^*。从回路 R^*中任意删除一条边，可以得到图 G 的一棵生成树。因为 t 是图 G 的最小生成树，所以可以得到 $c(t) \leqslant c(R^*)$。

对最小生成树 t 进行一次完全遍历，即在遍历的时候，每访问 t 的一个结点，就将该结点列举出来，在访问完子树返回时也将沿途所经过的结点列举出来。假设访问完最小生成树 t 时，得到遍历沿途经过的所有结点序列为 SN。易知，对最小生成树 t 做一次完全遍历，正好经过 t 的每条边两次，因此有 $c(\mathrm{SN}) = 2c(t) \leqslant 2c(R^*)$。

SN 访问了图 G 中的每个顶点至少两次，所以 SN 并不是一个旅行商回路。因为费用函数满足三角不等式性质，所以可以将 SN 中已经访问过的顶点删除而不会增加旅行费用。假设将 SN 中的重复结点一一删除之后最终得到的回路记为 R，这也是近似算法 5.3.1 计算出的近似最优哈密顿回路，因为费用函数满足三角不等式性质，可以得到 $c(R) \leqslant c(\mathrm{SN})$。

综上所述，可以得到 $c(R) \leqslant c(\mathrm{SN}) \leqslant 2c(R^*)$，即 $c(R) \leqslant 2c(R^*)$。

图 5.5 中通过近似算法 5.3.1 得到了图 G 的最小生成树 t，图 5.8 中得到了图 G 的最小费用旅行商回路 R^*。对最小生成树 t 进行一次完全遍历，即在遍历的时候，每访问 t 的一个结点，就将该结点列举出来，在访问完子树返回时也将沿途所经过的结点列举出来。如图 5.6 所示，从顶点 a 出发，先遍历左子树，依次经过 b，c，当访问完 c 之后，必须回到 b 结点才能访问顶点 h。当访问完最小生成树 t 时，就可以得到遍历沿途经过的所有结点 SN=*abcbhbadefegeda*。可以看到对最小生成树 t 做一次完全遍历，正好经过 t 的每条边两次，因此有 $c(\mathrm{SN})=2c(t) \leqslant 2c(R^*)$。但是 SN 访问了图 G 中的每个顶点至少两次，所以 SN 并不是一个旅行商回路。因为费用函数满足三角不等式性质，所以可以将 SN 中已经访问过的顶点删除而不会增加旅行费用。图 5.6 中，如果当前的访问路径为 abc，按照 SN 的访问次序，下一步将访问 b 结点，但是由于在 abc 中已经访问过 b 结点，就可以直接用边

(c, h)代替原来的边(c, b)和边(b, h)，这样就可以将 c 和 h 中间的 b 删掉。通过这种思想，将 SN 中重复结点一一删除之后，最终得到的回路为 $R=abchdefga$，这也就是近似算法 5.3.1 计算出的近似最优哈密顿回路，又因为费用函数满足三角不等式性质，可以得到 $c(R)\leqslant c(\mathrm{SN})\leqslant 2c(R^*)$。

程序设计： 旅行商最短路径近似求解算法 5.3.1 的 C 语言程序 5.3.1。

```
//引入相应的库文件
#include<stdio.h>
#include<stdlib.h>
//定义相应的宏
#define MAX 8  //图中最大顶点数目
#define INF 1000  //定义一个大数
//定义图的数据结构
typedef struct graph
{
    char vexs[MAX];
    int vexnum;
    int edgnum;
    int matrix[MAX][MAX];
}Graph;
//定义边的数据结构
typedef struct EdgeData
{
    char start;
    char end;
    int weight;
}EData;
//定义二叉树的结点
typedef struct BiNode
{
    char data;
    struct BiNode *lchild,*rchild;
}BiNode,*BiTree;
```

```
int get_position(Graph g, char e) //获取字符在图中的位置序号
{
 int i,result;
 for(i=0;i<MAX;i++){
    if(g.vexs[i]==e)
        result=i;
 }
 return result;
}
```

```
void prim(Graph G,int start,EData edges[])
{
```

```
    int min,i,j,k,m,n,sum;
    char prims[MAX];          //prims 数组保存的是依次加入到最小生成树中的顶点序列
    int index = 0;            //prims 数组元素的下标索引
    int weights[MAX];         //顶点间边的权值
    //从图中下标索引为 start 的顶点开始构建最小生成树
    //依次选择图中顶点加入到 prims 数组中
    //第一个加入到 prims 数组中的元素是图中下标索引为 start 的顶点
    prims[index++] = G.vexs[start];
    //初始化“顶点的权重数组”
    //将每个顶点的权重初始化为“第 start 个顶点”到“该顶点”的权重
    for(i = 0; i < G.vexnum; i++ )
       weights[i] = G.matrix[start][i];
    //将第 start 个顶点的权重初始化为 0
    //可以理解为“第 start 个顶点到它自身的距离为 0”
    weights[start] = 0;
    for(i = 0; i < G.vexnum; i++)
    {
        //由于是从 start 开始的，因此不需要再对第 start 个顶点进行处理
        if(start == i)
            continue;
        j = 0;
        k = 0;
        min = INF;
        //在未被加入到最小生成树的顶点中，找出权重最小的顶点
        while(j < G.vexnum)
        {
            //若 weights[j] = 0，意味着“第 j 个结点已经被排序过”（或者说已经加
              入到了最小生成树中）
            if(weights[j] != 0 && weights[j] < min)
            {
                min = weights[j];
                k = j;
            }
            j++;
        }
        //经过上面的处理后，在未被加入到最小生成树的顶点中，权重最小的顶点
          是第 k 个顶点
        //将第 k 个顶点加入最小生成树的结果数组中
        prims[index++] = G.vexs[k];
        //将“第 k 个顶点的权重”标记为 0，意味着第 k 个顶点已经排序过了
        //(或者说已经加入到了 prims 数组中)
        weights[k] = 0;
        //当第 k 个顶点被加入到最小生成树的结果数组中后，更新其他顶点的权重
        for(j = 0 ; j < G.vexnum; j++)
        {
            //当第 j 个结点没有被处理，并且需要更新时才被更新
```

```
                if(weights[j] != 0 && G.matrix[k][j] < weights[j])
                    weights[j] = G.matrix[k][j];
            }
        }
        //计算最小生成树的权重
        sum = 0;
        for(i = 1; i < index; i++)
        {
            min = INF;
            int k;
            //获取prims[i]在G中的位置
            n = get_position(G,prims[i]);
            //在vexs[0…i]中，找出到j的权重最小的顶点
            for(j = 0; j < i; j++)
            {
                m = get_position(G,prims[j]);
                if(G.matrix[m][n]<min){
                    min = G.matrix[m][n];
                    k = m;
                }
            }
            edges[i-1].start = prims[k];
            edges[i-1].end = prims[n];
            edges[i-1].weight = min;
            sum += min;
        }
        //打印最小生成树
        printf("PRIM(%c)=%d: ",G.vexs[start],sum);
        for(i = 0; i < index; i++)
            printf("%c",prims[i]);
        printf("\n");
    }
```

```
//根据Prim算法得到的边构建生成树方便先序遍历
BiNode *createTree(EData edges[])
{
    int i = 0,top = 0,j;
    BiNode *tree,*head,*stack[MAX],*st;
    tree = (BiNode *)malloc(sizeof(BiNode));
    head=tree;
    tree->data = edges[0].start;
    tree->lchild = NULL;
    tree->rchild = NULL;
    stack[top++] = tree;
    int a = 0;
    i++;
```

```
    while(top>-1)
    {
        st=stack[--top];
        for(j=0;j<MAX;j++){
            if(edges[j].start==st->data){
                if(st->lchild == NULL){
                    tree = (BiNode *)malloc(sizeof(BiNode));
                    tree->data = edges[j].end;
                    tree->lchild = NULL;
                    tree->rchild = NULL;
                    stack[top++] = tree;
                    st->lchild = tree;
                }else{
                    tree = (BiNode *)malloc(sizeof(BiNode));
                    tree->data = edges[j].end;
                    tree->lchild = NULL;
                    tree->rchild = NULL;
                    stack[top++] = tree;
                    st->rchild = tree;
                }
            }
        }
    }
    return head;
}
```

```
//先序遍历生成树
int preOrder(BiTree head,char R[])
{
    BiNode *stack[MAX],*st;
    int i=0,top=0;
    if(head){
        stack[top++]=head;
        while(top>-1){
            st=stack[--top];
            printf("%c",st->data);
            R[i++]=st->data;
            if(st->rchild!=NULL){
                stack[top++]=st->rchild;
            }
            if(st->lchild!=NULL){
                stack[top++]=st->lchild;
            }
        }
    }
}
```

```
void main()
{
    Graph G;
    BiTree tree;
    EData edges[MAX-1];
    char R[MAX],temp;
    int i,j;
    int start =0;
    //为了计算方便，我们将顶点之间的距离取平方，然后初始化放到矩阵中
    int graph[MAX][MAX] = { {0,4,10,4,10,8,20,17},
                            {4,0,2,8,10,4,16,5},
                            {10,2,0,18,20,10,26,5},
                            {4,8,18,0,2,4,8,17},
                            {10,10,20,2,0,2,2,13},
                            {8,4,10,4,2,0,4,5},
                            {20,16,26,8,2,4,0,13},
                            {17,5,5,17,13,5,13,0} };
    char vs[MAX] = {'a','b','c','d','e','f','g','h'};    //初始顶点
    for(i=0;i<MAX;i++){
        for(j=0;j<MAX;j++)
            G.matrix[i][j]=graph[i][j];
        G.vexs[i]=vs[i];
    }
    G.vexnum=MAX;
    prim(G,start,edges);
    printf("Prim算法得到的最小生成树的边为：\n");
    for(i=0;i<MAX-1;i++)
        printf("%c—%c\n",edges[i].start,edges[i].end);
        tree=createTree(edges);
        printf("Prim算法得到的最小生成树先序遍历序列为：");
        preOrder(tree,R);
        temp=R[0];
        R[MAX]=temp;
        printf("\n哈密顿回路为：");
        for(j=0;j<=MAX;j++)
                printf("%c",R[j]);
}
```

程序执行：旅行商最短路径求解算法的C语言程序运行结果如图5.9所示。

例5.3　一般的旅行商问题。

问题描述：有一个商人要到若干个城市推销自己的商品，到各个城市的行程费用是已知的，行程费用不一定满足三角不等式性质。商人要选定一条路线，要求每个城市只能经过一次，在推销完自己的商品之后，要回到自己原来的城市，并保证整个旅行费用最小。

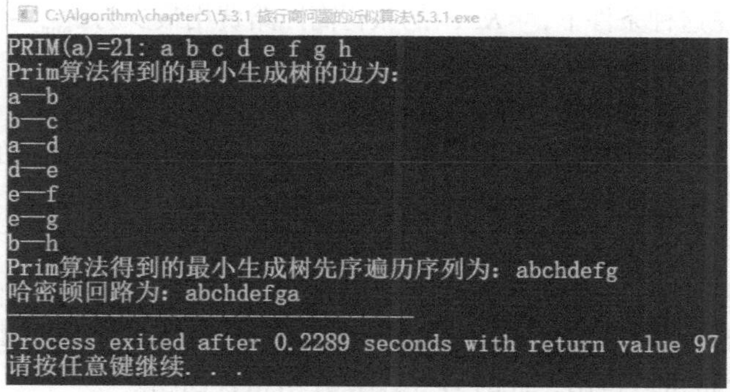

图 5.9　旅行商最短路径求解程序 5.3.1 的运行结果截图

问题分析：对于费用函数具有三角不等式性质的旅行售货员问题，近似算法 5.3.1 的近似比为常数 2。但是当费用函数不具有三角不等式性质时，尽管也可以使用近似算法 5.3.1，但是在 P≠NP 的情况下，对于任意常数 q，不存在近似比为 q 的解旅行售货员问题的多项式时间近似算法。

定理 5.2　在 P≠NP 的情况下，对于任意给定的大于 1 的常数 q，当费用函数不具有三角不等式性质时，对于一般旅行售货员问题，不存在近似比为 q 的多项式时间近似算法。

> 中国邮递员问题
>
> 中国邮递员问题是邮递员在某一地区的信件投递路程问题。邮递员每天从邮局出发，走遍该地区所有街道再返回邮局，问题是他应如何安排送信的路线，使所走的总路程最短。这个问题由中国学者管梅谷在 1962 年首先给出了解法——奇偶点图上作业法，被国际上统称为中国邮递员问题(Chinese postman problem, CPP)。

证明　用反证法。假设存在一个近似比为 $q > 1$ 且能解决费用函数不具有三角不等式性质的一般旅行售货员问题的近似算法，不妨称该算法为 F。

此时，可以利用 F 算法设计一个解哈密顿回路问题的多项式时间复杂度算法。因为哈密顿回路问题是一个 NPC 问题，所以就找到了一个多项式时间复杂度算法 F，这就证明了 P=NP。这与 P≠NP 矛盾。

因此，当 P≠NP 时，对于任意给定的大于 1 的常数 q，当费用函数不具有三角不等式性质时，对于一般旅行售货员问题，不存在近似比为 q 的多项式时间近似算法。

下面详细说明如何用 F 算法设计一个解哈密顿回路问题的多项式时间复杂度算法。

给定一个哈密顿回路问题的实例 $G(V, E)$，现在要判断 $G(V, E)$中是否存在一条哈密顿回路。为了能用 F 算法求解 G 的哈密顿回路，将 G 转换为旅行售货员问题的一个实例<K, c>，其中，K 为顶点集 V 上的一个完全图，即 $K=(V, E_1)$，$E_1=\{ (a, b) \mid a, b \in V$ 且 $a \neq b\}$。E_1 中每一条边的费用函数 $c(a, b)$表示为

$$c(a,b)=\begin{cases}1, & (a,\ b)\in E \\ 1+q\,|V|, & (a,\ b)\in E_1-E\end{cases}$$

对于旅行商问题<K, c>，我们有如下结论。

(1) 如果原图 G 中存在哈密顿回路，则回路中每条边的费用函数 c 均为 1，所以，<K, c>中包含一个总费用为$|V|$(顶点的个数之和)的回路。

(2) 如果原图 G 中并没有一条哈密顿回路，那么完全图 K 中的任意一条回路的构成必定要

用到不在 E 中的边。在这种条件下，<K, c>的旅行商回路费用最少为 $c_{\min}=(1+q\mid V\mid+\mid V\mid-1)>q\mid V\mid>\mid V\mid$。

如果在解决旅行商问题<K, c>时采用 F 算法得到一个近似最优回路 R，则可以得到 $c(R)\leqslant qc(R^*)$，其中 $c(R)$为<K, c>的近似最优回路 R 的费用，$c(R^*)$为最优旅行商回路的费用。

当图 G 中存在哈密顿回路 R 时，可以得到 $c(R)=c(R^*)=\mid V\mid$，用 F 算法找到的旅行商回路 R 的费用函数 $c(R)\leqslant qc(R^*)=q\mid V\mid$。

相反，如果 F 算法得到的旅行售货员回路 R 的费用函数 $c(R)>q\mid V\mid$，则 $q\mid V\mid<c(R)\leqslant qc(R^*)$，由此可以得出 $\mid V\mid<c(R^*)$，也就是说<K, c>的最优旅行商回路 R^*的费用函数 $c(R^*)>\mid V\mid$。从上述分析可以得出，此时 G 中不存在哈密顿回路。

所以用 F 算法求得<K, c>的近似最优的旅行商回路 R 后，只要根据近似比不等式 $c(R)\leqslant qc(R^*)$判断费用函数 $c(R^*)$与$\mid V\mid$是否相等即可得知图 G 中是否存在哈密顿回路。由此得到用 F 算法设计的一个解哈密顿回路问题的多项式时间复杂度算法。

综上所述，在 P≠NP 的情况下，对于任意给定大于 1 的常数 q，当费用函数不具有三角不等式性质时，对于一般旅行商问题不存在近似比为 q 的多项式时间近似算法。

5.4 最小集合覆盖问题的近似算法

例 5.4 最小集合覆盖问题。

问题描述：给定一个全集 U，以及全集 U 的子集族 $Z=\{M_1, M_2, \cdots, M_n\}$，$M_i\subseteq U$ $(i=1, 2, \cdots, n)$，要求 U 中的任意一个元素都要在子集族 Z 的某个子集中。最小集合覆盖问题就是要从子集族 Z 中找出一个子集 $Z^*\subseteq Z$，使 Z^*中的元素的并集与全集 U 相同，且使$|Z^*|$最小。

问题分析：我们通过一个例子来理解最小集合覆盖问题。

如图 5.10 所示，设 $U=\{a, b, c, d, e, f, g, h, i, j, k, l\}$, $M_1=\{a, b, c, d, e, f\}$, $M_2=\{e, f, h, i\}$, $M_3=\{a, d, g, j\}$, $M_4=\{b, e, g, h, k\}$, $M_5=\{c, f, i, l\}$, $M_6=\{j, k\}$。我们可以看到 $Z=\{M_1, M_2, M_3, M_4, M_5, M_6\}$中所有元素的并集为 U，最小的子集族为 $Z^*=\{M_3, M_4, M_5\}$，这里 Z^*中的元素的并集与全集 U 相同，且$|Z^*|=3$。Z 中的其他子集，要使其元素的并集与全集 U 相同，要含有 4 个及以上的元素。这里，我们也通过这个例子理解什么是覆盖。在 Z^*中我们选取了 M_3，那么 M_3 就覆盖了 U 中的$\{a, d, g, j\}$这 4 个元素，我们说 Z^*覆盖了全集 U 当且仅当$\bigcup Z^*=U$，在此例子中$\bigcup Z^*=M_3\bigcup M_4\bigcup M_5=U$。

最小集合覆盖问题是一个 NP 难问题。对于最小集合覆盖问题，可以设计一个简单的关于$|U|$的对数近似比的贪心算法，用来求此类问题的近似最优解。

数学模型：对于给定的全集 U 和它的子集族 $Z=\{M_1, M_2, \cdots, M_n\}$，$M_i\subseteq U$ $(i=1, 2, \cdots, n)$，需要从子集族 Z 中找出一个子集 Z^*，使 Z^*中的所有元素的并集等于全集 U，即$\bigcup Z^*=U$，且$|Z^*|$最小。根据问题要求，有如下的目标函数和约束条件。

目标函数：

$$\min\left|Z^*\right|$$

约束条件：

$$Z^* \subseteq Z,\ \forall M_i \in Z^*,\ M_i \subseteq U,\ \bigcup_{M_i \in Z^*} M_i = U$$

综上，最小集合覆盖问题就归结为寻找一个满足上述约束条件，并使目标函数达到最小值的子集族 Z^*。

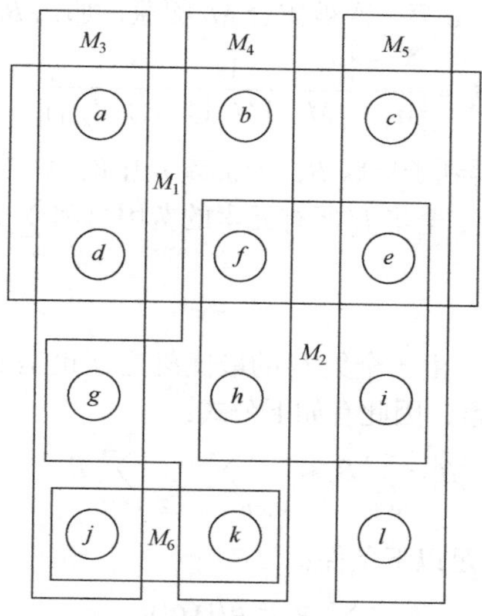

图 5.10　最小集合覆盖的一个例子

计算模型： 用 A 表示每一阶段 U 中尚未被覆盖的元素的集合，每次用子集族 Z 中尚未选取的元素与 A 做交集，每次从 Z 中选取与当前 A 的交集基数最大的元素，直到所有选取的元素的并集完全覆盖全集 U。

算法设计： 最小集合覆盖问题的近似算法 5.4.1。

(1) 对于给定的全集 U 和全集 U 的子集族 Z，用 A 表示每一阶段 U 中尚未被覆盖的元素的集合，A 初值为全集 U。B 表示已经被选择的 Z 的子集，B 初值为空集。

(2) 在 A 不为空的情况下，在 Z 中选择使 $|M_i \cap A|$ 最大的元素 M_i 加入 B 中。以此策略循环执行，直到 A 为空为止。

(3) 最终得到一个覆盖了全集 U 的 Z 的子集 B。

(4) 算法结束。

算法分析：

(1) 时间复杂度分析：从上面的算法中可以得出近似算法 5.4.1 的循环体执行次数最多为 $\min\{|U|, |Z|\}$ 次，循环体内部的计算次数可以表示为 $O(|U||Z|)$，所以整个算法的时间复杂度可以表示为 $O(|U||Z|\min\{|U|, |Z|\})$，这是一个多项式时间复杂度算法，并且通过近似算法 5.4.1 得到的只是全集 U 的近似最优覆盖。

(2) 近似比分析：如果用 $R(n)$ 表示第 n 级调和数，即 $R(n) = \sum_{k=1}^{n} \frac{1}{k}$，可以证明近似算法 5.4.1 的近似比为 $R(\max_{M_i \in Z}\{|M_i|\})$。

定理 5.3　近似算法 5.4.1 的近似比为 $R(\max_{M_i \in Z}\{|M_i|\})$。

证明　首先，对于所有通过近似算法 5.4.1 选出来的集合都给一个费用，并将这个费用平均地分配给第一次被该集合覆盖的 U 中的元素。

用 M_k 表示由近似算法 5.4.1 循环选出的第 k 个子集，如果把 M_k 加入子集族 B 中，则将 M_k 的费用设为 1，然后把这个费用 1 平均地分给第一次被 M_k 覆盖的 U 中的元素。对于 U 中的任何一个元素 e，我们用 B_e 表示分摊到元素 e 的费用。值得注意的是，元素 e 的费用只能在第一次被覆盖时得到。设元素 e 第一次被集合 M_k 覆盖，那么 B_e 的计算公式为

$$B_e = \frac{1}{|M_k - (M_1 \cup M_2 \cup \cdots \cup M_{k-1})|}$$

当算法结束的时候，可以得到子集族 B，子集族 B 中的每个子集的费用为 1，因此 B 中子集的个数 $|B|$ 即为总费用。另外，全集 U 所有元素的费用总和 $\sum_{e\in U} B_e$ 也是最终得到的总费用，因此有 $|B| = \sum_{e\in U} B_e$。

设全集 U 的最优覆盖是 B^*。由于全集 U 的最优覆盖 B^* 也是 U 的一种覆盖方式，B^* 中的子集可能重复覆盖了 U 中的元素，因此有如下公式：

$$|B| = \sum_{e\in U} B_e \leqslant \sum_{M_i\in B^*,\, B^*\subseteq Z} \sum_{e\in M_i} B_e$$

如果 Z 中的子集 M_i 能够满足以下条件：

$$\sum_{e\in M_i} B_e \leqslant R(|M_i|) \tag{5-1}$$

将式(5-1)应用于 B^* 就可以得到

$$\sum_{M_i\in B^*} \sum_{e\in M_i} B_e \leqslant \sum_{M_i\in B^*} R(|M_i|) \leqslant |B^*| \max_{M_i\in B^*}\{R(|M_i|)\}$$

由于 $R(n)$ 是调和级数前 n 项和，具有单调递增的性质，有如下公式成立：

$$\max_{M_i\in B^*}\{R(|M_i|)\} = R(\max_{M_i\in B^*}\{|M_i|\}) \leqslant R(\max_{M_i\in Z}\{|M_i|\})$$

$$|B^*| \max_{M_i\in B^*}\{R(|M_i|)\} = |B^*| R(\max_{M_i\in B^*}\{|M_i|\}) \leqslant |B^*| R(\max_{M_i\in Z}\{|M_i|\})$$

综合上述公式，得到

$$|B| \leqslant \sum_{M_i\in B^*} \sum_{e\in M_i} B_e \leqslant \sum_{M_i\in B^*} R(|M_i|) \leqslant |B^*| R(\max_{M_i\in Z}\{|M_i|\})$$

即可得到近似算法 5.4.1 的性能比为

$$\frac{|B|}{|B^*|} \leqslant R\left(\max_{M_i\in Z}\{|M_i|\}\right)$$

接下来，我们的任务是证明式(5-1)成立。为此，我们引入一个符号 $s_k = \left|M_i - \bigcup_{j=1}^{k} M_j\right|$，它表示对于任何一个尚未进入 B 中且属于子集族 Z 的集合 M_i，在近似算法 5.4.1 已经选择了 M_1，M_2，…，M_k 放入 B 以后，能被 M_i 首次覆盖的元素个数。易知，$s_{k-1} \geqslant s_k$。

初始时，能被 M_i 首次覆盖的元素个数用 s_0 来表示，即 $s_0 = |M_i|$。我们用 m 表示 $s_0, s_1, s_2, \cdots$

中第一个等于 0 的下标，则当 M_i 中的元素被集合 $M_1, M_2, \cdots, M_k, \cdots, M_m$ 所覆盖时，有 $s_{k-1}-s_k$ 个 M_i 中的元素被 M_k 覆盖。被 M_k 第一次覆盖的 M_i 中的每个元素的费用是 $\dfrac{1}{|M_k-(M_1 \cup M_2 \cup \cdots \cup M_{k-1})|}$，因此 M_i 中的所有元素的费用之和可以用如下公式得到

$$\sum_{e \in M_i} B_e = \sum_{k=1}^{m} \frac{s_{k-1}-s_k}{|M_k-(M_1 \cup M_2 \cup \cdots \cup M_{k-1})|}$$

根据近似算法 5.4.1 可以知道，子集 M_i 所覆盖的新元素应该比 M_k 少，否则就应该先选择 M_i 而不是 M_k，由此可得到公式：

$$|M_k-(M_1 \cup M_2 \cup \cdots \cup M_{k-1})| \geqslant |M_i-(M_1 \cup M_2 \cup \cdots \cup M_{k-1})| = s_{k-1}$$

根据上述两个公式，可以得到下式：

$$\sum_{e \in M_i} B_e = \sum_{k=1}^{m} \frac{s_{k-1}-s_k}{|M_k-(M_1 \cup M_2 \cup \cdots \cup M_{k-1})|} \leqslant \sum_{k=1}^{m} \frac{s_{k-1}-s_k}{s_{k-1}}$$

给定任意两个正整数 p、q，在 $p<q$ 时，有以下公式成立：

$$R(q)-R(p) = \sum_{k=p+1}^{q} \frac{1}{k} \geqslant \frac{q-p}{q}$$

由此，可以进一步得到公式：

$$\begin{aligned}\sum_{e \in M_i} B_e &\leqslant \sum_{k=1}^{m} \frac{s_{k-1}-s_k}{s_{k-1}} \leqslant \sum_{k=1}^{m} \left(R(s_{k-1})-R(s_k)\right) \\ &= R(s_0)-R(s_m) = R(s_0)-R(0) \\ &= R(s_0) = R\left(|M_i|\right)\end{aligned}$$

这样，我们就证明了式(5-1)成立，从而近似算法 5.4.1 的近似比为 $\dfrac{|B|}{|B^*|} \leqslant R\left(\max\limits_{M_i \in Z}\{|M_i|\}\right)$，定理证毕。

推论 5.1　近似算法 5.4.1 的近似比为 $\ln(|U|)+1$。

证明　对于任意一个正整数 n，不等式 $R(n) \leqslant \ln(n)+1$ 成立。由于 $R(n)$ 是调和级数前 n 项和，具有单调递增的性质，根据 $\max\limits_{M_i \in Z}\{|M_i|\} \leqslant |U|$，有

$$\frac{|B|}{|B^*|} \leqslant R(\max_{M_i \in Z}\{|M_i|\}) \leqslant R(|U|) \leqslant \ln|U|+1$$

因此，近似算法 5.4.1 的近似比为 $\ln|U|+1$，推论证毕。

在一般的现实应用中，$R(\max\limits_{M_i \in Z}\{|M_i|\})$ 通常是一个小常数，所以近似算法 5.4.1 得到的集合覆盖的近似最优解是集合覆盖最优解的常数倍。下面给出实现最小集合覆盖求解算法 5.4.1 的 C 语言程序 5.4.1。

程序设计：最小集合覆盖近似求解算法 5.4.1 的 C 语言程序 5.4.1。

```
void setCover(char all_elements[],Collection unUsedSet[],Collection
```

```
covering[])
{
//全集 U: char all_elements[]
//子集族 Z: Collection unUsedSet[]
//覆盖了全集 U 的属于子集族 Z 的一个子集族 B: Collection covering[]
char uncover[Max];              //uncover 为尚未被覆盖的元素
Collection unUsedSet[Max];  //unUsedSet 为尚未选择的集合
int index=0;
strcpy(uncover,all_elements);
while(strlen(uncover)>0)    {//如果还有元素没被覆盖，就执行下列操作:
    char selectSet[Max];    //selectSet 为本次选取的子集
    char selectedEle[Max];  //selectedEle 为本次覆盖了哪些元素
    //每次选取全集 U 中尚未覆盖的元素与尚未选取的子集的交集中元素个数最多的子集
    selectMaxUncoverSet(uncover,unUsedSet,selectedEle,selectSet);
    //从尚未覆盖的元素 uncover 中删除被覆盖的元素 selectedEle
    getUncoverForAnother(uncover,selectedEle);
    //选取的子集纳入子集覆盖 B 中
    strcpy(covering[index].elements,selectSet);
    covering[index].length=strlen(selectSet);
    index++;
}//endwhile
}
```

```
int selectMaxUncoverSet(char uncover[],Collection unUsedSet[],
Collection selectedEle,char selectSet[])
{
//每次选取全集 U 中尚未覆盖的元素与尚未选取的子集的交集中元素个数最多的子集
//uncover 为尚未被覆盖的元素
//unUsedSet 为尚未选择的集合
//selectedEle 为本次覆盖了哪些元素
//selectSet 为本次选取的子集
    int i,j,k,index,flag;
    selectedEle.length=0;
    for(i=0;i<Max;i++){
        Collection candidate;
        candidate. length=0;
        strcpy(candidate. elements,"");
        int index=0;
        for(j=0;j<Max;j++){
            for(k=0;k<strlen(uncover);k++){
                if(unUsedSet[i]. elements[j]!=uncover[k])
                    continue;
                else{
                    candidate. elements[index]=uncover[k];
                    candidate. length=index+1;
                    index++;
```

```
                    }
                }
            }
            if(candidate. length>selectedEle. length){
                strcpy(selectedEle.elements,candidate. elements);
                selectedEle. length=candidate. length;
                flag=i;
            }
        }
        strcpy(selectSet,unUsedSet[flag]. elements);
}
```

```
//获取两个元素集合之间的差集
//从 uncover[]中删除被覆盖的元素 selectedEle
void getUncoverForAnother(char uncover[],Collection selectedEle)
{
int i,j;
for(i=0;i<strlen(selectedEle elements);i++){
   for(j=0;j<strlen(uncover);j++){
     if(selectedEle. elements[i]==uncover[j]){
        deleteEle(uncover,selectedEle. elements[i]);
     }
   }
  }
}
```

```
//删除字符数组中的某个元素
void deleteEle(char array[],char ele){
    int i,j;
    char result[Max];
    for(i=0;i<strlen(array);i++){
        if(array[i]!=ele)
            continue;
        else{
            j=i;
            while(j<strlen(array)){
                array[j]=array[j+1];
                j++;
            }
        }
    }
}
```

```
#include<stdio. h>
#include<stdlib. h>
#include<string. h>
#define Max 12
```

```
typedef struct
{
int length;
char elements[Max];
}Collection; //子集
void setCover(char all_elements[], Collection subSets[], Collection
              covering[]);
void main()
{
int i, j;
int size = 6;
Collection subSets[size];
Collection covering[size];
char all_elements[]={'a', 'b', 'c', 'd', 'e', 'f', 'g', 'h', 'i',
'j', 'k', 'l'};
char M1[]={'a', 'b', 'c', 'd', 'e', 'f'};
char M2[]={'e', 'f', 'h', 'i'};
char M3[]={'a', 'd', 'g', 'i'};
char M4[]={'b', 'e', 'g', 'h', 'k'};
char M5[]={'c', 'f', 'i', 'l'};
char M6[]={'j', 'k'};
strcpy(subSets[0]. elements,M1);
subSets[0]. length=strlen(M1);
strcpy(subSets[1]. elements,M2);
subSets[1]. length=strlen(M2);
strcpy(subSets[2]. elements,M3);
subSets[2]. length=strlen(M3);
strcpy(subSets[3]. elements,M4);
subSets[3]. length=strlen(M4);
strcpy(subSets[4]. elements,M5);
subSets[4]. length=strlen(M5);
strcpy(subSets[5]. Elements, M6);
subSets[5]. length=strlen(M6);
setCover(all_elements,subSets,covering);
for(i=0;i<size;i++){
        if(strlen(covering[i]. elements)>0){
            printf("选取的第%d 个集合的元素为: %s\n", i+1, covering[i].
                elements);
        }
    }
}
```

程序执行：最小集合覆盖求解算法 5.4.1 的 C 语言程序的运行结果如图 5.11 所示。

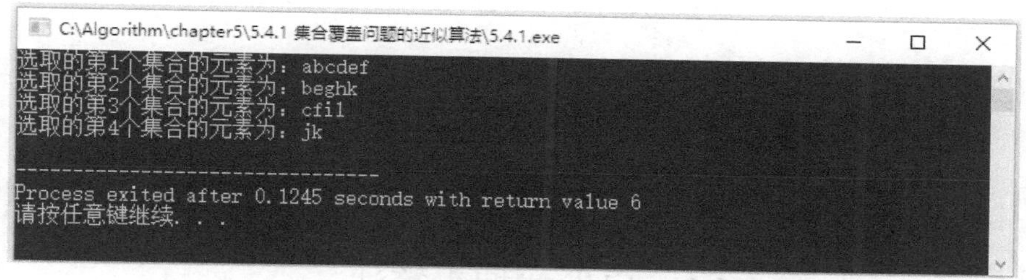

图 5.11　最小集合覆盖求解程序 5.4.1 的运行结果截图

习　题

1. 给定一棵树 T，试设计一个贪心算法，使该算法能够在线性时间内找到这棵树的最优顶点覆盖，并试证明该算法找到的顶点覆盖是最优顶点覆盖。

2. 设 $S=\{x_1, x_2, \cdots, x_n\}$是一个正整数集合，$t$ 是一个正整数。判定是否存在 S 的一个子集 $S_1 \subseteq S$ 使 S_1 中的元素之和等于 t。已知该问题是一个 NPC 问题，设计一个近似算法求解该问题近似的最优解。

3. 给出问题 2 的近似算法的时间复杂度和近似。

4. 对于顶点覆盖问题，每次都选取具有最高度数的顶点，然后将与其关联的所有边都删去。试证明该算法的近似比大于 2。

5. 证明近似算法 A 的近似比 $\rho(n)$ 与相对误差界 $\varepsilon(n)$ 有如下关系：$\varepsilon(n) \leqslant \rho(n)-1$。

第 6 章　智能算法设计策略与方法

6.1　启发式搜索算法

6.1.1　爬山算法

爬山算法是人工智能领域中用于求解数学优化问题的启发式搜索算法，是采用启发式方法实现的一种局部搜索算法。它从当前的非最佳状态位置开始，不断向上移动(递增)，当达到峰值(取得最优解)时结束。不断向上探索改进的过程称为爬坡，这也是爬山算法名字的由来。爬山算法的目标是通过不断改进当前状态以获得一个最优状态。也就是说，给定一个较大的输入集合和一个较好的启发式函数，该算法将试图寻找可有效解决优化问题的方案，但是该方案不一定是全局最优解。具体地，爬山算法有以下特点。

常言道，“行动是成功的阶梯，行动越多，登得越高”“人生有巅峰也有谷底，不可能处处是谷底”“自古成功在尝试”，这些均告诉我们，不屈不挠并不断探索的精神，是成功的法宝。

(1) 需要从给定的输入集合中，选择某个值来最大化或者最小化目标函数。例如，在旅行商问题中，我们需要最小化售货员旅行的距离。

(2) 启发式搜索意味着不一定能找到全局最优解，但是，它能够在合理的时间给出一个很好的解决方案。

(3) 在搜索算法的任何分支步骤中，启发式函数基于可用信息对所有可能的备选项进行排序，可从潜在路径中选择最佳路径。

(4) 采用一种贪心的方法，朝着成本函数最优的方向移动。贪心方法使算法能够建立局部极大值或极小值。

(5) 爬山算法不考虑之前的状态，只考虑当前以及未来状态，且通过增量变更来改进当前的解决方案。

该算法对于现实中无限空间状态的问题，具有非常高的实用性和性价比，可用于优化数学问题和其他现实生活中的应用，如市场营销和工作调度。

【策略思想】 爬山算法作为贪心搜索算法的一种，主要从当前解的邻近空间中选择最优解，直至搜索到最优解，但是该解往往只是局部最优解。假设 x 轴表示状态空间，y 轴表示目标函数，那么算法的目标就是建立局部最大值和全局最大值。其中，状态空间图由不同的区域组成。

(1) 局部最大值(local maximum)：一个优于其他邻近解或状态的解，但不一定是最优解。

(2) 全局最大值(global maximum)：算法获得的最优解。

(3) 当前状态(current state)：目前的或已经存在的状态。

(4) 平坦局部最大值(flat local maximum)：一个平坦的区域，其邻近状态的解相同。

(5) 肩(shoulder)：一个平坦的高原，其边缘向上延伸。

爬山算法的过程如图 6.1 所示，当前状态的邻近状态的变化趋势是右侧状态的目标函数上升而左侧状态的目标函数下降，此时，算法会选择右侧状态，一直往上直到山脊(即“局部最优解”状态)，此时脊峰无论向左还是向右均处于向下活动，所以会选择山脊(即局部最优解)作为最终解。显然此时并不是最优解，说明爬山算法不一定能找到全局最优解。此外，肩以及平缓的局部最优区域内，相邻状态得到的值是相同的，也难以找到全局最优解。

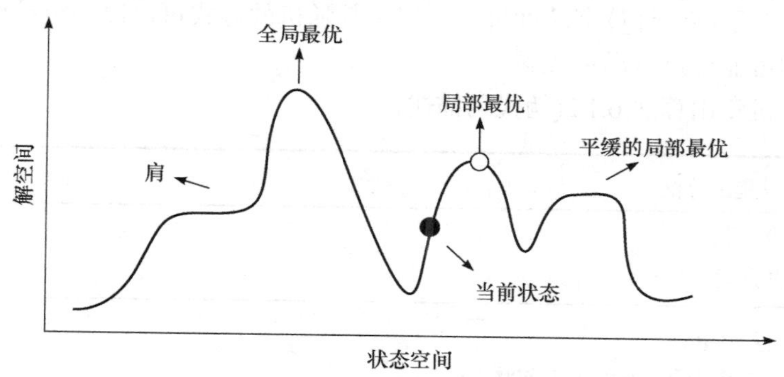

图 6.1　爬山算法的简单状态空间图

【算法步骤】 爬山算法是生成测试算法(generate and test algorithm)的一种变体，其中，生成测试算法包括以下几大步骤。

(1) 产生可能的解决方案。

(2) 测试这是否是预期的解决方案。

(3) 如果已经找到解决方案，算法结束；否则重复步骤(1)。

同理，爬山算法的生成器根据从测试过程中得到的反馈，决定搜索空间的下一步行动。爬山算法实际上是贪心算法，其搜索在任意空间状态上都是朝着增加高度/值的方向上移动，常用的包括简单爬山(simple hill-climbing)算法和随机式爬山(stochastic hill-climbing)算法。

简单爬山算法如算法 6.1.1 所示：它逐个检查邻近结点，并选择优化当前目标函数的第一个邻近结点作为新结点。

算法设计：简单爬山算法 6.1.1(伪代码描述)。

算法 6.1.1：简单爬山算法

输入：计算初始状态

输出：最终解决方案

```
for episode = 1 do
    选择一个尚未应用到当前状态的状态，并应用它来产生一个新的状态;
if (新状态=目标状态)
    停止并返回成功;
else if (新状态>当前状态)
    将新状态设置为当前状态，并进行下一步;
else
    继续循环，直至找到解决方案
```

爬山算法只查看当前状态和即将到来的未来状态，由于它不维护搜索树，所以计算资源性价比很高，可用于解决计算困难的问题。然而，爬山算法最大的弊端是容易陷入局部最优解。为了解决该问题，可以利用随机重启的方式实现随机爬山算法。如算法 6.1.2 所示，该算法不会在决定选择哪个结点之前检查所有的邻近结点，它只是随机选择一个邻近结点，然后决定(根据该结点的改进量)是移动到该结点还是检查另一个结点。该算法同样没有考虑所有搜索树，所以依旧有很高的计算资源性价比，但是其随机的方式可以以一定的概率越过局部最优解，有较大的可能接近全局最优解。

算法设计：随机爬山算法 6.1.2(伪代码描述)。

算法 6.1.2：随机爬山算法

输入：计算初始状态

输出：最终解决方案

```
for episode = 1 do
   选择尚未用过的状态作为当前状态;
   在当前状态中使用后继函数，生成所有邻居状态;
   在生成的优于当前状态的邻居状态中，随机(或基于某个概率函数)选择一个状态;
if (新状态=目标状态)
   停止并返回成功;
else
   继续循环，直至找到解决方案
```

程序设计：爬山算法 Python 语言程序 6.1.1。

```
from numpy import asarray
from numpy.random import randn
from numpy.random import rand
from numpy.random import seed
# 目标函数
def objective(x):
return x[0]**2.0
#局部爬山搜索算法
def hillclimbing(objective, bounds, n_iterations, step_size):
#生成初始点
solution = bounds[:, 0] + rand(len(bounds)) * (bounds[:, 1] -
bounds[:, 0])
#求初始点值
solution_eval = objective(solution)
#执行爬山算法
for i in range(n_iterations):
```

```
        #迈出一步
        candidate = solution + randn(len(bounds)) * step_size
        #评估候选点
        candidte_eval = objective(candidate)
        #检查一下是否应该保留这个新点
        if candidte_eval <= solution_eval:
        #保存新点
        solution, solution_eval = candidate, candidte_eval
        #显示经过数据
    print('>%d f(%s) = %.5f' % (i, solution, solution_eval))
    return [solution, solution_eval]
#设置生成器的伪随机数种子
seed(5)
#定义输入范围
bounds = asarray([[-5.0, 5.0]])
#定义总迭代数
n_iterations = 50
#定义最大步长
step_size = 0.1
#执行爬山搜索
best,score = hillclimbing(objective,bounds,n_iterations,
step_size)
print('Done!')
print('f(%s) = %f' % (best, score))
```

程序执行：如图 6.2 所示，该程序的执行展示了完整的爬山算法搜索进度，包括每次检测到改进时的迭代次数、输入值以及目标函数的响应，并在搜索结束的时候找到最佳的解决方案。即 100 次迭代中有 33 处改进，并且该解决方案非常接近 0.0 的最佳输入，其计算结果为 f([−0.00202357]) = 0.000004。

```
>39 f([-0.69837955]) = 0.48773
>42 f([-0.69317313]) = 0.48049
>46 f([-0.61801423]) = 0.38194
>48 f([-0.48799625]) = 0.23814
>50 f([-0.22149135]) = 0.04906
>54 f([-0.20017144]) = 0.04007
>57 f([-0.15994446]) = 0.02558
>60 f([-0.15492485]) = 0.02400
>61 f([-0.03572481]) = 0.00128
>64 f([-0.03051261]) = 0.00093
>66 f([-0.0074283]) = 0.00006
>78 f([-0.00202357]) = 0.00000
Done!
f([-0.00202357]) = 0.000004
```

图 6.2　随机爬山算法程序 6.1.1 的运行结果截图

爬山算法不受相关空间问题的影响，只关注当前状态，不存储以往探索路径。随机爬山算法在保持这些优势的情况下，以随机爬山的方式可以在多项式时间内得到最优解。例如，在解决旅行商问题的时候，首先，确定一个初步的解决方案，即对所有城市只访问一次。因此，这个初始解决方案在大多数情况下都不是最优的。爬山算法从这样一个初始解开始，并以迭代的方式对其进行改进，最终，很可能会得到一条短得多的路线。爬山技术可以用来解决许多问题，如网络流、旅行商问题、八皇后问题、集成电路设计等。爬山算法也被用在归纳学习方法中，这种技术也可用于团队中多个机器人之间的协调。

6.1.2 模拟退火算法

模拟退火算法来源于固体退火原理，将固体加温至充分高，再让其徐徐冷却，加温时，固体内部粒子随温度升高变为无序状，内能增大，而徐徐冷却时粒子渐趋有序，在每个温度都达到平衡态，最后在常温时达到基态，内能降为最小。

【策略思想】 模拟退火算法是一种基于蒙特卡罗迭代求解策略的随机寻优算法，其原理基于物理中固体物质的退火过程与一般组合优化问题之间的相似性。模拟退火算法从某一较高的温度出发，伴随温度参数的不断下降，结合概率突跳特性在解空间中随机寻找目标函数的全局最优解，也就是说，局部最优解可以概率性地跳出并最终趋于全局最优。模拟退火算法是一种通用的优化算法，理论上算法具有概率的全局优化性能，目前已广泛应用于控制工程、机器学习、神经网络、信号处理等领域。总结为一句话：模拟退火算法通过赋予搜索过程一种时变且最终趋于零的概率突跳性，从而可有效避免陷入局部极小并最终趋于全局最优的串行结构的优化算法。

模拟退火算法可以分解为解空间、目标函数和初始解三部分。接下来，我们给出模拟退火的基本思想。

(1) 初始化：初始温度 T(充分大)、初始解状态 S(是算法迭代的起点)、每个 T 值的迭代次数 L。

(2) 对 $k=1,2,\cdots,L$ 做第(3)步～第 6 步。

(3) 产生新解 S'。

(4) 计算增量 $\Delta T=C(S')-C(S)$，其中 $C(S)$为评价函数。

(5) 若 $\Delta T<0$，则接受 S'作为新的当前解，否则以概率 $\exp(-\Delta T/T)$接受 S'作为新的当前解。

(6) 如果满足终止条件(连续若干个新解都没有被接受时终止算法)，则输出当前解作为最优解，结束程序。

(7) T 逐渐减少，且 $T\to 0$，然后转第(2)步。

【算法步骤】 模拟退火算法新解的产生和接受可分为以下四个步骤。

(1) 由一个产生函数从当前解产生一个位于解空间的新解。为了方便后续计算和减少算法耗时，通常选择由当前新解经过简单变换而产生新解的方法，例如，对构成新解的全部或部分元素进行置换、互换等。在这里，产生新解的变换方法决定了当前新解的邻域结构，因而对冷却进度表的选取有一定的影响。

(2) 计算与新解所对应的目标函数差。由于目标函数差仅由变换部分产生，所以目标函数差一般按照增量方式来计算，对大多数应用而言，这是计算目标函数差的最快方法。

(3) 判断新解是否被接受。判断的依据为一个预先设定的接受准则，最常用的接受准则是梅特罗波利斯(Metropolis)准则：若 $\Delta T<0$，则接受 S' 作为新的当前解 S，否则以概率 $\exp(-\Delta T/T)$ 接受 S' 作为新的当前解 S。

(4) 当新解被确定接受时，用新解代替当前解，同时修正目标函数值。此时，当前解实现了一次迭代，可在此基础上开始下一轮搜索。而当新解被判定为舍弃时，则在原解的基础上继续下一轮实验。

值得说明的是：模拟退火算法与初始值无关，算法求得的解与初始解状态 S(算法迭代的起点)无关；模拟退火算法具有渐近收敛性，已在理论上被证明是一种以概率 1 收敛于全局最优解的全局优化算法。模拟退火算法的伪代码如下所示。

算法设计：模拟退火算法 6.1.3(伪代码描述)。

算法 6.1.3：模拟退火算法

输入：初始状态

输出：最终状态

```
s:=s0; e:=E(s)          //设定目前状态为 s0，其能量为 E(s)
k:=0                    //评估次数 k
while k<kmax and e>emax
   //若还有时间(评估次数 k 还不到 kmax)且结果还不够好(能量 e 不够低)
   sn:=neighbour(s)     //随机选取一个邻近状态 sn
   en:= E(sn)           //sn 的能量为 E(sn)
if random()<P(e,en,temp(k/kmax)) then   //决定是否移至邻近状态 sn
   s:=sn; e:=en         //移至邻近状态 sn
   k:=k+1               //评估完成，次数 k 加一
return                  //回转状态
```

程序设计：模拟退火算法的 Python 语言程序 6.1.2。

```
# -*- coding: utf-8 -*-
import numpy as np
import matplotlib.pyplot as plt
#定义待求解的优化函数
def inputfun(x):
    return (x-2)*(x+3)*(x+8)*(x-9)
initT = 1000  #初始温度
minT = 1      #温度下限
iterL = 1000  #每个 T 值的迭代次数
delta = 0.95  #温度衰减系数
k = 1
initx = 10*(2*np.random.rand()-1)
nowt = initT
print("初始解："+str(initx))
```

```
xx = np.linspace(-10,10,300)
yy = inputfun(xx)
plt.figure()
plt.plot(xx,yy)
plt.plot(initx,inputfun(initx),'o')
#模拟退火算法寻找最小值过程
while nowt > minT:
    for i in np.arange(1,iterL,1):
        funVal = inputfun(initx)
        xnew = initx+(2*np.random.rand()-1)
        if xnew >= -10 and xnew <= 10:
            funnew = inputfun(xnew)
            res = funnew-funVal
            if res<0:
                initx = xnew
            else:
                p = np.exp(-(res)/(k*nowt))
                if np.random.rand() < p:
                    initx = xnew
    nowt = nowt*delta
print("最优解: "+str(initx))
print("最优值: "+str(inputfun(initx)))
plt.plot(initx,inputfun(initx),'*r')
plt.show()
```

程序执行：假设待求解的优化问题为 $\min f(x)=(x-2)(x+3)(x+8)(x-9)$，使用模拟退火算法求解该问题的结果如图 6.3 所示。

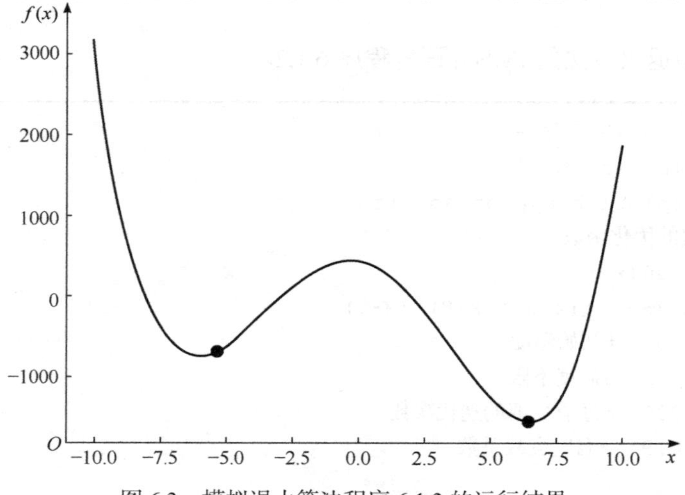

图 6.3　模拟退火算法程序 6.1.3 的运行结果

英国诗人布莱克说:“打破常规的道路指向智慧之宫。”郭沫若先生说:“科学也需要创造，需要幻想，有幻想才能打破传统的束缚，才能发展科学。”这告诉我们只有打破常规思考，才能想到事情发展可能出现的新情况。

算法分析：模拟退火算法是一种随机算法，该算法并不一定能找到全局最优解，可以比较快地找到问题的近似最优解。若参数设置得当，模拟退火算法的搜索效率比穷举法要高。但是模拟退火算法是基于大数定律的算法，设置初始解、产生新解、判断新解是否能够接受都依赖随机数，即都具有一定的概率。另外，该算法要求较高的初始温度、较慢的降温速率、较低的终止温度及各温度下次数足够多的抽样，因此优化过程较长。当问题的规模不断变大时，要想得到质量高的解，搜索解的数量就会呈现指数级的增加。

6.2　群体智能算法

智能优化算法主要解决最优化问题，最优化问题一般包括一个或多个目标函数、一个解空间和若干个约束条件，其主要任务是在满足约束条件的解空间中找到使目标函数取最值的解，即最优解。我们知道，生物界中存在众多群居生物，如鸟类、鱼类、昆虫等，每个生物个体具有自己的行为方式，但整体上又呈现高度的组织性，可以高效地完成复杂的觅食、避障等任务。这给我们带来灵感和启发，由此产生众多利用群体智能的优化算法。群体智能算法是通过模拟自然界中处于群居生活中的生物觅食或生存现象，通过模拟其协作等团体行为，进而求解较为复杂的问题的一类算法。简单地说，群体智能算法就是通过模拟低智能的个体之间的相互协作等行为来解决复杂问题的算法。本节主要介绍遗传算法、蚁群算法和粒子群优化算法这三种常见的群体智能算法。

6.2.1　遗传算法

遗传算法(genetic algorithm, GA)是一种演化算法，仿效生物界中的“物竞天择、适者生存”的生物演化规律，非常适合处理传统搜索算法(回溯法、分支限界法等)难以解决的复杂和非线性优化问题。目前，遗传算法已被广泛应用于组合优化、机器学习、信号处理等领域，并取得了很好的成果。

【策略思想】　遗传算法借鉴了生物界的自然遗传机制，是一种随机搜索算法。与传统搜索算法不同，遗传算法从随机产生的初始解(初始种群)出发，通过提前设计好的选择、交叉、变异操作产生新的个体，然后依据适应度函数评价所产生的个体，进而根据适应度的好坏选择一定数量的个体形成新的种群，种群不断迭代更新，最终遗传算法将收敛于具有最好或接近最好适应度的个体。

“物竞天择，适者生存”是达尔文在《物种起源》中提出的思想，是指物种之间及生物内部之间相互竞争，物种与自然之间的抗争，能够适应自然的生物会被选择保留下来的一种丛林法则。

【问题特征】　遗传算法是解决搜索问题的一种通用算法。搜索问题的算法求解一般包括如下特征：①首先组成一组候选解；②依据某些适应性条件计算这些候选解的适应度；③根据适应度保留某些候选解，放弃其他候选解；④对保留的候选解进行某些操作，生成新的候选解。上述特征以一种特殊的组合方式将遗传算法与其他搜索算法区别开，即基于染色体群的并行搜索，带有猜测性质的选择操作、交换操作和突变操作。

【典型问题】 非线性函数优化、旅行商问题、背包问题、车间调度问题等都可以用遗传算法求解。

【算法实例】 0-1 背包问题。

问题描述：给定 n 种物品和一个容量为 C 的背包，每种物品 i 的重量是 w_i，其价值为 v_i。应该选择将哪些物品装入背包，使得在不超过背包容量的前提下，背包中物品的总价值最大？

问题分析：对于一种物品，其装入状态有两个，要么装入背包，要么不装入背包，可以用 0 和 1 表示，因此，此问题称为 0-1 背包问题。具体地，x_i=0 表示物品 i 没有被装入背包，x_i=1 表示物品 i 被装入背包。

数学模型：根据上述分析，0-1 背包问题的数学模型为

$$\begin{cases} \max \sum_{i=1}^{n} x_i v_i \\ \text{s.t.}1.\sum_{i=1}^{n} x_i w_i \leqslant C \\ 2.x_i \in \{0,1\},\ i \in \{1,2,\cdots,n\} \end{cases} \tag{6-1}$$

从数学模型可知，0-1 背包问题可归结为寻找一个满足上述约束条件，并使目标函数达到最大值的物品子集，可用一个向量 $x=(x_1,x_2,\cdots,x_n)$ 表示。

算法设计：0-1 背包问题的遗传算法(自然语言描述)。

(1) 设定种群规模，编码染色体，产生初始种群。设种群规模为 N(不妨设为 100)，染色体编码规则为$(x_1, x_2,\cdots, x_n)$，其中 n 为物品数量，x_i 的取值为 0 或 1，0 表示不选择物品 i，1 对应选择物品 i。根据 0-1 背包问题的容量限制条件，随机产生规模为 N 的满足约束条件的个体，分别为 $s_1, s_2, \cdots, s_N$。其中，每个个体 s_i 对应一个可行解 x。

(2) 定义适应度函数，并计算各个个体的适应度值。显然，0-1 背包问题的目标函数 $f(x)=v_1x_1+\cdots+v_nx_n$，即为符合要求的适应度函数。

(3) 计算适应度值的大小，依据轮盘赌算法将种群中一些个体加入下一代种群池。轮盘赌算法是一种常用的概率选择算法，每个个体的选择概率与其适应值成正比，体现了适应值越大、选中概率越高的思想。

(4) 进行交叉和变异操作，由交叉和变异操作对种群中的个体进行操作，并产生新一代种群。所定义的交叉操作为单点交叉，具体操作为：按照设定的交叉概率从种群中选择两个个体，并随机确定一个交叉点，对两个染色体的指定交叉点进行交换，最后，将符合约束条件的新个体放入新种群。所定义的变异操作为单点变异，具体操作为：按照设定的变异概率从种群中选择一个个体，并随机确定一个变异点 i，将个体的染色体编码 x_i 的值翻转，由 1 变为 0，或由 0 变为 1，然后检查新变异的个体是否符合约束条件，将符合约束条件的新个体放入新种群。

(5) 反复执行步骤(2)～(4)，直到满足收敛条件为止。收敛条件定义为执行 100 代或两次迭代中的适应度没有提高。

算法设计：0-1 背包问题的遗传算法 6.2.1(伪代码描述)。

算法 6.2.1：0-1 背包问题的遗传算法

输入：物品数量 n、重量数组 w、价值数组 v、背包容量 max_weight、交叉概率 p_1、变异概率 p_2、最大迭代次数 develop_num、种群大小 species_num

输出：最大价值 maxvalue、数组 x，其中，$x[i]\in[0, 1]$，i=1, 2, …, n

```
ave_value= zeros(1, species_num)
max_value = zeros(1, species_num)
population1= round(rand(species_num, n)) //随机产生一个 species_num×n 的 0/1 矩阵作为初始种群
for i=1 to develop_num do
    //单点交叉操作
    population2= population1
    for k=1 to species_num do              //k 的步长为 2
        if  rand < p1                      //判断是否交叉
            pos=rand( )                    //随机产生交叉位置
            temp1 = population2(k, :)      //种群 population2 的第 k 个染色体
            temp2 = population2(k+1, :)    //种群 population2 的第 k+1 个染色体
            temp1(pos) ↔ temp2(pos)        //交换
            if  temp1*w ≤ max_weight and temp2*w ≤ max_ weight
                population2(k, :) = temp1
                population2(k+1, :) = temp2
            endif
        endif
    endfor
    //变异操作
    population3= population1
    for k=1 to species_num do
        if  rand < p2                      //判断是否变异
            pos=rand()                     //随机产生变异位置
            temp = population3(k, :)
            temp(pos) = (temp(pos)+1)%2    //若是 0，变为 1，反之亦然
            if  temp*w ≤ max_ weight
                population3(k, :) = temp
            endif
        endif
    endfor
    //选择价值最大的前 species_num 个
    population = [population1; population2; population3]
    temp_value=population*v            //计算每一个种群中当前选择状态的价值
    index=sort(temp_value)             //降序排列
```

```
35:     ave_value(i)=sum(population(index(1: species_num), :)*v) /species_num
36:     max_value(i)= population(index(1), :)*v
37:     population1 = population(index(1: species_num), :)
38: endfor
39: x=population(1, :)
40: maxvalue=population(1, :)*v
41: return maxvalue, x
```

算法分析：

(1) 算法执行过程说明。算法 6.2.1 首先随机产生了一个 0/1 矩阵作为初始种群(见代码第 3 行)，然后进行了交叉操作，采取的方法是单点交叉，随机产生一个交叉位置，对种群中前后两个染色体进行交叉(见代码第 5～18 行)。变异操作也是随机产生一个变异位置，若该位置基因为 0，则变为 1，反之亦然(见代码第 19～30 行)。选择操作的策略是选择价值最大的前 species_num 个染色体作为选择结果(见代码第 31～37 行)。循环上述操作直到达到最大迭代次数。

(2) 时间复杂度分析。算法首先产生了初始种群，时间复杂度为 $O(n)$，n 为物品数量。其次对交叉操作进行分析，一次交叉操作的时间复杂度是 $O(N)$，N 为种群大小；同样，变异操作的时间复杂度也是 $O(N)$；选择操作的时间复杂度为 $O(1)$。整个迭代次数为 M(本例中 M 为 100)。因此，整个算法的时间复杂度为 $O(M\times N\times n)$。

程序设计：算法 6.2.1 的 MATLAB 语言程序 6.2.1。

```
n=input('请输入物品数量:');
w=input('请输入每种物品的重量: ');          %物品的重量
v=input('请输入每种物品的价值: ');          %物品的价值
max_weight=input('请输入背包容量: ');  %背包的重量限制
p1 = .95;                                 %交叉概率
p2 = .10;                                 %变异概率
develop_num = 100;                        %最大迭代次数
%构建初始种群
species_num = 100;                        %种群数
genes = zeros(1,n);
rand('state',sum(clock));
population1 = zeros(species_num, n);
ave_value = zeros(1, develop_num);
max_value = zeros(1, develop_num);
for i = 1:species_num
    genes = round(rand(1, n));
    while genes * w' > max_weight
        genes = round(rand(1, n));
    end
    population1(i,:) = genes;
end
```

```
for i = 1: develop_num
    %交叉：单点
    population2 = population1;
    for k = 1: 2 : species_num
        if rand < p1                              %判断是否交叉
            pos = ceil(n*rand);                   %交叉位置
            temp1 = population2(k,:);
            temp2 = population2(k+1,:);
            temp = temp1(pos);
            temp1(pos) = temp2(pos);
            temp2(pos) = temp;
            if temp1 * w' <= max_weight && temp2 * w'  <= max_weight
                population2(k,:) = temp1;
                population2(k+1,:) = temp2;
            end
        end
    end
    %变异
    population3 = population1;                    %与交叉同等地位
    for k = 1:species_num
        if rand < p2
        pos = ceil(n*rand);
        temp = population3(k,:);
        temp(pos) = ~temp(pos);
        if  temp * w' <= max_weight
            population3(k,:) = temp;
        end
    end
        end
        %选择
        %价值最大的前 species_num 个
        population = [population1;population2;population3];
        temp_value = population*(v');
        [t index] = sort(temp_value,'descend');
        ave_value(i) = sum(population(index (1:species_num),:)*v') /species_num;
        max_value(i) = population(index(1),:)*v';
        population1 = population(index(1:species_num),:);
end
disp('装入背包的最大价值为：')
disp(population(1,:)*v')
disp('装入背包的物体用 0-1 表示为：')
disp(find(population(1,:)==1))
```

程序执行：如图 6.4 所示，输出了装入背包的最大价值以及每种物品的选择方式。

```
» GA_pack
请输入物品数量：6
请输入每种物品的重量：[4 6 2 2 5 1]
请输入每种物品的价值：[8 10 6 3 7 2]
请输入背包容量：12
装入背包的最大价值为：
    24

装入背包的物体用0-1表示为：
    1    1    1    0    0    0
```

图 6.4 0-1 背包问题的遗传算法程序 6.2.1 的运行结果

6.2.2 蚁群算法

蚁群算法(ant colony algorithm, ACA)是一种用来寻找优化路径的启发式全局优化算法，1992 年由马尔科·多里戈(Marco Dorigo)提出，其灵感来源于蚂蚁的觅食行为。他发现，在蚂蚁觅食的过程中，单个蚂蚁的行为比较简单，它会在经过的路径上释放一种可以称为信息素的物质，蚁群内的蚂蚁对信息素具有感知能力，会沿着信息素浓度较高的路径行走。通过信息素的正反馈机制，整个蚁群会沿着最短路径到达食物源，使蚁群整体在各种复杂环境下具备寻找最优路径的能力。蚁群算法具有分布计算、信息正反馈和启发式搜索的特征。目前，蚁群算法理论已形成一个较为严密的体系，被广泛应用于组合优化、机器学习、信号处理等领域，并获得了极大的成功。

德国科学家设计了一个实验：他们造出了一条蚂蚁高速路，在蚁穴和糖浆之间有两条不同的路径。实验开始后，较窄的那条路很快出现了拥堵迹象，但在这时，一只从糖浆处取食返回的蚂蚁在蚁穴洞口遇到另一只正要出发的蚂蚁，返回的蚂蚁便将要出发的蚂蚁“推”到另一条路上。因此，狭窄的那条路上的拥堵现象立即解除。

【策略思想】蚁群算法借鉴了蚁群的觅食机制。蚂蚁找到最短路径要归功于信息素和环境。假设有两条路可从蚁穴通向食物，开始时两条路上的蚂蚁数量差不多：当蚂蚁到达终点之后会立即返回，距离短的路上的蚂蚁往返一次时间短，重复频率高，在单位时间里往返蚂蚁的数目就多，留下的信息素也多，会吸引更多蚂蚁过来，会留下更多信息素；而距离长的路正相反。因此越来越多的蚂蚁聚集到最短路径上来。不仅如此，蚂蚁还能够适应环境的变化，当蚁群运动路线上突然出现障碍物时，蚂蚁能够很快地重新找到最优路径。在整个寻径过程中，虽然一只蚂蚁的选择能力有限，但是通过信息素的作用，整个蚁群之间交换着路径信息，最终找出最优路径。蚁群算法的策略思想可概括为：用蚂蚁的行走路径表示待优化问题的可行解，整个蚂蚁群体的所有路径构成待优化问题的解空间。路径较短的蚂蚁释放的信息素较多，随着时间的推进，较短的路径上累积的信息素浓度逐渐增高，选择该路径的蚂蚁也越来越多。最终，整个蚂蚁群体会在正反馈的作用下集中到最佳路径上，此时对应的便是待优化问题的最优解。

与其他优化方法相比，蚁群算法具有以下几个特点：①采用正反馈机制，使搜索过程不断收敛，最终逼近最优解；②每个个体可以通过释放信息素来改变周围的环境，且每个个体能够感知周围环境的实时变化，个体间通过环境进行间接通信；③搜索过程采用分布式计算方式，多个个体同时进行并行计算，大大提高了算法的计算能力和运行效率；④启发式的概率搜索方式不容易陷入局部最优，易于寻找到全局最优解。

【典型问题】TSP、背包问题、车间调度问题、最优分配问题、路径规划问题等。

【算法实例】TSP。

问题描述：TSP，又称旅行商问题、货郎担问题。

定义 6.1 给定 n 个城市及城市之间环游的花费 c_{ij} $(1\leqslant i\leqslant n,\ 1\leqslant j\leqslant n,\ i\neq j)$。TSP 是指找到一条经过每个城市一次且回到起点的最小花费的路径。

问题分析：若将每个城市看成图中的一个结点，花费 c_{ij} 为连接结点 i，j 的边的权值，则 TSP 就是在一个具有 n 个结点的完全图上找到一条花费最小的哈密顿回路。该问题是 NPC 问题，目前不存在多项式时间复杂度的算法。TSP 最简单的求解方法是枚举法或回溯法，其搜索空间是 $n-1$ 个结点的所有排列的集合，大小为$(n-1)!$，因此蛮力算法的渐进时间复杂度为 $O((n-1)!)$，效率较低。

数学模型：根据上述分析，TSP 的数学模型可表示为

$$\min \sum_{(i,j)\in A} c_{ij}x_{ij}$$
$$\text{s.t.}\begin{cases}\displaystyle\sum_{\{i:(i,j)\in A\}}^{n} x_{ij}=1,\ j\in V\\ \displaystyle\sum_{\{j:(i,j)\in A\}}^{n} x_{ij}=1,\ i\in V\\ \displaystyle\sum_{\{(i,j)\in A:i\in U,\ j\in U\}}^{n} x_{ij}\leqslant |U|-1,\ 2\leqslant |U|\leqslant n-1\\ x_{ij}\in\{0,1\},\ i,j\in\{1,2,\cdots,n\}\end{cases} \tag{6-2}$$

其中，$V=\{1,2,\cdots,n\}$表示所有城市的集合；U 表示集合 V 的真子集；A 表示连接任意两个结点(即城市)的弧组成的集合；c_{ij} 表示两个城市间的距离，若 $i=j$，则距离为 0；x_{ij} 表示在环游中城市 i 与城市 j 之间的路径是否被选择，如果城市 i 与城市 j 之间的路径被选择，$x_{ij}=1$，否则 $x_{ij}=0$。

给定一个有 n 个城市的 TSP，设人工蚂蚁的数量为 m，每个人工蚂蚁的行为符合下列规律。

(1) 根据路径上的信息素浓度，以相应的概率来选取下一步路径。

(2) 不再选取自己本次循环已经走过的路径为下一步路径，可用禁忌表(TabuList)来记录已走过的路径。

(3) 当完成了一次循环后，根据整个路径长度来释放相应浓度的信息素，并更新走过的路径上的信息素浓度。

此时，需要解决两个问题：①信息素的量如何计算、控制？②随机选择下一城市的概率如何计算？

针对问题①，可设计如下的信息素控制计算函数：

$$\tau_{ij}(t+1)=\rho\cdot\tau_{ij}(t)+\Delta\tau_{ij} \tag{6-3}$$

其中，$\tau_{ij}(t)$ 表示在 t 时刻，边(i,j)上的信息素浓度；ρ 是一个取值范围为 0～1 的常数系数，表示时间 t 到 $t+1$ 信息素挥发后的剩余率；$\Delta\tau_{ij}$ 表示边(i,j)上在时间 t 到 $t+1$ 增加的信息素浓度，由以下公式计算：

$$\Delta\tau_{ij}=\sum_{k=1}^{m}\Delta\tau_{ij}^{k} \tag{6-4}$$

$\Delta\tau_{ij}^{k}$ 是第 k 只蚂蚁在时间 t 到 t+1，在边(i, j)上增加的信息素浓度，其计算公式如下：

$$\Delta\tau_{ij}^{k}=\begin{cases}Q/L_k, & 第k只蚂蚁经过边(i,j)\\ 0, & 第k只蚂蚁不经过边(i,j)\end{cases} \tag{6-5}$$

其中，Q 是一个常量，表示蚂蚁完成一次完整的路径搜索后，所释放的信息素总量；L_k 是第 k 只蚂蚁的路径总花费，它等于第 k 只蚂蚁经过的各段路径上所需的花费 c_{ij} 的总和。蚂蚁的路径总花费越高，其在单位路径上所释放的信息素浓度就越低。

针对问题②，我们设计如下的随机选择概率函数：

$$p_{ij}^{k}(t)=\begin{cases}\dfrac{[\tau_{ij}(t)]^{\alpha}\cdot[\eta_{ij}]^{\beta}}{\sum\limits_{k\in \text{allowed}_k}[\tau_{ik}(t)]^{\alpha}\cdot[\eta_{ik}]^{\beta}}, & j\in \text{allowed}_k\\ 0, & 其他\end{cases} \tag{6-6}$$

其中，$p_{ij}^{k}(t)$ 是第 k 只蚂蚁在 i 结点选择下一跳结点 j 的概率；$\eta_{ij}=\dfrac{1}{c_{ij}}$ 是启发因子，c_{ij} 为经过路径(i, j)所需的花费；α 和 β 两个参数分别用来控制信息素和路径长度的相对重要程度；allowed_k 是第 k 只蚂蚁下一步可以选择的城市结点集合。

算法设计：解决 TSP 的蚁群算法(自然语言描述)。

(1) 初始化：m 只蚂蚁被随机放置在不同的城市上，赋予每条边上的信息素浓度为 $\tau_{ij}(0)$。每只蚂蚁的禁忌表的第一个元素赋值为它所在的城市。

(2) 寻径、更新信息素：蚂蚁按照随机选择概率函数选择路径，当蚂蚁完成一次完整的寻径过程后，计算 $\Delta\tau_{ij}^{k}$，并且更新每条边上的信息素浓度。

(3) 直至循环的次数达到最大或者所有的蚂蚁都选择了同一种路径时，输出最优路径，程序终止；否则，返回步骤(2)。

算法设计：解决 TSP 的蚁群算法 6.2.2(伪代码描述)。

算法 6.2.2：TSP 的蚁群算法

输入：n 个城市的坐标、蚂蚁数 m、最大迭代次数 itermax

输出：最优路径长度 best_length、最优路径 best_route

```
L=Initialize_location(n)                //初始化城市坐标
D= Initialize_distance(L)               //计算城市之间的距离
Tau=Initialize_tau(n)                   //初始化城市间的信息素浓度
Table= Initialize_route(m, n)           //初始化路径表
while iter≤itermax do                   //当满足迭代条件时执行循环
    for i=1 to m do
        Table(:, 1)=randperm(n, 1)      //每只蚂蚁选择起始城市 Table(m, n)作为路径表
    endfor
    for i=1 to m do                     //对每只蚂蚁进行路径选择
        for j=2 to n do
            tabu=Table(i, :)            //记录该蚂蚁已访问的城市
```

```
12:             allow=allow_index(tabu) //记录该蚂蚁未访问的城市编号
13:             P[length(allow)]=Transfer_probability(Tau, Table, allow, D)    //求对未访问城市的转移概率
14:             target=target_index(P, allow)  //根据转移概率，用轮盘赌选择下一个要转移到的城市
15:             Table(i, j)=target           //该蚂蚁下一个转移到城市 j，补充路径表
16:         endfor
17:     endfor
18:     Length[m]=Calculate_Length(Table)              //计算当代每只蚂蚁的路径长度
19:     Length_best(iter)=min (Length)                 //记录当代最优路径的长度
20:     Route_best(iter, :)=Table(min_index(Length), :)  //记录当代最优的路径
21:     Tau= Delta_Tau(Table)+ Vol_Tau(Tau)            //根据当代路径更新路径上的信息素并考虑路径中的信息素挥发
22:     iter=iter+1          //迭代次数加 1
23:     Table=zeros(m, n)    //清空路径表
24: endwhile
25: [best_length, best_route] = [min (Length_best), Route_best(min_index(Length_ best), :)]  //取最终迭代得到最优的长度和路径
26: return best_length, best_route
```

算法分析：

(1) 算法执行过程说明。算法 6.2.2 首先随机初始化生成一定数量的城市坐标，计算城市之间的距离(见代码 1～2 行)。初始化城市之间的信息素浓度和路径表(见代码 3～4 行)，算法进入迭代过程。在每一代的迭代过程中，针对每只蚂蚁随机设置初始城市后(见代码 6～8 行)，对蚂蚁行走过程中经过的城市生成访问禁忌表(见代码 11～12 行)，防止重复访问某个城市。然后计算该蚂蚁对剩余城市的转移概率，并使用轮盘赌方法选择下一个转移目标(见代码 13～15 行)。待每只蚂蚁完成环游之后，计算每只蚂蚁行走的路径，保留本次迭代中最优的路径及其长度值(见代码 18～20 行)，随后更新路径的信息素浓度(见代码 21 行)。至此，算法完成一次循环迭代，判断是否达到循环结束的条件，循环结束的条件是达到最大迭代次数。最终迭代结束后，输出得到的最优路径及其长度(见代码 25～26 行)。

(2) 时间复杂度分析。我们对蚁群算法的各执行部分的时间复杂度进行逐步分析，其中 n 为 TSP 的规模，m 是算法设置的蚂蚁数量规模(m 的取值一般为$[0.6n, 0.9n]$)，得到各步骤的时间复杂度为：计算城市间距离成本为 $O(n^2)$；设置初始城市成本为 $O(m)$；一只蚂蚁的单独构造解的成本为 $O(m\times n^2)$；路径距离计算成本为 $O(m\times n)$；路径信息素更新成本为 $O(m\times n)$。在路径解的构造中存在循环过程，循环次数为 itermax，所以可以得出时间复杂度为 $O(mn^2\times \text{itermax})$。

程序设计： 算法 6.2.2 的 MATLAB 语言程序 6.2.2。

```
%% 1.生成数据
citys = ceil(rand(30,2)*10000); %随机产生 30 个城市坐标序列
%% 2.计算城市间的距离
```

```
n=size(citys,1); %n 表示问题的规模(城市数量)
D=zeros(n,n);     %D 表示城市间的距离矩阵
for i=1:n
    for j=1:n
        if i~=j
            D(i,j)=sqrt(sum((citys(i,:)-citys(j,:)).^2));
        else
            D(i,j)=1e-4;
        end
    end
end
%% 3.初始化参数
m=20;       %蚂蚁数量
alpha=1; %信息素重要程度因子
beta=5;  %启发函数重要程度因子
rho=0.1; %信息素挥发因子
Q=1;        %常系数——信息素增加强度系数
Eta=1./D; %启发函数，这里设置为距离的倒数
Tau=ones(n,n);      %信息素矩阵
Table=zeros(m,n); %路径记录表，存储并记录路径的生成——禁忌表
iter=1;                %迭代计数器，记录迭代次数，初值为1
itermax=200; %最大迭代次数
Route_best=zeros(itermax,n);  %各代最佳路径
Length_best=zeros(itermax,1); %各代最佳路径的长度
%% 4.迭代寻找最佳路径
while iter<=itermax                %停止条件：达到最大迭代次数，停止
    % 4.1 随机产生各蚂蚁的起点城市
    start=zeros(m,1);
    for i=1:m
        temp=randperm(n);
        start(i,:)=temp(1);
    end
    Table(:,1)=start;
    citys_index=1:n;
    % 4.2 产生解空间(路径表)
    for i=1:m
        for j=2:n
            tabu=Table(i,:); %记录已访问城市，生成禁忌表
            allow_index=~ismember(citys_index,tabu); %可访问城市
            allow=citys_index(allow_index);
            P=allow;
            % 4.3 计算城市间转移概率
            for k=1:length(allow)
                P(k)=Tau(Table(i,j-1),allow(k))^alpha*Eta(Table(i,j-1),allow(k)) ^beta; %城市间转移概率的公式，蚁群算法的核心公式之一
```

```
            end
        P=P/sum(P);
        % 4.4 轮盘赌法选择下一个访问城市
        Pc=cumsum(P);
        target_index=find(Pc>=rand);
        target=allow(target_index(1));%取下一步转移城市的编号为 target
        Table(i,j)=target;
      end
  end
  % 4.5 计算各蚂蚁的路径距离
  Length=zeros(m,1); %记录本次迭代中每只蚂蚁行走路线的长度
  for i=1:m
      for j=1:n-1
          Length(i,1)=Length(i,1)+D(Table(i,j),Table(i,j+1));
      end
      Length(i,1)=Length(i,1)+D(Table(i,end),Table(i,1)); %因为是环游,所以要加上终点回到起点的距离,得到本次迭代中路径的长度
  end
  % 4.6 计算最短路径
  if iter==1
     [min_Length,min_index]=min(Length);          %找到最优路径的长度值和索引值
      Length_best(iter)=min_Length;                %记录此次迭代的长度最小值
      Route_best(iter,:)=Table(min_index,:); %记录此次迭代的最优路径
  else %保留目前为止最优路径及长度
      [min_Length,min_index]=min(Length);
      Length_best(iter)=min(Length_best(iter-1),min_Length);
      if Length_best(iter-1)>min_Length
          Route_best(iter,:)=Table(min_index,:);
      else
          Route_best(iter,:)=Route_best(iter-1,:);
      end
  end
  % 4.7 更新信息素
  Delta_Tau=zeros(n,n); %开始时信息素为 n*n 的 0 矩阵
  for i=1:m
      for j=1:n-1
          Delta_Tau(Table(i,j),Table(i,j+1))=Delta_Tau(Table(i,j),Table(i,j+1)) + Q/Length(i); %此次循环在路径(i,j)上的信息素增量
      end
      Delta_Tau(Table(i,end),Table(i,1))=Delta_Tau(Table(i,end),Table(i,1)) + Q/Length(i);  %加上第一个到最后一个城市的信息素增量,即此次循环在整个路径上的信息素增量
  end
  Tau=(1-rho)*Tau+Delta_Tau;        %考虑信息素挥发
  % 4.8 迭代次数加 1, 清空路径表
```

```
    iter=iter+1;
    Table=zeros(m,n);
end
%% 5.结果显示
best_route=Route_best(end,:); %最优路径
best_length=Length_best(end,:); %最优路径长度
disp(['最优路径:'num2str(best_route)]);
disp(['最优路径长度:'num2str(best_length)]);
```

程序执行： 如图 6.5 所示，程序 6.2.2 中列出了蚁群算法解决此 TSP 的各相关参数，30 个城市坐标随机产生，此处城市坐标取值为[(9293, 4449)、(2138, 1871)、(7435, 3364)、…、(7786, 8788)、(7212, 7760)、(1599, 1619)]。最终得到环游 30 个城市的最优解。

```
最优路径: 19  5  2  30  21  14  24  26  27  3  18  15  16  20
          1  8  28  29  25  12  9  11  13  6  10  4  17  23  22  7
最优路径长度: 40912.2819
```

图 6.5　TSP 的蚁群算法程序 6.2.2 的运行结果

6.2.3　粒子群优化算法

粒子群优化(partical swarm optimization, PSO)算法最早是由 Eberhart 和 Kennedy 于 1995 年提出的，其概念源于鸟群觅食行为。一群鸟在随机搜寻食物，在这个区域里只有一块食物，所有的鸟都不知道食物在哪里，但是它们知道当前的位置距离食物还有多远。一个最简单有效的策略是寻找鸟群中距离食物最近的个体来进行搜索。粒子群优化算法就从这种生物种群行为特性中得到启发并用于求解优化问题。由于粒子群优化算法操作简单、收敛速度快，因此在函数优化、图像处理、大地测量等众多领域都得到了广泛的应用，并取得了很好的成果。

> 1995 年 Eberhart 和 Kennedy 博士研究了鸟群觅食行为。他们发现，在搜索食物时，每只鸟不仅会受自身飞行路径的影响，还受到与它相邻的其他鸟群的飞行路线以及鸟群整体的飞行路线的影响。鸟群会共享自身和群体信息，通过交换这些信息，更新和调整自身飞行路径，最终鸟群能用“最优”的效率找到食物。基于这一观察，他们提出了一套群体智能算法，称为粒子群优化算法。

【策略思想】 粒子群中的每一个粒子都代表一个问题的可能解，通过粒子个体的简单行为以及群体内的信息交互实现问题求解的智能性。用一个粒子来模拟上述的鸟类个体，每个粒子可视为 N 维搜索空间中的一个搜索个体，粒子的当前位置即为对应优化问题的一个候选解，粒子的飞行过程即为该个体的搜索过程。粒子的飞行速度可根据粒子历史最优位置和种群历史最优位置进行动态调整。粒子仅具有两个属性：速度和位置，速度代表移动的快慢，位置代表移动的方向。每个粒子单独搜寻的最优解称为个体极值，粒子群中最优的个体极值作为当前的全局最优解。不断迭代，更新速度和位置，最终得到满足终止条件的最优解。简单地说，粒子群优化算法初始化一群随机粒子(随机解)，然后通过迭代找到最优解，在每一次迭代过程中，粒子通过跟踪两个“极值”来更新自己。一个极值就是粒子本身

所找到的最优解，这个解称为个体极值 pbest，另一个极值是整个种群找到的最优解，这个极值是全局极值 gbest。

粒子群算法具有如下特征。

(1) 它是一类不确定算法。不确定性体现了自然界生物的生物机制，并且在求解某些特定问题方面优于确定性算法。

(2) 它是一类概率型的全局优化算法。理论上算法具有概率的全局优化性能，通用性强，且算法不依赖于优化问题本身的严格数学限制。

(3) 它是一种基于多个智能体的仿生优化算法。粒子群优化算法中的各个智能体之间通过相互协作来更好地适应环境，表现出与环境交互的能力。

(4) 它具有本质并行性，包括内在并行性和内含并行性。

(5) 它具有自组织和进化性以及记忆功能，所有粒子都保存最优解的相关知识。

(6) 它具有稳健性。稳健性是指在不同条件和环境下算法的实用性和有效性，但是现在粒子群优化算法的数学理论基础还不够牢固，算法的收敛性还需要讨论。

粒子群优化算法的信息共享机制不同于遗传算法。在遗传算法中，染色体互相共享信息，所以整个种群的移动是比较均匀地向最优区域移动。在粒子群优化算法中，只有全局最优解或局部最优解信息给其他的粒子，这是单向的信息流动。整个搜索更新过程是跟随当前最优解的过程。与遗传算法比较，在大多数情况下，所有的粒子可能更快地收敛于最优解。

另外，粒子群优化算法与遗传算法编码机制不同，粒子群优化算法采用实数编码，不需要像遗传算法一样采用二进制编码，这也是粒子群优化算法的一个优势。粒子群优化算法需要调节的参数一般包括以下几个。

(1) 粒子数：一般取 20～40。其实对于大部分问题，10 个粒子已经足够可以取得好的结果，不过对于比较难的问题或者规模较大的问题，粒子数可以增大，如取到 100 或 200。

(2) 粒子的长度：这是由优化问题决定的，即问题解的长度。

(3) 粒子的范围：由优化问题决定，每一维可以设定不同的范围。

(4) Vmax：最大速度，决定粒子在一个循环中最大的移动距离，通常设定为粒子的范围宽度。

(5) 学习因子：c_1 和 c_2 通常等于 2。

(6) 中止条件：最大循环数以及最小错误要求。

【算法实例】 旅行商问题、0-1 背包问题、车间调度问题、最优分配问题、路径规划问题等。

问题描述：0-1 背包问题。给定 n 种物品和一个容量为 C 的背包，每种物品 i 的重量是 w_i，其价值为 v_i。应该选择哪些物品装入背包(物品不能拆分)，使得在不超过背包容量的前提下，背包中物品的总价值最大?

问题分析：对于一种物品，其装入状态有两个，要么装入背包，要么不装入背包，可以用 1 和 0 表示，因此，此问题称为 0-1 背包问题。具体地，x_i=0 表示物品 i 没有被装入背包，x_i=1 表示物品 i 被装入背包。

数学模型：根据上述分析，0-1 背包问题的数学模型为

$$\begin{cases} \max \sum_{i=1}^{n} x_i v_i \\ \text{s.t.} 1. \sum_{i=1}^{n} x_i w_i \leqslant C \\ 2. x_i \in \{0,1\}, i \in \{1, 2, \cdots, n\} \end{cases} \tag{6-7}$$

从数学模型可知，0-1 背包问题可归结为寻找一个满足上述约束条件，并使目标函数达到最大值的物品子集，可用一个向量 $x = (x_1, x_2, \cdots, x_n)$ 表示。

算法设计：0-1 背包问题的粒子群优化算法(自然语言描述)。

(1) 设定粒子群规模，编码粒子的位置和速度，产生初始粒子群。设粒子群规模为 N(不妨设为 50)，粒子位置编码规则为$(x_1, x_2,\cdots, x_n)$，其中 n 为物品数量，x_i 的取值为 1 或 0，分别表示是否选择物品 i。粒子的速度定义为各物品的状态是否变化的度量，其编码规则为$(y_1, y_2,\cdots, y_n)$，y_i 的取值为 1 或 0，分别表示是否变换物品 i 的状态 x_i。根据 0-1 背包问题的容量限制条件，随机产生规模为 N 的满足约束条件的个体，分别为 $s_1, s_2,\cdots, s_N$。其中，每个个体 s_i 对应一个可行解 x。

(2) 定义适应度函数，并计算各个个体的适应度值。根据每种物品的重量计算物品总重量：当物品总重量小于等于背包容量时，0-1 背包问题的目标函数 $f(x) = v_1x_1 +\cdots+ v_nx_n$ 为符合要求的适应度函数；而当物品总重量大于背包容量时，适应度值设为 0。

(3) 求个体最佳适应度值和群体最佳适应度值。将初始的适应度值作为各个粒子的个体最佳适应度值，保存各粒子的最佳位置(pbest)，并找到其中的最佳适应度值作为群体最佳适应度值的初值，并记录其位置(gbest)。

(4) 更新粒子速度及位置。粒子群优化算法速度和位置的迭代公式为

$$\begin{aligned} y(t+1) &= w \cdot y(t) + c_1 \cdot \text{rand}_1 \cdot [\text{pbest} - x(t)] + c_2 \cdot \text{rand}_2 \cdot [\text{gbest} - x(t)] \\ x(t+1) &= x(t) + y(t+1) \end{aligned} \tag{6-8}$$

其中，c_1，c_2 为正常数，称为学习因子；rand_1 和 rand_2 为取值为[0, 1]的随机数；w 为惯性因子；t 表示某一次迭代。

(5) 计算更新后粒子的适应度值，更新每个粒子的局部最佳值和粒子群的全局最佳值。对每一个粒子，将其当前位置的适应度值与其历史最佳位置(pbest)对应的适应度值比较，如果当前位置的适应度值更高，则用当前位置更新历史最佳位置；对每一个粒子，将其当前位置的适应度值与全局最佳位置(gbest)对应的适应度值比较，如果当前位置的适应度值更高，则用当前位置更新全局最佳位置。

(6) 循环执行步骤(4)～(5)，直到满足收敛条件为止。收敛条件定义为执行 1000 代或两次迭代中的适应度没有提高。

算法设计：0-1 背包问题的粒子群优化算法 6.2.3(伪代码描述)。

算法 6.2.3：0-1 背包问题的粒子群优化算法

输入：物品数量 n、重量数组 w、价值数组 v，背包容量 C，粒子群规模 N

输出：最大价值 FGbest、数组 Gbest，其中，Gbest $[i]\in[0, 1]$，i=1, 2,$\cdots$, n

---

```
1:   L = Initialize_location(n, N)              //初始化粒子群位置
2:   S = Initialize_speed(n, N)                 //初始化粒子群速度
3:   Xbest = Initialize_xbest(n, N)             //初始化单个粒子的最佳位置
4:   FXbest = Initialize_fxbest(N)              //初始化单个粒子的最佳适应度
5:   Gbest = Initialize_gbest(n)                //初始化粒子群的全局最佳位置
6:   FGbest = Initialize_fgbest()               //初始化粒子群全局的最佳适应度
7:   do
8:     for i=1 to N do
9:       f[i]= Fitness_value(w, v, C, L[i])     //为每个粒子计算其适应度值
10:      if  f[i] > FXbest [i]                  //当前粒子适应度值优于粒子历史最佳值
11:        Xbest[i] = L[i]                      //用当前位置更新粒子历史最佳位置
12:      endif
13:    endfor
14:    [temp_l, temp_f] = max(FXbest)           //记录当前粒子群中最佳粒子的位置和适应度值
15:    if  temp_f > FGbest                      //当前最佳粒子适应度值优于全局最佳粒子适
                                                 应度值
16:      Gbest = temp_l                         //用当前最佳粒子位置更新全局最佳位置
17:    endif
18:    for i=1 to N do
19:      Update_locationAndspeed()              //根据公式更新粒子速度和位置
20:    endfor
21:  while condition_meet()                     //最大迭代数未达到或最小误差未达到
22:  return FGbest, Gbest
```

算法分析：

(1) 算法执行过程说明。算法 6.2.3 首先对粒子群及局部和全局最佳粒子进行初始化(见代码第 1～6 行)，然后为每个粒子计算其适应度并更新其历史最佳位置(见代码第 8～13 行)。对于每一个粒子群，将其当前位置适应度值与全局最佳位置适应度值进行比较并更新全局最佳位置(即每迭代一次，更新一次全局最佳位置，见代码第 14～17 行)，然后根据式(6-8)更新每一个粒子的速度和位置(见代码第 18～20 行)。循环上述操作直至达到最大迭代次数或迭代后适应度提高不明显。

(2) 时间复杂度分析。对于背包问题的粒子群优化算法 6.2.3，我们可以先对单个粒子上的操作进行时间复杂度分析，然后扩展到整个粒子群。对于单个粒子，适应度评价的时间复杂度为 $O(n)$，n 是每个粒子的维度，即物品个数；选择粒子历史最优的时间复杂度为 $O(1)$；速度计算和位置更新需要对编码进行一次扫描，时间复杂度均为 $O(n)$。因此，对于单个粒子，一次迭代的时间复杂度和问题规模成正比，为 $O(n)$。因此可以得到整体算法的时间复杂度为 $O(M\times N\times n)$，其中 M 为迭代次数，N 为粒子群规模，n 为物品的数量。

程序设计：算法 6.2.3 的 MATLAB 语言程序 6.2.3。

```
Dim=input('请输入物品数量:');        %粒子的维数
a=input('请输入每种物品的重量: ');  %物品的重量
c=input('请输入每种物品的价值: ');  %物品的价值
b=input('请输入背包容量: ');        %背包的重量限制
%初始化粒子群:
xSize=50;                        %种群数
MaxIt=1000;                      %最大迭代次数
c1=0.7;
c2=0.7;                          %定义加速因子
w=0.8;                           %定义惯性因子
A=repmat(a,xSize,1);             %将 a 扩展成一个 xSize*Dim 的矩阵
C=repmat(c,xSize,1);             %将 c 扩展成一个 xSize*Dim 的矩阵
x=round(rand(xSize,Dim));        %随机取一个 xSize*Dim 的 0/1 矩阵作为粒子的初始位置
v=rand(xSize,Dim);               %粒子的初始速度
Xbest=zeros(xSize,Dim);          %单个粒子的初始最佳位置
FXbest=zeros(xSize,1);           %xbest 的适应度
Gbest=zeros(1,Dim);              %粒子群的初始最佳位置
FGbest=0;                        %gbest 的适应度
%粒子群最优位置和单个粒子最优位置的选定
%迭代循环算法:
iter=0;
while iter<MaxIt
    iter=iter+1;
    fx=sum((C.*x)');                 %计算粒子群的适应度,即背包内物品的价值
    sx=sum((A.*x)');                 %限制函数,背包内物品的体积
    for i=1:xSize
        if sx(i)>b
            fx(i)=0;                 %当物品总重量超过限制时,将其适应度设置为 0
        end
    end
    for i=1:xSize
        if FXbest(i)<fx(i)
            FXbest(i)=fx(i);
            Xbest(i,:)=x(i,:);           %更新粒子的最佳适应度,并记下此解
        end
    end
    if FGbest<max(FXbest)
        [FGbest,g]=max(FXbest);
        Gbest=Xbest(g,:);                %更新种群的最佳适应度,并记下此解
    end
    for i=1:xSize
        if x(i,:)==Gbest
            x(i,:)=round(rand(1,Dim));  %将该粒子的位置重新初始化赋值
        end
```

```
        end
        R1=rand(xSize,Dim);
        R2=rand(xSize,Dim);
        v=v*w+c1*R1.*(xbest-x)+c2*R2.*(repmat(gbest,xSize,1)-x); %产生新的速度
        x=x+v;    %更新粒子群的位置
        for i=1:xSize
            for j=1:Dim
                if x(i,j)<0.5
                    x(i,j)=0;
                else x(i,j)=1;
                end
            end
        end  %离散化
    end
    disp('装入背包的最大价值为:');
    disp(FGbest);
    disp('装入背包的物体用 0-1 表示为:');
    disp(Gbest);
```

程序执行：如图 6.6 所示，需要指出的是，为了防止算法陷入局部最优，当某个粒子的位置等于种群最佳位置时，将对该粒子的位置重新初始化赋值。此外，由于粒子的位置只有{0, 1}两种状态，可以以 0.5 为分界点对函数值进行离散化。

```
» PSO_pack
请输入物品数量: 6
请输入每种物品的重量: [3 6 2 5 6 1]
请输入每种物品的价值: [6 8 10 2 3 5]
请输入背包容量: 12
装入背包的最大价值为:
    29
装入背包的物体用0-1表示为:
     1     1     1     0     0     1
```

图 6.6　背包问题的粒子群优化算法程序 6.2.3 的运行结果

6.3　神经网络算法

> 人工智能的迅速发展将深刻改变人类社会的生活、改变世界。为抢抓人工智能发展的重大战略机遇、构筑我国人工智能发展的先发优势、加快建设创新型国家和世界科技强国，我国于 2017 年 7 月 8 日印发并实施制定了《新一代人工智能发展规划》。

自从 2016 年 3 月谷歌 DeepMind 研发的 AlphaGo 在围棋领域以 4∶1 战胜韩国棋手李世石后，机器学习进入了大众视野，这也是第一个在 19×19 的棋盘上战胜人类的智能系统。一年后，DeepMind 不通过任何棋谱，以“无师自通”的方式研发的 AlphaGo Zero 在中国棋类网站上与中国、日本、韩国的数位高手对决，取得了连续 60 局无一败绩的成绩，再次震惊了网络，点燃了大众对人工智能的巨大热情，也将深度学习从学术界推动到了工业界。深度学习(deep learning, DL)是机器学习的一个分支，而机器学习(machine learning, ML)又是人工智能(artificial intelligence, AI)的一个子集，如图 6.7 所示。人工智能于 20 世纪 50 年代被提出，是研究、开发用于模拟、延伸和扩展人的智能的理论、方法、技术及应用系统的一门新的技术科学。同时，机器学习是一种涉及概率论、统计学、逼近论、凸分析、算法复杂度理论等的交叉学科，也是通过学习的方式让计算机具备人类的智能。

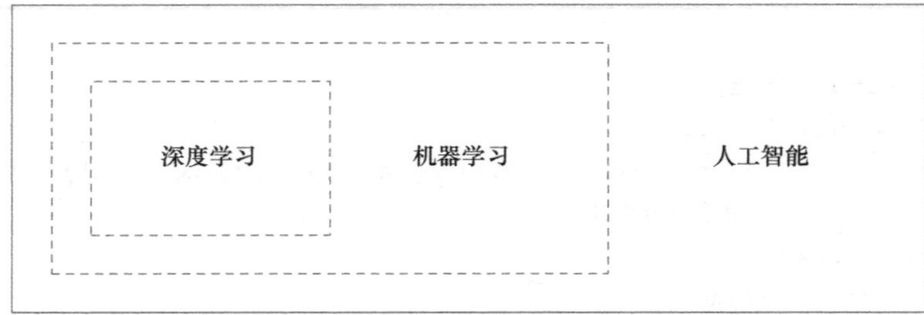

图 6.7　深度学习在人工智能中的位置

神经网络(neural network)也称人工神经网络(artificial neural network, ANN)，是受生物神经网络工作原理启发形成的一种数据模型或计算模型。人类的大脑由近千亿个神经元互相连接，形成一个高度复杂的非线性并行处理的生物智能体，从而具备分析、推理和判断等能力。人工神经网络就是模拟人脑思维的抽象算法，也是实现机器学习最主流、最有效的方法。至今为止，神经网络经历了三次浪潮，第一次浪潮始于美国神经生理学家沃伦·麦卡洛克(Warren McCulloch)和数学家沃尔特·皮茨(Walter Pitts)于 20 世纪 40 年代首次提出形式神经元模型，止于 20 世纪 60 年代末明斯基(Minsky)等提出感知器无法解决线性不可分问题。第二次浪潮始于 20 世纪 80 年代鲁梅尔哈特(Rumelhart)提出的可解决线性不可分问题的反向传播(back propagation, BP)算法，但由于训练时间过长、难以解决实际应用问题而再度被搁置。第三次浪潮是自 2011 年以来，随着显卡等计算机硬件的发展，神经网络在语音识别和图像处理领域压倒性地战胜了人类，至今神经网络仍处于快速发展阶段。

人工神经网络不仅在各个领域打破了原有传统方法的性能极限，还能模仿人脑机制自动提取知识中的特征并做出决策。以往在图像处理领域需要人工设计特征值，例如，在图像分类过程中，需要预先确定颜色、边缘和范围等预设特征值才可以进行下一步的学习。人工神经网络(即机器学习)则主要通过从大规模数据中学习来自动确定需要的有用的特征信息，并且其提取的特征信息比人工提取的信息还要丰富。那么，是不是有了机器学习之后，其他方法就被淘汰了呢？或者说什么时候可以使用机器学习方法呢？判断的原则：一切难以用规则解决的问题，都可以尝试用机器学习来解决。原因是机器学习本身耗费较高的时间和计算成本，对于可提取规则的问题可直接使用所推理的计算模型，而对于文本分析、语言理解和图像识别等难以用规则解决的问题则可尝试使用机器学习方法进行解决。

> 我国在人工智能领域已经取得重要进展，语音识别、视觉识别技术世界领先，自适应自主学习、直觉感知、综合推理、混合智能和群体智能等初步具备跨越发展的能力，中文信息处理、智能监控、生物特征识别、工业机器人、服务机器人、无人驾驶等关键技术逐步进入实际应用，人工智能驱动的创新创业日益活跃，在国际上获得广泛关注和认可。目前，加速积累的技术能力与海量的数据资源、巨大的应用需求、开放的市场环境有机结合，形成了我国人工智能发展的独特优势。

6.3.1　深度学习算法

深度学习一般指具有多层结构的网络，主要采用人工神经网络模型来构建网络，主要原因是神经网络模型可以使用误差反向传播算法，可以有效拟合模型。这也是深度神经网络的由来，所以也常用深度学习指代深度神经网络。“深度”是指网络当中隐含层很深，而且更深的结构将具备更高的抽象层次。因此，一层以上的神经网络均可称为深度学习模型。随着深度学习的发展，神经网络的层数已经从初始的个位数增长到几百甚至上千层。当然，过深的层次也将导致更复杂的模型，需要更多的训练时间和计算资源，也会引发梯度弥散等问题。

【策略思想】　深度学习的主要目的是从数据中自动学习有效的特征表述并进行问题求解(预测)，对于难以提取有效规则的场景尤为有效。为了更好理解，本节以一个超级简单的预测机为例进行说明。

假设存在一个如图 6.8 所示的预测机，即可以通俗地理解为预测机针对一个问题，建立了一个模型，并由模型对输入的问题进行计算，最终输出一个答案(预测结果)。

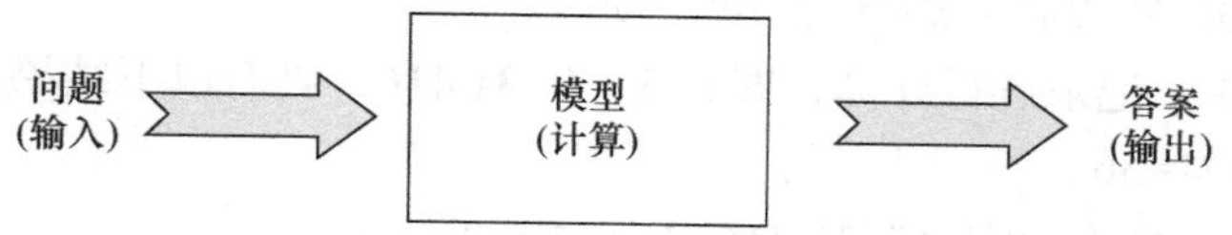

图 6.8　简单预测机

以“根据半径求解圆的周长”为例，使用预测机求解该问题的模型如图 6.9 所示。显然，小学已经学过了根据半径求解周长的公式为 $C=2\pi r$，其中 C 为周长、r 为半径、π 为圆周率(值约为 3.14159)。所以，该过程可以简单理解为使用公式 $C=2\pi r$ 构建预测机中的计算模型，该模型输入半径，输出周长。例如，如果半径 $r=3$，那么周长 C 则为 18.85。

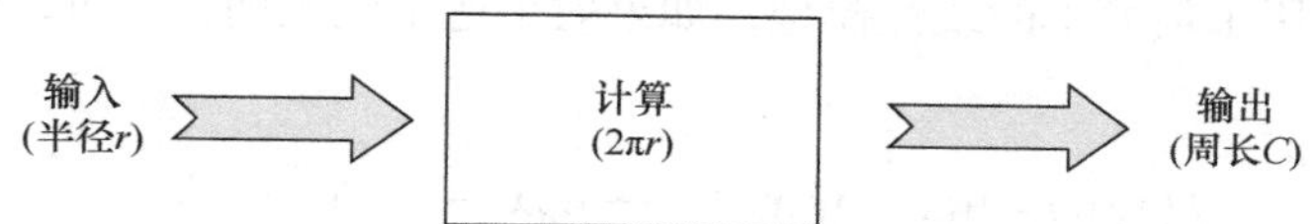

图 6.9　使用公式求解圆的周长

上述例子当然非常简单，简单之处在于我们已知周长的求解公式，公式也就是本节所说的求解问题的规则(算法)。那么我们做一个假设如图 6.10 所示，假设不知道周长的计算公式，但是我们通过测量，得到了很多半径和周长的数据，如[3, 18.85]、[4, 25.133]、[5, 31.416]、[6, 37.699]、[7, 43.982]。

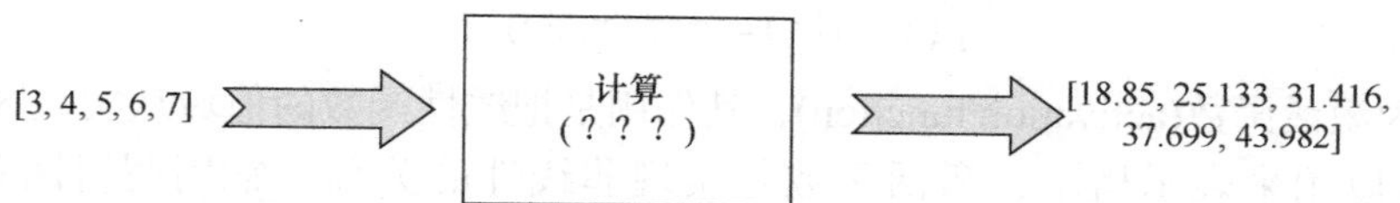

图 6.10　使用深度学习求解圆的周长

如何在不知道周长计算公式的情况下求解问题，这就是深度学习所面临的场景。深度学习解决这一类规则未知问题的思路，主要是通过数据拟合(反向推理)计算模型。即先假设一些预设的公式，并随机初始化相关参数；再直接使用该模型对半径 r 进行运算，预测出周长 C'；最后根据实际周长 C 和预测周长 C'的误差值 Y 对参数进行调整，反复该过程直到模型可以预测准确(即误差 Y 在可接受范围内)。

具体而言，这个问题比较简单，所以可以先假设周长的计算公式为 $C=a\cdot r+b$，其中 a 和 b 为可变的参数。那么，具体计算过程如下所示。

步骤 1：初始化 $a=3$，$b=1$。

步骤 2：使用第 1 个记录进行计算，即 $r=3$，$C=18.85$，则有以下结果。

(1) $C'=a\cdot r+b=3\times3+1=10$。

(2) 误差 Y=真实值 C−预测值 $C'=18.85-10=8.85$。

(3) 由于 Y 大于 0，所以将 a 调整大一些，如 5。

步骤 3：使用第 2 个记录进行计算，即 $r=4$，$C=25.133$，则有以下结果。

(1) $C'=a\cdot r+b=5\times4+1=21$。

(2) 误差 Y=真实值 C−预测值 $C'=25.133-21=4.133$。

(3) 由于 Y 大于 0，所以将 a 调整大一些，如 7。

步骤 4：使用第 3 个记录进行计算，即 $r=5$，$C=31.416$，则有以下结果。

(1) $C'=a\cdot r+b=7\times5+1=36$。

(2) 误差 Y=真实值 C−预测值 $C'=31.416-36=-4.584$。

(3) 由于 Y 小于 0，所以将 a 调整小一些，如 6。

步骤 n：类似步骤 2～4，一直循环尝试，当结果接近真实数据之后还可以通过微调参数 b 来使预测值进一步接近真实数据。最终的预测结果会存在一定的误差，例如，半径为 3 的圆周长依据公式计算得到 18.85，但是经过机器学习的方法计算的结果可能是 18.9，也可能是 18.7，即存在误差。

上述运算过程使用了最简单的线性模型，如果效果达不到预期，还可以使用更为完善的线性模型：

$$f(x,w)=w_1x_1+w_2x_2+\cdots+w_dx_d+b=w^{\mathrm{T}}x+b \tag{6-9}$$

其中，$w=[w_1,\cdots,w_d]^{\mathrm{T}}$ 为 d 维的权重向量，b 为偏置参数。

在如图 6.11 所示的由 x，y 组成的二维空间中，如果没有白色的圈，那么直接使用式(6-9)即可用线性的方式将圆圈和正方形分开，其中 w 决定直线的斜率，b 决定直线上下移动。显然，该线性模型无法将白色圆圈分隔出来，而弯曲的曲线则可以将圆圈和正方形分开。为了解决该问题，受生物神经元启发，研究者引入非线性函数来预测类别标签的后验概率 $p(y=1|x)$：

$$p(y=1\,|\,x)=g(f(x,w)) \tag{6-10}$$

其中，$g(\cdot)$称为激活函数(activation function)，其作用是把线性函数的值域从实数区间映射到(0, 1)区间，可以用来表示概率，激活函数是实现非线性的关键，常用逻辑回归(logistics regression, LR)、Sigmoid 函数、tanh 函数和 ReLU 函数等。此外，图 6.11 中虚线部分为式(6-9)所示的线性部分，结合激活函数，图中所示的神经元运算方式即为式(6-10)。

也就是说，深度学习的主要任务就是构建一个映射函数来解决问题。该函数是在难以提取规则的情况下，使用如图 6.12 所示的神经元构建网络模型，再利用标注数据集调整参数拟合出可以有效解决问题的模型，如文本分析、图像识别、语音识别和机器翻译等。此外，上述模拟求解圆周长计算公式的过程是一个简化版的深度学习建模过程，读者可以进一步学习前馈神经网络和反向传播算法等相关概念。

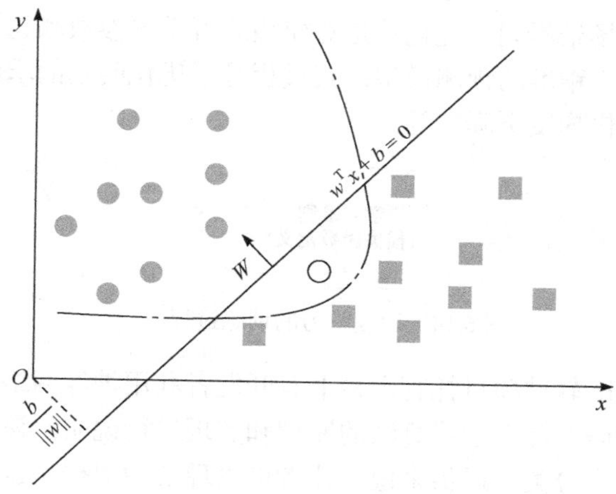

图 6.11 二分类示意图

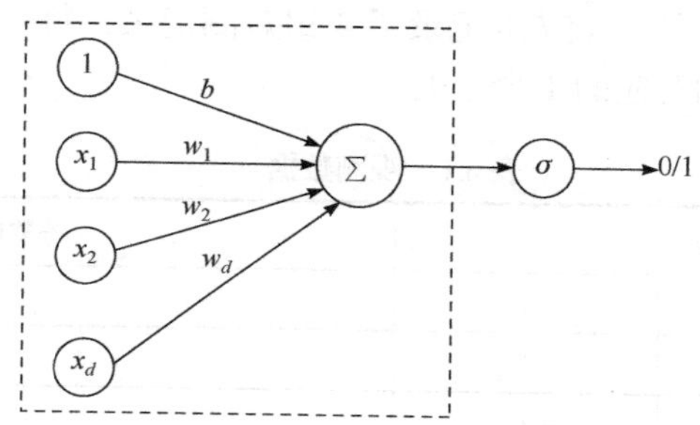

图 6.12 二分类神经元示例图

【算法步骤】 深度学习主要从已有带标注的历史数据中学习出映射函数，且可以对新的无标注的数据进行预测。在实际应用场景中，深度学习解决的任务会面临不同结构的数据，包括文本、声音、图像等。如图 6.13 所示，深度学习模型一般包括以下几个步骤。

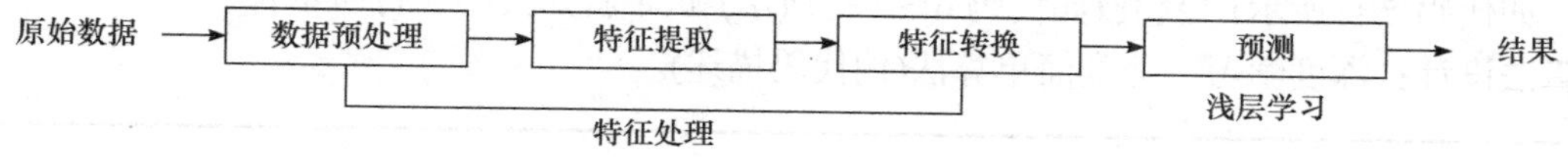

图 6.13 深度学习模型构建步骤

(1) 数据预处理：包括对数据进行缺失处理、标准化和去噪处理等，并将文本、图像或者语音等数据转化为深度学习模型可识别的数值型特征向量。

(2) 特征提取：将原始数据转换或者映射到一个新的特征空间，这些特征空间难以被人眼直接观察出与原始数据之间的关联，是一种自动提取特征的方式。

(3) 特征转换：对特征进行降维、升维或者数据归一化等加工。

(4) 预测：将学习到的特征映射为分类问题的概率分布，概率大的值即为最终的预测结果。

上述步骤仅仅对模型进行了定义和构建，还需要考虑如何学习到可用模型参数的问题。从本章使用深度学习求圆周长的例子可初步知道：深度学习的过程是重复执行带标签的样本数据，在每一次迭代中调整模型参数，直到学习到可用模型。即如图 6.14 所示，深度学习的训练过程除了上述网络模型定义以外，还包括学习准则和优化。其中，学习准则的核心在于定义损失函数，主要通过计算预测值与真实标签之间的差异，来衡量模型的优劣。学习准则的常用函数包括 0-1 损失函数、平方损失函数、交叉熵损失函数和 Hinge 损失函数，且不同的损失函数所适用的预测场景不同。优化就是对模型的可学习参数和超参数进行调整，并试图在每一次调整之后得到更精准的预测模型，其过程是最优化问题的求解过程，常用的优化方法包括梯度下降法和随机梯度下降法等。

图 6.14　深度学习的训练过程

【算法实例】　GitHub 软件项目托管平台上有开发者利用神经网络编写了一个简单的二分类源码，本节引入该源码对深度学习算法的原理和实现进行说明。该二分类的需求是：根据 3 个状态参数，预测一个分类。通俗来说，读者可以理解为根据“云”、“风”和“高温”的状态，预测是否会下雨，即用 3 个 0/1 数据项代表是否有“云”、“风”和“高温”的状态，以及用 0/1 代表是否会下雨。表 6.1 记录了 4 组观测记录，每一组观测记录都包括 3 个状态(依次为云、风、高温)和对应的 1 个分类。

表 6.1　观测数据

观测数据(输入)			标签数据(输出)
0	0	1	0
1	1	1	1
1	0	1	1
0	1	1	0

本节构建了算法 6.3.1 对 3 个状态值进行二分类的预测。该算法主要包括初始化网络参数和数据(如代码 1 行所示)、定义神经网络(如代码 3～4 行所示)、定义学习准则(即定义损失函数，如代码 5 行所示)、优化(如代码 6～7 行所示)和训练(如代码 8 行所示)。

算法设计：深度学习二分类简单算法(伪代码描述)。

算法 6.3.1：深度学习二分类简单算法

输入：观测数据 X, 标签数据 Y

输出：训练模型

1:　初始化: 第 1 层网络参数 L_0, 第 2 层网络参数 L_1, 权重参数 syn0;

2:　**for** episode = 1　**do**

3:　将数据 X 输入第 1 层：$L_0=X$;

4:　特征提取以及预测: L_1= Sigmoid(L_0*syn0);

5:　计算真实值 Y 与预测值 L_1 的误差: L_1_error = $Y-L_1$

6:　对误差 L_1_error 进行求导，得到 L_1_error′;

7:　根据误差和导数 L_1_error′(斜率)计算更新频率: L_1_delta = L_1_error* L_1_error′;

8:　根据 L_1_delta 更新网络参数: syn0 += np.dot(L_0.T, L_1_delta)

程序设计：深度学习二分类简单算法 6.3.1 的 Python 程序 6.3.1。

```
1:  import numpy as np
2:  # Sigmoid 激活函数
3:  def nonlin(x, deriv=False):
4:      if (deriv == True):
5:          return x * (1 - x)
6:      return 1 / (1 + np.exp(-x))
7:  # 观测数据
8:  X = np.array([[0, 0, 1],
9:                [0, 1, 1],
10:               [1, 0, 1],
11:               [1, 1, 1]])
12: # 标签数据
13: Y = np.array([[0, 0, 1, 1]]).T
14: # 设置随机因子
15: np.random.seed(1)
16: # 随机初始化权重,均值为 0
17: syn0 = 2 * np.random.random((3, 1)) - 1
18: # 迭代训练
19: for iter in range(10000):
20:     # 正向传播
21:     L0 = X
22:     L1 = nonlin(np.dot(L0, syn0))
23:     # 计算真实值 Y 与预测值 L1 的误差,评价模型优劣
24:     L1_error = Y - L1
25:     # 先对误差 L1_error 进行求导,再根据求导的斜率求得更新频率
26:     L1_delta = L1_error * nonlin(L1, True)
27:     # 更新网络参数
28:     syn0 += np.dot(l0.T, L1_delta)
29: print('Output After Training:')
30: print(L1)
```

具体地，算法原理以及源码细节如下所示。

(1) 初始化网络参数和数据：初始化网络参数 syn0、L_0 和 L_1(如源码 22、27、28 行所示)；初始化训练数据 X(如源码 10～13 行)以及标签数据 Y(如源码 13 行所示，其中“.T”指将 1 行 4 列的 Y 转换为与 X 一一对应的 4 行 1 列)；初始化随机种子，便于模型参数优化(如源码 19 行所示)。

(2) 定义神经网络：构建了一个双层的神经网络，第 1 层神经元 L_0 也可以理解为输入值，其形状与输入数据一致(如源码第 27 行所示)，第 2 层 L_1 为单个神经元(如源码 28 行所示)，syn0 为连接 L_0 和 L_1 这两层神经网络之间的权重参数(如源码 22 行所示)。具体而言，syn0 决定了 L_0 中各个数值对于 L_1 的权重，L_1 是网络模型的最后一层，其值为神经网络提取到的特征(如源码 28 行所示)；为了把特征映射到二分类的概率分布中，需要使用 Sigmoid 函数进行映射(如源码 4～7 行所示)。

(3) 定义学习准则(损失函数)：经过 Sigmoid 激活函数运算之后，L_1 为最终的预测值。本

节以直接相减的方式实现损失函数，其误差值 L_1_error 用于评估预测模型的好坏(如源码 31 行所示)。

(4) 优化和训练：图 6.15 所示为 Sigmoid 函数的形状，从图中可以看出不同地方的斜率是不一样的。如果模型参数在曲线平缓的区域更新幅度过大，则容易引发更大的误差；而如果模型参数在陡峭区域更新幅度过小，又会导致学习效果不好。所以，模型参数更新的幅度使用误差值 L_1_error 与斜率的乘积更为符合优化要求(如源码 34 行所示)。其中，斜率通过求导方式求得。最后，使用求得的更新幅度对模型的参数进行更新(如源码 37 行所示)。

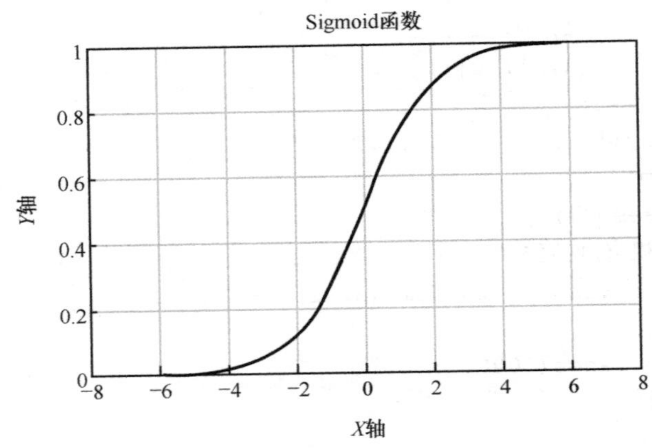

图 6.15 Sigmoid 函数

程序执行：上述源码的单次训练后的模型如图 6.16 所示，训练结束之后的运行结果如图 6.17 所示，运行结果为每一个状态对应的预测概率。该训练模型是由 L_1 和 syn0 一起构建的双层神经网络，其中 L_1 的输入值为[1,0,1]，syn0 对应的权重是[9.5,0.2,−0.1]，L_2 在对提取的特征进行 Sigmoid 函数运算之后得到分类预测值 0.99。其次，真实值与预测值的误差 L_1_error 为 0.01，更新幅度 L_1_delta 为误差 0.01 乘以导数 tiny_deriv。最后以 L_1_delta 更新网络参数，并进入下一次迭代训练。

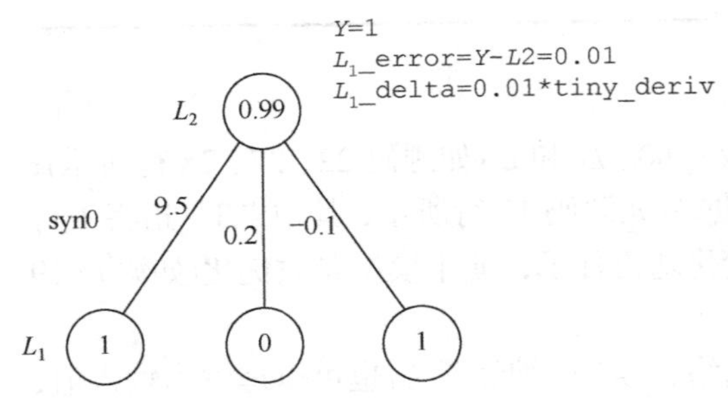

图 6.16 训练后的模型

```
Output After Training:
[[ 0.00966449]
 [ 0.00786506]
 [ 0.99358898]
 [ 0.99211957]]
```

图 6.17 深度学习二分类简单算法源码 6.3.1 的运行结果

本节所涉及的概念、原理、算法框架、源码和示例，仅仅能够帮助读者对深度学习形成初步的认识。对于复杂问题，如图像识别、文本分析以及语音识别等相关应用，需要进一步学习深度学习涉及的整体知识体系。深度学习经过多年的发展，逐步形成了一些被普遍接受和认可的神经网络，包括用于图像处理的卷积神经网络(convolutional neural network, CNN)、飞桨(PaddlePaddle)以百度多年的深度学习技术研究和业务应用为基础，集深度学习核心训练和推理框架、基础模型库、端到端开发套件、丰富的工具组件于一体，是中国首个自主研发、功能丰富、开源开放的产业级深度学习平台，2021 年已跃居中国深度学习平台市场综合份额第一。飞桨可以助力开发者快速实现人工智能想法，高效上线人工智能业务，帮助越来越多的行业完成人工智能赋能，实现产业智能化升级。

处理序列数据的循环神经网络(recurrent neural network, RNN)和处理图结构的图卷积网络(graph convolutional network, GCN)，其中 RNN 核心的拓展网络为长短时记忆(long short-term memory, LSTM)循环神经网络以及门循环单元(gated recurrent unit, GRU)网络。此外，神经网络、损失函数和优化函数等构建比较复杂，多个机构研发了系列深度学习训练平台来简化这些过程，应用最广的是谷歌公司设计的 TensorFlow 平台以及 Facebook(2021 年 10 月已更名为 Meta)公司设计的 PyTorch 平台。这些平台不仅作为各个学术机构科研和学习的平台，也作为工业级平台应用于各行各业的智能应用当中。

6.3.2　强化学习算法

击败围棋最强选手之一李世石的 AlphaGo，其训练过程依赖于大量人类棋谱。然而，AlphaGo Zero 仅利用 4 块张量处理器(tensor processing unit, TPU)训练 3 天，且在不依赖任何人类输入的情况下，以 100：0 的战绩击败了 AlphaGo。AlphaGo Zero 不依赖人类棋谱、从零开始自我训练的方式，所使用的理论就是强化学习(reinforcement learning)算法。强化学习就是根据当前的情景做出相应的动作，使收益最大化。学习者在没有外界指引的情况下，必须自己去尝试和发现哪些动作会得到丰厚的收益。除了没有外界指引以外，强化学习最困难的是不仅要探索丰厚收益的动作，而且每一个动作的发生都会对情景产生改变。

强化学习与 6.3.1 节有监督的深度学习不同，有监督学习是通过由外部监督者标注好的数据进行模型训练的。这些标注数据给出了某个状态下(原始数据)做出某个动作(标注数据)是正确有效的结论。通过这种方式训练出来的机器学习模型具有泛化能力，可以解决新的问题。那么对于一些新领域或者工业机器人等在内的特殊场景，显然由于难以收集到标注数据而无法适用于有监督学习。似乎无监督学习可以有效解决这些问题，但是无监督学习主要是从未标注的数据中挖掘出隐含的结构。当前应用场景有限，例如，可以协助金融等部门发现异常的“洗钱”行为，这都属于挖掘不同隐含结构的范畴。

尽管很多人认为强化学习不依赖标注数据的特点属于无监督学习，实质上它们有所不同。例如，在工业机器人训练过程中，虽然难以得到可用的标注数据，但是机器人在与环境的交互中是可以得到反馈的。一个错误的动作可能会导致机械臂损坏、加工零件损坏等负收益，或者是没有任何反馈的零收益。这些不属于监督者人为标注的数据就是环境反馈，强化学习就是通过这些反馈完成模型训练的，所以严格来说，强化学习是一种标签延迟的学习方法，可以归类为不同于监督学习、无监督学习的研究方法。

【策略思想】　人类的天然学习能力是在与环境的交互过程中进行学习。婴儿在玩耍的时候，没有大人在旁边指导也知道通过观察和触摸等方式接触世界，慢慢学会各种技能。成年人也一样，先确定要达到什么目标，再观察当前的环境状况，最后根据不同的状况决定做出什么动作以实现预期目标。与之同理，强化学习也是从交互中进行学习。

如图 6.18 所示，强化学习是一种能够最大化当前环境状态下奖励值的方法，其目的是训练一个智能体，该智能体能够根据当前接收到的环境的状态做出可以得到最大化奖励值的动作。训练智能体的本质就是学习一种从状态到动作的映射函数，或者理解为一种策略。以工业机器人为例，环境就是工业零件加工场景，智能体就是工业机器人(其中映射函数可以理解为机器人的大脑)，环境的反馈就是零件加工任务的完成情况：损坏、没有改变还是加工完成。

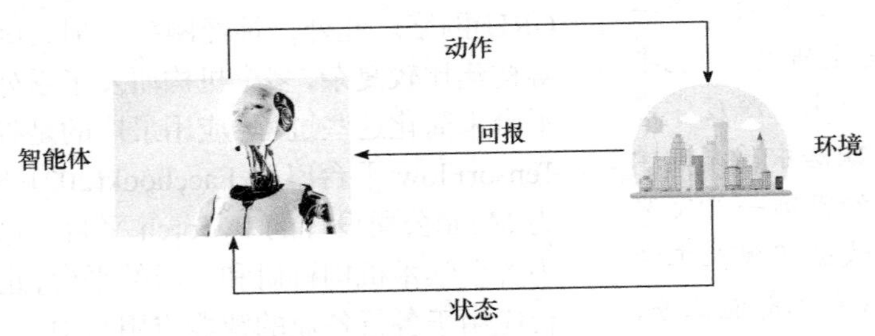

图 6.18　强化学习的交互过程

因此，结合上述过程，我们可以总结出强化学习包括策略、奖励函数、值函数以及环境模型。详细介绍如下。

(1) 策略：智能体学习到的从状态到动作的映射关系，决定了某一个时刻根据某个状态做出的动作(行为)，同时也是强化学习智能体的核心。强化学习的目的就是学习到一种策略解决实际问题。

(2) 奖励函数：强化学习的目标，用于衡量智能体针对当前的状态所做出的动作的优劣。智能体学习策略的目的就是最大化在长期的交互行为中的总奖励值。

(3) 值函数：一种长期的衡量方式，用于计算从当前状态开始到将来某个状态的累计奖励值。

(4) 环境模型：对环境的各个状态进行建模，且只能对已知为有限状态的环境进行建模。同时，奖励函数、值函数等也要相应进行建模。例如，在基于强化学习的围棋智能体训练过程中，环境就是下棋规则、反馈和变化等。由于环境的复杂性，很多场景难以实现有效建模，这也是制约强化学习发展的重要因素之一。

强化学习的核心在于“探索”新的状态和动作，以及“利用”已有的历史经验。强化学习的核心挑战是在“试探”和“开发”之间进行均衡。强化学习的目的是尽可能选择收益大的动作，为了实现该目的，往往需要探索未出现过的动作。智能体需要在没有失败之前，尝试各种各样的动作，并选出收益最大的动作，这就是强化学习所面临的“探索-开发”挑战。Q-Learning 算法是解决该挑战的一个尝试。

【算法步骤】　Q-Learning 算法在探索新状态和新动作之后，会以表格的方式记录行为值，即每一种状态下执行某个行为都会产生一个收益 $Q(s,a)$，其中 s 为状态，a 为动作。Q 表可以在执行足够多次训练之后，最大可能地记录所有状态所对应的收益情况。智能体在探索的过程中遇到多个状态的时候，会根据 Q 表已有的记录执行收益大的动作，并且以一定的概率随机探索其他项目，可以在有效利用历史记录的同时探索未知的状态。

为了简化说明，本节使用一维的寻宝例子对 Q-Learning 算法进行说明。假如有一段一维的道路，且该道路长度为 6 格，宝藏 T 在路的最右侧，探险者 o 在第 2 格位置，具体如下：

_ o _ _ _ T

由此可见，该例子的状态、动作和收益比较简单，如下所示。

(1) 状态使用路面环境表示，有 6 种状态：$\{0,1,2,3,4,5\}$。

(2) 动作只有“向左走”和“向右走”两种。

(3) 收益只有宝藏的位置是 1，其他为 0，则 6 种状态对应的收益为 $\{0,0,0,0,0,1\}$。

那么，容易得到如表 6.2 所示的 Q 表，并初始化为 0。

表 6.2　一维寻宝例子的 Q 表结构

状态	向左走	向右走
0	?	?
1	?	?
2	?	?
3	?	?
4	?	?
5	?	?

在定义好各个参数或者准则之后，探险者 o 开始以“探索”或者“利用”的方式选择动作，在执行动作得到新状态之后，获取该状态和动作下 Q 表的最大收益值(即 Q 值)，最后结合当前的即时收益计算新的 Q 值并更新 Q 表中的 Q 值。对此过程进行细化之后得到以下伪代码。

算法设计： Q-Learning 算法(伪代码描述)。

算法 6.3.2：Q-Learning 算法

输入：定义贪婪度、学习率和奖励递减值等超参数，定义 Q 表

输出：更新后的 Q 表

初始化：超参数以及 Q 表，其中 $Q(s,a)(\forall s \in S, \forall a \in A)$;
for episode = 1　**do**
使用某一个策略，根据状态 s 选择并执行 1 个动作 a;
执行完动作 a 之后，观察回报以及得到新的状态 s';
计算累计收益 Q 值：
$Q(S_t,A_t) \leftarrow Q(S_t,A_t) + \alpha\left(R_{t+1} + \lambda \max_a Q(S_{t+1},a) - Q(S_t,A_t)\right)$
将新状态 s'替换当前状态：$s \leftarrow s'$;
找到宝藏或者失败之后停止

程序设计： Q-Learning 算法 6.3.2 的 Python 语言程序 6.3.2。

```
#coding=utf-8
import numpy as np
import pandas as pd
import time
#产生伪随机数，即每次运行数据相同
np.random.seed(2)
#创建全局变量
N_STATES=6 # 状态的个数：六个状态 0～5
ACTIONS=["left","right"]  #动作只有左和右两个
```

```
EPSILON=0.9  #贪心策略
ALPHA=0.1  #学习率
LAMBDA=0.9  #回报折扣率
MAX_EPISODEs=10  #一共训练 10 次
FRESH_TIME=0.1  #探索
#初始化一个 Q 表(Q-table)
def build_q_table(n_states,actions):
    table=pd.DataFrame(
        np.zeros((n_states,len(actions))),
        columns=actions,
    )
    print(table)
    return(table)
# 动作选择
def choose_action(state,q_table):
    state_action=q_table.iloc[state,:]
    if (np.random.uniform()>EPSILON) or (state_action.all()==0):
        action_name=np.random.choice(ACTIONS)
    else:
        action_name=state_action.idxmax()
    return action_name
def get_env_feedback(s,A):  #获取回报
    if A=="right":
        if s==N_STATES-2:
            s_="terminal"
            R=1
        else:
            s_=s+1
            R=0
    else:
        R=0
        if s==0:
            s_=s
        else:
            s_=s-1
    return s_,R
def update_env(S,episode,step_couter):  #环境更新
    env_list=["-"]*(N_STATES-1)+["T"]
    if S=="terminal":
        interaction="Episode %s:total_ steps=%s"%(episode+1,step_couter)
        print("\r{}".format(interaction),end='')
        time.sleep(2)
        print('\r                              ',end='')
    else:
        env_list[S]='0'
```

```
55:         interaction=''.join(env_list)
56:         print("\r{}".format(interaction),end='')
57:         time.sleep(FRESH_TIME)
58: def rl():   #模型训练过程
59:     #初始化Q表
60:     q_table=build_q_table(N_STATES,ACTIONS)
61:     for episode in range(MAX_EPISODEs):
62:         step_counter=0
63:         #选择一个初始的S
64:         S=0
65:         is_terminal=False
66:         update_env(S,episode,step_counter)
67:         #如果状态S不是终止状态则选择动作，并得到新状态S和奖励R
68:         while not is_terminal:
69:             A=choose_action(S,q_table)
70:             S_,R=get_env_feedback(S,A)
71:             q_predict=q_table.loc[S,A]
72:             if S_!="terminal":
73:                 #计算实际Q值
74:                 q_target=R+LAMBDA*q_table.iloc[S_,:].max()
75:             else:
76:                 q_target=R
77:                 is_terminal=True
78:             q_table.loc[S,A]+=ALPHA*(q_target-q_predict)
79:             S=S_
80:             update_env(
81:                 S,episode,step_counter+1
82:             )
83:             step_counter=step_counter+1
84:     return q_table
85: if_name_=="_main_":
86:     q_table=rl()
87:     print("\r\nQ-table:\n")
88:     print(q_table)
```

具体而言，Q-Learning 算法包括以下环节(如算法 6.3.2 所示)：首先，探险者可以使用 1−p(p 为常数，0<p<1)的概率以随机的方式选择一种动作，并以 p 的概率从 Q 表(历史记录)中选择一个当前状态下最好的动作，既能“探索”新的动作，又能“利用”历史经验(如源码 24～30 行)；其次，执行新选择的动作之后，得到即时回报和新的状态(如源码 31～45 行)；再次，根据即时回报以及 $Q(s,a')$的值使用贝尔曼方程求解最新的累计回报 Q 值(如源码 72～77 行)；最后，将新的 Q 值更新到 Q 表中，并更新当前的状态，并进入下一训练迭代中(如源码 78～83 行)。其中，贪婪方式是指根据当前的状态遍历 Q 表中所有可能动作对应的 Q 值，并取 Q 值最大的动作作为当前执行的新动作。贝尔曼方程是一种求解累计回报的方式，思路是最大化当前即时奖励以及下一状态的回报，而全部穷举所有后续状态的回报是不可能的，因此其

定义了一个衰减因子只考虑后续有限的状态。

程序执行：Q-Learning 的探索过程如图 6.19 所示，探索 7 次能找到 T，其中一种过程状态为“--0--T”，经过多次训练之后，得到如图 6.20 所示的所有状态值(即 Q 表)。环境中“状态-动作”对所对应的回报值就是探索完成的 Q 表，也就是支撑模型快速运算累计回报的依据。

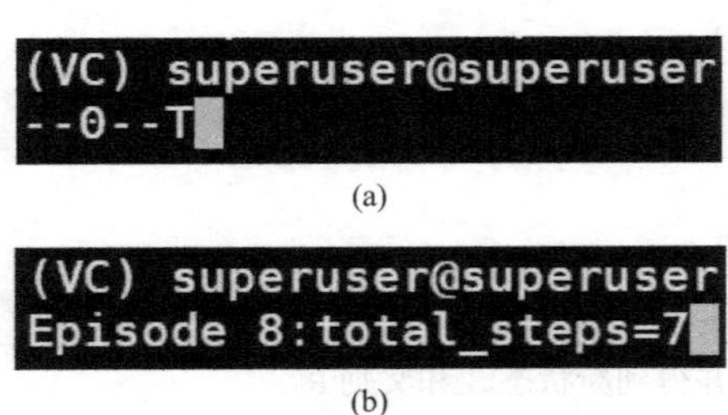

图 6.19　一维的寻宝例子 Q-Learning 算法 6.3.2 的运行过程截图

Q-table:

	left	right
0	0.000001	0.001705
1	0.000050	0.010953
2	0.000035	0.060306
3	0.000073	0.240998
4	0.000810	0.651322
5	0.000000	0.000000

图 6.20　一维的寻宝例子 Q-Learning 算法 6.3.2 的运行结果截图

Q-Learning 算法对于理解强化学习非常有帮助，但在实际当中很难应用。原因在于对于复杂环境，Q-Learning 的 Q 表难以遍历和存储完所有的状态。因此，谷歌的 DeepMind 团队用深度学习改进强化学习，形成了深度强化学习网络(deep Q-Learning network，DQN)。DQN 利用深度学习来预测 Q 值，即替代了 Q 表的功能，取得了很大的进展，但是仍然难以使用监督学习的方式进行训练。直到 DeepMind 团队提出了记忆回放机制，才解决了该问题，强化学习开始可以解决一些实际问题。

强化学习是最接近人类以及动物学习方式的一种方法，基于强化学习的很多算法均得益于生物学和心理学等的启发。从 20 世纪 60 年代以来，经历过多次低谷的人工智能领域的大量研究者认为不存在普适原则，认为基于知识的“强方法”才是主流。近年来强化学习取得的巨大进展，引发了简单普适原则的人工智能大趋势。虽然目前难以预估将来这个方向能发展到什么程度，但是强化学习的研究无疑是追求更简单的人工智能普适原则的有效途径之一。

强化学习入选 2017 年《麻省理工科技评论》发布的全球十大突破性技术榜单。强化学习作为一种人工智能方法，它能使计算机在没有明确指导的情况下像人一样自主学习。它的意义在于，能够让机器自主通过环境经验磨炼技能，加快自动驾驶汽车以及其他自动化领域的进展速度。该领域主导参与的中国企业和研究机构有百度、科大讯飞、阿里巴巴、微软亚洲研究院、中国科学院等。

习　题

1. 试分析智能算法策略与贪心策略的关系。

2. 加权区间调度问题是指，给定包含 n 个区间的集合，每个区间对应一个开始时间、一个结束时间和一个权重，找出权重之和最大的两两相容的区间子集。请用某种智能算法求解该问题，并与动态规划算法进行性能对比。

3. 多维 0-1 背包问题可以描述为：有一个背包，其在 n 个维度上的容量为$(C_1, \cdots, C_n)$，这 n 个维度可以包括背包载重、背包体积等属性；有 m 种物品，每种物品 i 在 n 种维度上的“重量”为$(w_1, \cdots, w_n)$；每种物品 i 的价值为 v_i。需要从这 m 种物品中进行挑选并放入背包，使物品的任一维度的总“重量”不超过背包对应维度上的容量，并让背包中物品的价值最大化。请建立多维 0-1 背包问题的形式化模型，并用某种智能算法求解该问题。

4. 多选择背包问题是 0-1 背包问题的推广，它所涉及的约束条件较多，具体地说，背包有一个容量，而物品被分为互相排斥的 m 类，第 i 类中有 n_i 个不同的物品，从每类中必须选择一种物品放进背包，在物品总重量不超过背包容量的前提下，使总价值最大。试建立多选择 0-1 背包问题的形式化模型，并用某种智能算法求解该问题。

5. 用爬山算法、模拟退火算法分别实现八皇后问题。

6. 请使用 Q-Learning 算法在 OpenAI 的 Gym 游戏模拟环境中，解决经典控制问题中的倒立问题；试用深度学习算法在 MNIST 数据集(Mixed Nation Institute of Standards and Technology database，它是美国国家标准与技术研究院收集整理的大型手写数字数据库)中实现手写体识别。

第 7 章　算法策略综合应用与实践

算法策略是用来指导算法设计的思想方法。同一个算法策略可以用来解决多个算法问题，而对于同一个算法问题，我们也可以用不同的算法策略来解决。对同一个算法问题而言，用不同的算法策略求解的效率（如时间效率、空间效率）往往是不同的，有些甚至差异很大。为了使学生体验算法效率差异，从而培养学生具有“选择合适的算法策略，求解恰当的算法问题”的计算思维和工程实践能力，本章以经典的 0-1 背包问题和最短路径问题为求解目标，分别采用不同的算法策略求解不同规模的算法问题，并对不同算法策略指导下设计的具体算法在不同规模的问题求解中的时间效率进行实验对比与分析，综合培养学生解决大规模复杂算法工程问题的能力和先进算法研究与实践创新的能力。

7.1　求解 0-1 背包问题

问题描述：0-1 背包问题是算法课程中重要的教学内容。0-1 背包问题是一个 NP 难问题，解决该问题具有重要的理论和实际意义。0-1 背包问题可描述为：存在 1 个有限容量的背包和一组有限数量的物品，已知背包的容量以及每种物品的重量和价值，如何选择装入背包的物品，使得在不超过背包容量的前提下，装入背包的物品的总价值最大。

在选择装入背包的物品时，对每种物品 i 只有两种选择，即装入背包或不装入背包(1 或 0)。每种物品只有一份，不能将物品 i 装入背包多次，也不能将物品 i 分割，只装入其中的一部分。

问题分析：根据马克思主义科学技术方法论，做科学研究，首先要从问题出发，抓住了问题也就抓住了关键。问题导向和问题意识是必不可少的，长期坚持问题导向，才能抓住研究问题的机遇。前面的问题描述很清楚地交代了待求解的 0-1 背包问题。我们需要抓住问题，对问题进行分析，将问题抽象化、模型化，通过建立形式化数学模型精准地描述 0-1 背包问题。

数学模型：假设物品数量为 n，背包容量为 C，第 i 种物品的重量为 w_i，价值为 v_i，则 0-1 背包问题的形式化模型表示如下。

目标函数：

$$\max \sum_{i=1}^{n} v_i \cdot x_i$$

约束条件：

$$\begin{cases} \sum_{i=1}^{n} w_i \cdot x_i \leqslant C \\ x_i \in \{0,1\}, 1 \leqslant i \leqslant n \end{cases}$$

其中，x_i 表示物品 i 的选择状态：$x_i = 1$ 表示选中第 i 种物品装入背包，$x_i = 0$ 表示第 i 种物品不装入背包。

实际上，数学建模方法只是数学方法的其中一种。数学方法是一种关注事物的形式与抽象结构的思维和科学方法，注重抽象、模型化，它可以把不确定性转为确定性，追求精准思维。数学方法包括数学方程方法、数学建模方法、数学统计方法和数学实验方法。这些方法都会在接下来的算法应用中涉及。在今后，同学们无论从事科学研究，还是在实际工作中，数学方法对于精准认识事物都具有重要意义，它所追求的精准思维有助于我们将研究的问题分析得十分精确，将工作中的事情完成得非常精细。

> 数学：辩证的辅助手段和表达方式。
>
> ——恩格斯

现在，我们已经得到 0-1 背包问题的形式化数学模型，下面便是求解该问题的具体算法的设计。

算法设计：

1) 动态规划算法

求解 0-1 背包问题的动态规划算法的递推方程为

$$V(n,C)=\begin{cases}V(n-1,C), & 若 w_n > C \\ \max\{v_n+V(n-1,C-w_n), V(n-1,C)\}, & 其他\end{cases} \tag{7-1}$$

由式(7-1)可知，如果要得到 $V(n, C)$的值，那么对于任意的 $i \leqslant n$，$j \leqslant C$，需要计算 $V(i,j)$的值。$V(i, j)$的含义是原 0-1 背包问题中的前 i 种物品、背包容量为 j 的子问题的最优解所对应的目标函数值，其中 $i \leqslant n$，$j \leqslant C$。因此，若得到了所有较小的 $V(i,j)$的值，则可以逐步构造较大的 $V(i,j)$的值，最终得到 $V(n, C)$的值。显然，计算 $V(i,j)$值的过程，就是考虑物品 i 是否被装入背包的决策过程。

这里我们采用自下而上的迭代策略。首先解决并记录小问题的解，然后，基于小问题的解构造大问题的解。因此我们设计出自下而上的基于迭代策略的动态规划算法，其主要操作就是按照一定顺序填充二维数组 V，因而也称为填表法，算法步骤如下。

(1) 初始化边界条件，$V(0, j) = V(i, 0) = 0$。

(2) 如果第 i 种物品的重量 w_i 大于背包的容量 j，则物品 i 不能装入背包，前 i 种物品装入背包得到的最大价值和前 $i-1$ 种物品装入背包得到的最大价值是相同的，即 $V(i, j) = V(i-1, j)$。

(3) 如果第 i 种物品的重量 w_i 小于或等于背包的容量 j，判断该物品有没有必要装入背包：已知装入该物品后的背包的物品价值为前 $i-1$ 种物品装入容量为 $j-w_i$ 的背包中的最大价值加上第 i 种物品的价值 v_i，即 $V(i-1, j-w_i) + v_i$，若不将该物品装入背包，则前 i 种物品装入背包得到的最大价值和前 $i-1$ 种物品装入背包得到的最大价值是相同的，为 $V(i-1, j)$，比较 $V(i-1, j-w_i) + v_i$ 和 $V(i-1, j)$这二者的大小，即可得知第 i 种物品有没有装入背包的必要。

(4) 依照第(2)步和第(3)步一直进行下去，直到填充二维数组 V 完毕，即背包装满或无法再装入为止。$i = n$，$j = C$ 时，$V(n, C)$为可装入背包的物品最大价值。

动态规划算法解决 0-1 背包问题的伪代码描述如下。

算法 7.1.1：0-1 背包问题的基于迭代的动态规划(DP)算法

输入：物品数量 n、重量数组 w、价值数组 v，背包容量 C

输出：装入背包的物品最大价值 maxvalue，装入背包的物品的指示数组 x，其中，$x[i]\in\{0,1\}, i=1, 2, \cdots, n$

```
int V[n][C]   //定义二维数组 V,存放每个子问题的最优解
for i=1 to n do   //初始化数组的第 0 列
    V[i][0]=0
endfor
for i=1 to n do   //初始化数组的第 0 行
    V[0][i]=0
endfor
for i=1 to n do
    for j=1 to C do
        if w[i] > j then   //物品 i 的重量超过背包容量 j，不能装入
            V[i][j] = V[i−1][j]
        elseif v[i] + V[i−1][j−w[i]] > V[i−1][j] then
            V[i][j] = v[i] + V[i−1][j−w[i]]
        else
            V[i][j] = V[i−1][j]
        endif
    endfor
endfor
for i = n to 1 step −1 do   //将每种物品的选择状态记录到指示数组 x 中
    if V[i][C] = v[i] + V[i−1][ C −w[i]] then
        x[i] =1
        C = C −w[i]
    else
        x[i] = 0
    endif
endfor
return x
return V[n][C]
```

算法 7.1.1 的运行时间主要集中在利用二重循环填充二维数组 V 上，因此，其时间和空间复杂度均为 $O(n^*C)$，其中，n 和 C 分别为物品的数量和背包的容量。

程序设计：算法 7.1.1 的 C++程序 7.1.1 如下。

```
#include<iostream>
#include<stdlib.h>
#include<time.h>
using namespace std;
int *w, *v; //物品的重量及价值数组
int *x;      //物品的指示数组
int n;       //物品的数量
```

```
int C;  //背包的容量
```

```
void generate(int i) //产生第 i 组数据
{
  w=new int[300*i+1]; //第 i 组数据: 物品数量为 300*i
  v=new int[300*i+1];
  x=new int[300*i+1];
  n=300*i;
  int s=0; //初始化物品总重量为 0
  int a=1,b=10; //每种物品的重量和价值区间为 1～10
  for(int j=1; j<=300*i; j++)
  {
    w[j]=rand()%(b-a+1)+a;    //随机生成每种物品的重量
    v[j]=rand()%(b-a+1)+a;    //随机生成每种物品的价值
    s+=w[j]; //计算物品总重量
  }
  C=(int)(s*0.8); //背包容量是物品总重量的 80%
}
```

```
int DP(int* w, int* v, int* x,int C) //动态规划
{
  int **F=new int* [n+1]; //定义二维数组 F, 存放每个子问题的最优解
  for(int i=0;i <n+1;i++)
    F[i]=new int[C+1];
  for(int i=0;i<=n;i++)  //初始化数组的第 0 列
    F[i][0]=0;
  for(int i=0;i<=C;i++)  //初始化数组的第 0 行
    F[0][i]=0;
  for(int i=1;i<=n;i++)
    for(int j=1;j<=C;j++)
    {
        if(w[i]>j)  //物品 i 不能装入
          F[i][j]=F[i-1][j];
        else if(F[i-1][j]>(F[i-1][j-w[i]]+v[i]))
          F[i][j]=F[i-1][j];
        else F[i][j]=F[i-1][j-w[i]]+v[i];
    }
  int j=C;
  for(int i=n; i>0; i--)  //记录物品的选择状态到数组 x 中
  {
    if(F[i][j]==F[i-1][j])
      x[i]=0;
    else
    {
      x[i]=1;
      j=j-w[i];
    }
```

```
  }
  return F[n][C];
}
```

```
void output(long* ctime,int length) //输出每组实验的时间耗费
{
  for(int i=1;i<=length-1;i++)
  {
      cout<<"第"<<i<<"组实验运行的时间为:";
      cout<<ctime[i];
      cout<<"ms"<<endl;
      }
}
```

```
int main()  //主函数
{
  srand((unsigned)time(NULL)); //产生随机数种子
  clock_t startime,endtime;
  int num=10; //实验次数
  long* ctime=new long[num+1]; //实验耗时，毫秒
  for(int i=1; i<=num; i++)
  {
    generate(i); //产生第 i 组数据
    startime=clock();  //计时开始
    int max=DP(w,v,x,C); //调用动态规划算法
    cout<<"第"<<i<<"组实验装入背包的物品最大价值为:";
    cout<<max<<endl; //输出第 i 组实验装入背包的物品最大价值
    endtime=clock();  //计时结束
    ctime[i]=endtime-startime;
  }
  output(ctime,num+1); //调用子函数，输出每组实验的时间耗费
  delete[] ctime;
  return 0;
}
```

程序 7.1.1 定义了物品重量数组、物品价值数组和背包容量等全局变量，主函数 main 设置了 10 组实验，对于每组实验，调用子函数 generate 随机产生输入数据，物品重量和价值在 1 至 10 之间，背包容量限制为物品总重量的 0.8 倍。第一组数据包括 300 种物品，后面的每组实验以 300 的倍数增加物品数量。然后调用子函数 DP 处理数据并输出最大价值，子函数 DP 需要学生编程实现，同时调用计时函数 clock 计算子函数 DP 的执行时间，并将执行时间存储到数组 ctime 中。10 组实验结束后，调用子函数 output 输出 10 组实验的时间耗费。之所以记录算法的每组实验的执行时间，是为了后面便于对比不同算法解决 0-1 背包问题的效率，从而评价算法优劣。可在子函数 DP 中编写多种算法解决 0-1 背包问题的核心代码，亦可修改实验次数 num、背包容量 C 以及物品数量 n 等变量的值，来输出不同算法在不同问题规模下的实验结果。

在计算机 C++语言环境下执行程序 7.1.1，得到如图 7.1 所示的结果。

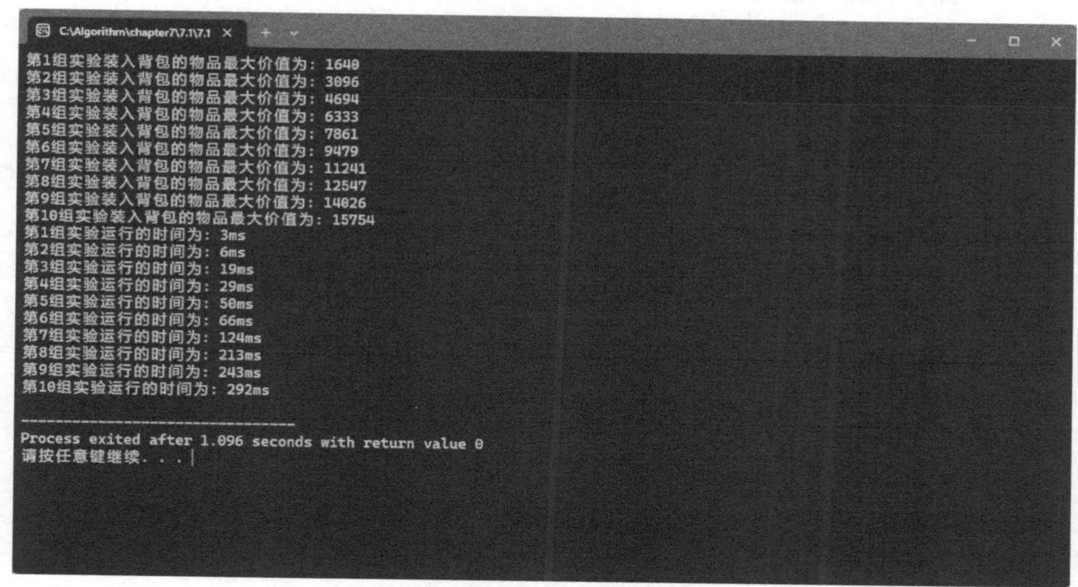

图 7.1　程序 7.1.1 的运行结果截图

2) 贪心算法

贪心算法是最优化问题较简单、较迅速的求解算法。在问题求解的过程中，贪心算法并不考虑问题的整体性，只考虑当前条件下的最优选择，通过局部最优解逐步构造出问题的最优解。

贪心算法解决 0-1 背包问题，常见的贪心策略有“重量最小优先”“价值最大优先”“单位价值最大优先”。在此，我们采用“单位价值最大优先”的贪心策略。

贪心算法解决 0-1 背包问题的主要步骤如下。

(1) 计算每种物品单位重量的价值并按照递减顺序进行排序，并将排序结果存储到一维数组 index。

(2) 根据排序后的结果，从大到小依次选择物品放入背包，直到放不下为止。

(3) 物品最终的选择状态存储到一维数组 BestX 中，最大价值存储到 maxvalue 中。

贪心算法的伪代码描述如下。

算法 7.1.2：0-1 背包问题的贪心算法

输入：物品数量 n、重量数组 w、价值数组 v，背包容量 C

输出：装入背包的物品最大价值 maxvalue，装入背包的物品最终指示数组 BestX，其中，BestX[i]∈{0,1}, i=1,2,⋯, n

---

```
int maxvalue = 0//初始化装入背包的物品最大价值为 0
for i = 1 to n do
    index[i] = i
    sort[i] = v[i]/w[i]
endfor
for i = 1 to n do    //根据物品单位重量价值 sort[i]将物品进行冒泡排序
```

```
        for j =1 to n − i do
            if sort[j] < sort[j+1] then
                temp1 = sort[j]
                sort[j] = sort[j+1]
                sort[j+1] = temp1
                temp2 = index[j]
                index[j] = index[j+1]
                index[j+1] = temp2
            endif
        endfor
    endfor
    for i = 1 to n do
        if w[index[i]  ≤ C then
            x[index[i]] = 1
            C = C−w[index[i]]
        endif
    endfor
    for i = 1 to n do    //计算装入背包的物品最优价值
    maxvalue = maxvalue + x[i] · v[i]
    BestX [i] = x[i]
    endfor
    return maxvalue
```

贪心算法的时间复杂度主要由排序算法决定。冒泡排序算法的时间复杂度为 $O(n^2)$，贪心选择的时间复杂度为 $O(n)$，故算法 7.1.2 的时间复杂度为 $O(n^2)$。若将排序算法改为快速排序，可以将该算法的时间复杂度降为 $O(n\log n)$。

使用贪心算法求解 0-1 背包问题时，算法从问题的某一初始解出发，选择当前条件下的最优解，直至找到问题的整体最优解。贪心算法每一步的决策仅考虑当前的局部信息，解空间不可回溯再现。这种基于经验或直觉的判断，并不一定能够找到问题真正的最优解，在绝大多数情况下，贪心算法得到的解只是问题的近似最优解。

程序设计：算法 7.1.2 的 C++程序 7.1.2 如下。

```
#include<iostream>
using namespace std;
#include <time.h>
#include <stdlib.h>
int *w,*v,*x; //物品的重量、价值及指示数组
int C; //背包容量
int n; //物品数量
int *index; //物品序号数组
int *sort; //物品的单位重量价值数组
```

```
void genarate(int i) //产生第 i 组数据
{
  w=new int [300*i+1]; //第 i 组数据：物品数量为 300*i
  v=new int [300*i+1];
  x=new int [300*i+1];
  index=new int[300*i+1];
  sort=new int[300*i+1];
  n=300*i;
  int s=0; //初始化物品总重量为 0
  int a=1,b=10; //每种物品重量和价值区间为 1～10
  for(int j=1; j<=300*i; j++)
  {
    w[j]=(rand() % (b-a+1))+a; //随机生成每种物品的重量
    v[j]=(rand() % (b-a+1))+a; //随机生成每种物品的价值
    s+=w[j]; //计算物品总重量
  }
  C=(int)(s*0.8); //背包容量是物品总重量的 80%
}
```

```
int GR(int *w, int *v, int *x, int C) //贪心算法
{
  int maxvalue=0; //初始化能装入背包的物品最大价值为 0
  for(int i=1;i<=n;i++)
  {
    index[i]=i;
    sort[i]=v[i]/w[i];
  }
  for(int i=1;i<=n;i++) //根据物品单位重量价值 sort[i]将物品进行冒泡排序
    for(int j=1;j<=n-i;j++)
    {
       if( sort[j]<sort[j+1] )
       {
         int temp1=sort[j];
         sort[j]=sort[j+1];
         sort[j+1]=temp1;
         int temp2=index[j];
         index[j]=index[j+1];
         index[j+1]=temp2;
       }
    }
  for(int i=1;i<=n;i++)
  {
     if(w[index[i]]<=B) //物品能装入背包
     {
       x[index[i]]=1;
       C=C-w[index[i]];
```

```
        }
         else x[index[i]]=0;
    }
    for(int i=1;i<=n;i++)  //计算装入背包的物品最优价值
         maxvalue=maxvalue+x[i]*v[i];
    return maxvalue;
}
```

```
void output(long ctime[],int length) //输出每组实验的时间耗费
{
  for(int i=1;i<=length-1;i++){
       cout<<"第"<<i<<"组实验运行的时间为:";
       cout <<ctime[i];
       cout<<"ms"<<endl;
   }
}
```

```
int main() //主函数
{
  srand((unsigned)time(NULL)); //产生随机数种子
  int num=10; //实验次数
  long* ctime=new long[num+1] ; //实验耗时; 毫秒
  clock_t startTime,endTime;
  for(int i=1;i<=num;i++)
  {
    genarate(i); //产生第 i 组数据
    startTime=clock(); //计时开始
    int max=GR(w,v,x,B); //调用贪心算法
    cout<<"第"<<i<<"组实验装入背包的物品最大价值为:";
    cout<<max<<endl; //输出第 i 组实验装入背包的物品最大价值
    endTime=clock(); //计时结束
    ctime[i]=endTime-startTime;
  }
  output(ctime,num+1); //调用子函数，输出每组实验的时间耗费
  delete[] ctime;
  return 0;
}
```

程序 7.1.2 的编程思想与程序 7.1.1 相似，可参考程序 7.1.1 进行编程。在计算机 C++语言环境下执行程序 7.1.2，得到如图 7.2 所示的结果。

3) 回溯算法

回溯算法是使用深度优先遍历策略求解 0-1 背包问题的经典算法。在问题求解的过程中，回溯算法将物品的选择状态构造成一个解空间树，通过遍历解空间树寻找问题的可行解和最优解。经典的回溯算法从解空间树的根结点出发，依次判断每一个结点，并选择当前状态下满足问题约束条件的结点，当遍历到叶子结点时，记录当前选择状态下的解，回退一步至上

一状态或回退多步，直至遍历每一个结点并回溯到根，在每一次搜索中，不断判断是否存在更优的解，最终将最优解输出。

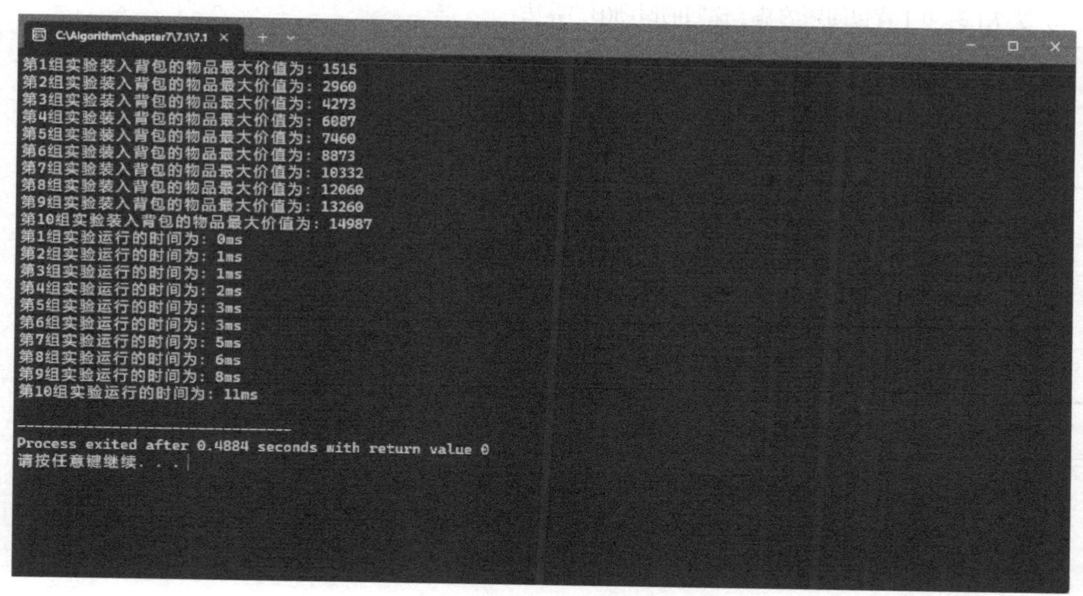

图 7.2　程序 7.1.2 的运行结果截图

算法设计：使用回溯算法解决 0-1 背包问题的主要步骤如下。

(1) 构造 0-1 背包问题的解空间树，解空间树是一个深度为 n 的满二叉树，其中 n 为问题规模，即物品数量。假设规定每个结点连接其左孩子的边权重为 1(代表选择该物品装入背包)，连接其右孩子的边权重为 0(代表不选择该物品装入背包)。

(2) 确定 0-1 背包问题的约束条件。一是装入背包的物品总重量不能超过背包的容量；二是装入背包的物品总价值是问题的最优解。

(3) 从根结点开始，深度优先遍历解空间树，在遍历的过程中根据约束条件及时回溯。

这里我们定义基于递归的回溯函数。递归算法是指把一个大型的复杂问题层层转换为一个与原问题相似的、规模较小的问题，通过求解小问题逐步获得原问题的解。在算法 7.1.3 中，定义递归回溯函数 BT，从第 1 个物品开始遍历并判断选中物品是否能装入背包，当遍历到叶子结点时，进行最优解的约束条件检验并判断是否进行回溯，算法的主要步骤如下。

(1) 引入 cw 和 cv 分别表示当前状态下背包内物品的总重量和总价值。

(2) 若尚未遍历到叶子结点，那么对于每一个物品，首先选择“装入背包”进行递归，若其满足装入背包的约束条件，即装入背包的物品总重量不超过背包容量 C，便对当前价值 cv、当前重量 cw 进行更新，并将该物品的选择状态标记为 1 存储到指示数组 x 中，然后继续递归，分析下一种物品是否能装入背包；若其不满足装入背包的约束条件，便选择“不装入背包”继续进行递归，并将该物品的选择状态标记为 0 存储到指示数组 x 中。

(3) 当遍历到叶子结点后，意味着找到了问题的一种新的可行解，计算此时背包内物品的总价值 cv，判断此可行解是否为问题的最优解，若为最优解，便将其存储到 maxvalue 中，指示数组 x 标记的每种物品的选择状态也存储到最终指示数组 BestX 中。然后递归结束，开始回溯，当前重量 cw 减去当前物品 t 的重量 w_t，当前价值 cv 减去当前物品 t 的价值 v_t，表示当前物品没有装入背包的情况，并将该物品的选择状态标记为 0 存储到指示数组 x 中，然后继续递归回溯。

算法 7.1.3：0-1 背包问题的基于递归的回溯(BT)算法

输入：物品数量 n、重量数组 w、价值数组 v，背包容量 C

输出：装入背包的物品最大价值 maxvalue，装入背包的物品的最终指示数组 BestX[i]，其中，BestX[i] $\in \{0,1\}, i = 1, 2, \cdots, n$

```
int maxvalue = 0   //初始化装入背包的物品最大价值为 0
int cw = 0   //初始化当前状态下背包内物品的总重量为 0
int cv = 0   //初始化当前状态下背包内物品的总价值为 0
maxvalue = BT(1)
return   maxvalue
```

int BT(int t) //递归回溯函数，返回

```
if t = n+1 then //递归结束的判定条件：到达叶子结点
    if cv > maxvalue then   //约束条件：当前价值 cv 为更优解
        maxvalue = cv
        for i = 1 to n do
        BestX[i] = x[i]
        endfor
    endif
else
    for i = 0 to 1 do   //遍历当前结点的子结点：0 为不放入背包，1 为放入背包
        x[t] = i
        if (i = = 0) then   //不放入背包
        BT(t+1)
        elseif   (cw+w[t]) ⩽C then   //约束条件：能装入背包
            cw += w[t]
            cv += v[t]
            BT(t+1)
            cw − = w[t]   //回溯
            cv − = v[t]
        endif
    endfor
endif
```

回溯算法构造问题的解空间树分为两种：子集树和排列树。两种解空间树在算法结构和思路上大体相同。当所给的问题是从 n 个元素的集合 S 中找出满足某种性质的子集时，相应的解空间为子集树；当所给的问题是确定 n 个元素满足某种性质的排列时，相应的解空间就是排列树。0-1 背包问题是从所给重量、价值不同的 n 种物品中挑选若干物品放入背

包，使得在满足背包不超重的情况下，背包内物品的价值最大。显然，它的解空间就是一个典型的子集树。

在使用回溯算法解决 0-1 背包问题时，最坏情况下需要遍历整个解空间树，此时算法的时间复杂度为 $O(2^n)$。但一般情况下，回溯算法总会在遍历到解空间树的最后一个结点前找到问题的最优解，在实际的遍历过程中，算法的时间复杂度取决于遍历生成的结点数目。

回溯算法第一感觉是穷举问题的所有情况，但事实上，回溯算法有别于穷举法，而且是优于穷举法的。穷举法要将一个解的各个部分全部生成后，才检查是否满足约束条件，若不满足，则直接放弃该完整解，然后再尝试另一个可能的完整解，它并没有沿着一个可能的完整解的各个部分逐步回退生成解的过程。对于回溯算法，一个解的各个部分是逐步生成的，当发现当前生成的某部分不满足问题的约束条件时，就放弃该部分，回退到上一步进行新的尝试，而不是放弃整个解重来。

例如，物品数量 $n=3$ 时，其解空间树如图 7.3 所示，边权重为 1 代表选择该物品装入背包，边权重为 0 代表不选择该物品装入背包。使用 x_i 表示物品 i 是否装入背包，$x_i=0$ 表示不装入，$x_i=1$ 表示装入。

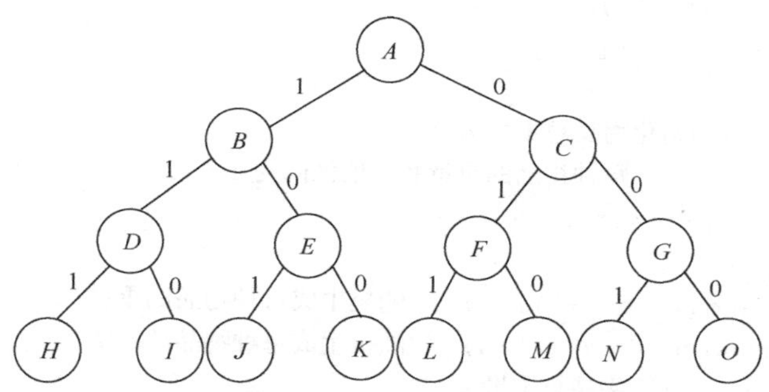

图 7.3　0-1 背包问题的解空间树(物品数量 n 为 3)

回溯算法的基本行为是搜索，回溯搜索过程，就是一个深度优先遍历的过程。如果遍历到了叶子结点，表示一条搜索路径结束，找到了问题的一种可行解，如果这种可行解更优，则保存下来。如果不是叶子结点，如 B，即第 2 种物品，就先遍历其子结点 D，表示选择将其装入背包，若不满足约束条件，即不能装入背包，那么就继续遍历子结点 E，代表不把第 2 种物品装入背包，x[2]=0，接着继续遍历结点 E 的子结点，即第 3 种物品，继续递归回溯。我们可以发现，在这一回溯搜索过程中，回溯算法会通过“剪枝”来避免无效搜索，因为结点 D 也就是第 2 种物品，不满足问题的约束条件，因此无须再遍历结点 H 和结点 I，$ABDH$ 和 $ABDI$ 这两种搜索路径被舍弃，B 的左子树被剪枝。剪枝操作是回溯算法有别于穷举法的地方。回溯算法的剪枝函数包括两类：①使用约束函数，剪去不满足约束条件的路径；②使用限界函数，剪去不能得到最优解的路径。这里我们只介绍第一类剪枝函数。

总的来说，回溯算法按深度优先遍历策略搜索 0-1 背包问题的解空间树。首先从根结点出发搜索解空间树，当算法搜索至解空间树的某一结点时，先利用剪枝函数判断该结点是否可行。如果不可行，则跳过对以该结点为根的子树的搜索，逐层向其祖先结点回溯；否则，进入该子树，继续按深度优先策略搜索。

程序设计：由于实验环境限制，程序自动生成的输入数据中，设置物品数量为 3*i，算法 7.1.3 的 C++程序 7.1.3 如下。

```
#include<iostream>
using namespace std;
#include <time.h>
#include <stdlib.h>
int *w,*v,*x; //物品的重量、价值及指示数组
int C; //背包容量
int n; //物品数量
int cw=0; //当前状态下装入背包的物品总重量
int cv=0; //当前状态下装入背包的物品总价值
int maxvalue=0; //最优值；当前状态下能装入背包的物品最大价值，初始化为 0
int *BestX; //最优解；BestX[i]=1 代表物品 i 装入背包，0 代表不装入
```

```
int genarate(int i) //产生第 i 组数据
{
  w=new int [3*i+1]; //第 i 组数据：物品数量为 3*i
  v=new int [3*i+1];
  x=new int [3*i+1];
  BestX=new int [3*i+1];
  n=3*i;
  int s=0; //初始化物品总重量为 0
  int a=1,b=10; //每种物品的重量和价值区间为 1～10
  for(int j=1; j<=3*i; j++)
  {
    w[j]=(rand()%(b-a+1))+a; //随机生成每种物品的重量
    v[j]=(rand()%(b-a+1))+a; //随机生成每种物品的价值
    s+=w[j]; //计算物品总重量
  }
  C=(int)(s*0.8); //背包容量是物品总重量的 80%
}
```

```
int BT(int t)//回溯算法
{
  if(t>n) //递归结束的判定条件：到达叶结点
  {
      if(cv>maxvalue) //如果找到了一个更优的解
      {
        maxvalue=cv; //保存更优的值
        for(int i=1; i<=n; ++i)  //保存相应的物品选择状态
        BestX[i]=x[i];
      }
  }
  else
  {
      for(int i=0; i<=1; ++i) //遍历当前结点的子结点：0 为不装入背包，1 为装入背包
      {
```

```
            x[t]=i;
            if(i==0) //不装入背包
            {
              BT(t+1);
            }
            else
            {
              if((cw+w[t])<=B) //约束条件：装得下
              {
                    cw+=w[t];
                    cv+=v[t];
                    BT(t+1);
                    cw-=w[t];  //回溯
                    cv-=v[t];
              }
            }
        }
    }
    return maxvalue;
  }
```

```
long output(long ctime[],int length) //输出每组实验的时间耗费
{
  for(int i=1;i<length;i++){
      cout<<"第"<<i<<"组实验运行的时间为:";
      cout << ctime[i];
      cout<< "ms"<<endl;
  }
}
```

```
int main() //主函数
{
  srand((unsigned)time(NULL)); //产生随机数种子
  int num=10; //实验次数
  long* ctime=new long[num+1] ; //实验耗时；毫秒
  clock_t startTime,endTime;
  for(int i=1;i<=num;i++)
  {
    genarate(i); //产生第 i 组数据
    startTime=clock(); //计时开始
    int max=BT(1); //调用回溯算法
    cout<<"第"<<i<<"组实验能装入背包的物品最大价值为:";
    cout<<max<<endl; //输出第 i 组实验能装入背包的物品最大价值
    endTime=clock(); //计时结束
    ctime[i]=endTime-startTime;
  }
```

```
    output(ctime,num+1); //调用子函数，输出每组实验的时间耗费
    delete[] ctime;
    return 0;
}
```

在计算机 C++语言环境下执行程序 7.1.3，得到如图 7.4 所示的结果。

程序 7.1.3 的实现过程与 7.1.1 和 7.1.2 两个程序相似，可以参考以上两个程序进行编程实现。

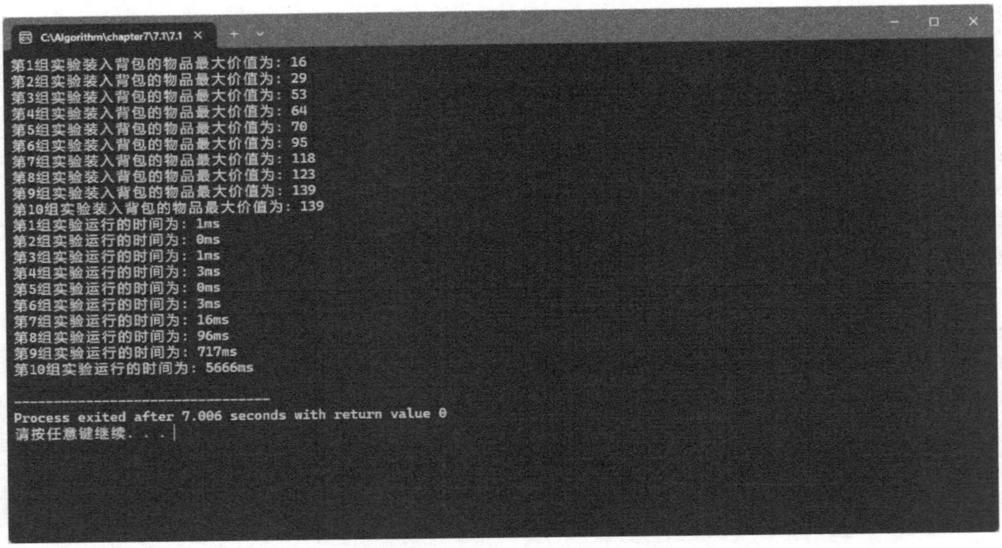

```
C:\Algorithm\chapter7\7.1\7.1
第1组实验装入背包的物品最大价值为: 16
第2组实验装入背包的物品最大价值为: 29
第3组实验装入背包的物品最大价值为: 53
第4组实验装入背包的物品最大价值为: 64
第5组实验装入背包的物品最大价值为: 70
第6组实验装入背包的物品最大价值为: 95
第7组实验装入背包的物品最大价值为: 118
第8组实验装入背包的物品最大价值为: 123
第9组实验装入背包的物品最大价值为: 139
第10组实验装入背包的物品最大价值为: 139
第1组实验运行的时间为: 1ms
第2组实验运行的时间为: 0ms
第3组实验运行的时间为: 1ms
第4组实验运行的时间为: 3ms
第5组实验运行的时间为: 0ms
第6组实验运行的时间为: 3ms
第7组实验运行的时间为: 16ms
第8组实验运行的时间为: 96ms
第9组实验运行的时间为: 717ms
第10组实验运行的时间为: 5666ms

--------------------------------
Process exited after 7.006 seconds with return value 0
请按任意键继续. . .
```

图 7.4　程序 7.1.3 的运行结果截图

> 面对问题，很多时候最大的困难不是问题本身，而是我们对待问题的态度，“只要思想不滑坡，办法总比问题多”。

上面分别展示了动态规划、贪心算法和回溯算法求解 0-1 背包问题的完整过程。一个看似复杂的 0-1 背包问题，竟然可以用多种算法求解，甚至除了以上三种算法以外，同学们还可以思考一下是否还有其他可行的算法。任何事物的发展都不是一帆风顺的，在发展的过程中会遇到各种各样的矛盾，矛盾“时时有、事事有”，在实际学习、生活和工作中，问题也是无处不在的。我们一定要树立“办法总比问题多”的观念，遇到问题，要有解决问题的信心，积极寻找解决问题的办法，而不是轻易就被困难打倒，困难往往并没有我们想象的那么可怕。

为了更直观地对比三种算法解决 0-1 背包问题的效率，我们分别在不同问题规模(即物品数量)下比较三种算法的执行时间。实验环境：CPU 为 i5-12500H；内存(random access memory, RAM)为 16GB；集成开发工具为 Dev-C++。

由于目前计算机处理速度较快，在数据规模较小的情况下，同一种算法的每组实验所消耗的时间差别不大，有时实验在某些较大数据规模下所消耗的时间反而会缩短。针对此问题，为了准确地把握每种算法随着问题规模的增加其执行时间的变化趋势，我们采取两种措施。一是调整实验参数，对于动态规划算法和贪心算法，第一组数据包括 300 种物品，然后以 300 的倍数增加物品数量。对每组产生的数据，将调用算法计算物品能够装入背包的最大价值和每种物品的选择状态。因为随着问题规模的增大，各算法的计算时间都在增加，回溯算法相

对于其他两种算法所增加的时间更加显著，特此，单独考虑回溯算法的情况，回溯算法的第一组数据包括 3 种物品，然后以 3 的倍数增加物品数量。二是我们对每种算法的每组实验重复多次，取其平均执行时间。

对于动态规划算法和贪心算法，分别执行程序 7.1.1 和程序 7.1.2 三次，每次不同问题规模下的执行时间记录如表 7.1 和表 7.2 所示。

表 7.1　动态规划算法在不同问题规模下的时间耗费

物品数量	时间耗费/ms			
	第一次	第二次	第三次	平均执行时间
300	5	6	6	5.6667
600	21	24	28	6.0833
900	57	60	59	58.6667
1200	111	99	203	137.6667
1500	161	150	250	187
1800	220	227	197	214.6667
2100	319	352	236	302.3333
2400	437	448	343	409.3333
2700	604	626	559	596.3333
3000	754	681	494	643

表 7.2　贪心算法在不同问题规模下的时间耗费

物品数量	时间耗费/ms			
	第一次	第二次	第三次	平均执行时间
300	1	0	1	0.6667
600	1	1	2	1.3333
900	3	3	6	4
1200	4	4	10	6
1500	8	6	11	8.3333
1800	12	9	16	12.3333
2100	14	14	18	15.3333
2400	23	18	18	19.6667
2700	28	21	22	23.6667
3000	35	29	27	30.3333

对于回溯算法，执行程序 7.1.3 四次，不同问题规模下的执行时间记录见表 7.3。

表 7.3　回溯算法在不同问题规模下的时间耗费

物品数量	时间耗费/ms				
	第一次	第二次	第三次	第四次	平均执行时间
3	0	1	1	1	0.75
6	0	0	0	1	0.25
9	1	0	0	0	0.25
12	0	1	1	0	0.5
15	2	1	0	2	1.25
18	3	5	4	6	4.5
21	43	47	43	47	45
24	300	393	511	438	410.5
27	2337	2621	2711	2787	2614
30	21317	19963	19494	19530	20076

为了更直观地观察每种算法随着问题规模的增加其执行时间的变化趋势，鉴于图更为直观和常用，我们进一步将上述实验结果用图的形式呈现出来，为此我们提供了矢量图的绘制命令模板。首先，下载并安装矢量画图工具 Gnuplot(http: //gnuplot. sourceforge. net/)；然后，以表 7.1 和表 7.2 中的数据为例，绘制动态规划算法和贪心算法在相同问题规模下解决 0-1 背包问题的执行时间对比图，需要将每组实验记录的运行时间数据按列形式存在数据文件中，如 data.txt，格式如图 7.5 所示；接着，修改如图 7.6 所示的命令文件 a.txt；最后，在 Gnuplot 软件命令行中，通过 load“a.txt”命令，矢量图 EPS 文件(图 7.7)被生成于命令文件所在的文件夹中。

```
300     5.6667    0.6667
600     6.0833    1.3333
…       …         …
3000    643       30.3333
```

图 7.5　实验产生的数据文件

在图 7.5 中：第 1 列表示问题规模，即物品数量，从物品数量为 300 开始，以 300 增加，最终到 3000；从第 2 列起每列代表一个算法在各个规模数据下的运行时间，共两个算法，分动态规划算法和贪心算法；算法的运行时间的单位是 ms。

```
reset
set xlabel "物品数量"   #设置 x 轴标题
set ylabel "运行时间 (ms)"   #设置 y 轴标题
set size ratio 0.75   #设置图的长宽比例
set xrange [300:3000]   #设置 x 坐标轴上下界
set xtics 300   #设置 x 坐标递增值
set grid
set yrange [0:650]   #设置 y 坐标轴上下界
set ytics 50   #设置 y 坐标递增值
set key top left   #设置图例位置
set output 'fig1.eps'   #图的名称
plot "data.txt" u 1:2 with lp pt 7   pointsize 2 lt 7 lc "red" title "动态规划算法",
"data.txt" u 1:3 w lp pt 9 pointsize 2 lt 3 lc "blue" title "贪心算法" #绘图命令
set output   #输出
```

图 7.6　生成矢量图的 Gnuplot 命令文件

图 7.6 给出了绘制矢量图的命令文件的内容，其中，符号“#”后面是简要的解释。依据图 7.6 的命令和图 7.5 的数据，通过 Gnuplot 执行，可生成图 7.7 所示的矢量图。

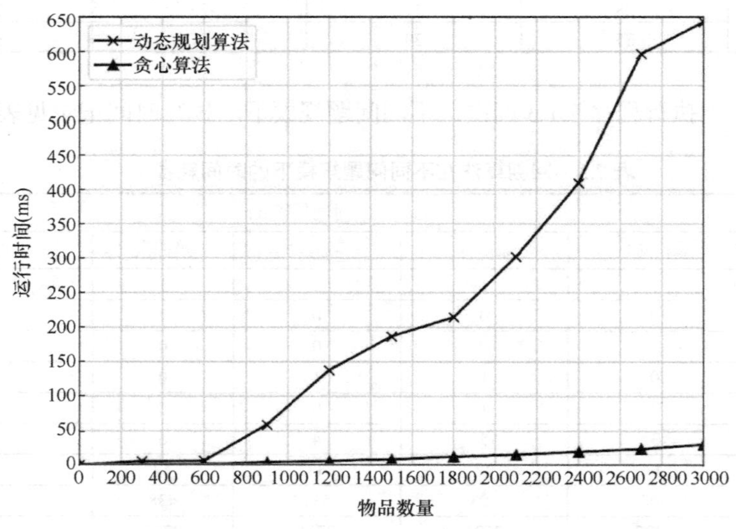

图 7.7　动态规划算法和贪心算法解决 0-1 背包问题的执行时间对比图

从图 7.7 可以看出，相同问题规模下，贪心算法的运行时间明显短于动态规划算法，并且随着物品数量增加，动态规划算法的运行时间逐渐增加，基本呈现线性增长方式，这与其理论上的时间复杂度相同。

同样采用上述矢量图的绘制命令模板，绘制出回溯算法在不同问题规模下的执行时间变化图，如图 7.8 所示。

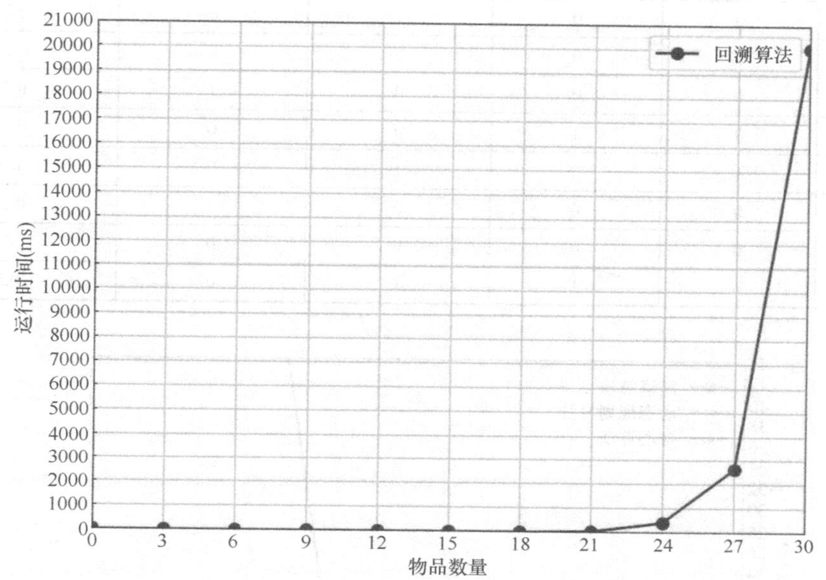

图 7.8　回溯算法解决 0-1 背包问题的执行时间变化图

从图 7.8 可以看出，随着问题规模的增大，回溯算法的运行时间呈指数级增长，问题规模达到一定程度时，可能短时间内得不到问题的解，这正好与理论分析的情况是一致的。回溯算法在较小的问题规模下就显示出其在执行时间上的劣势，对于较大的问题规模，更是难以处理，这与其理论上的时间复杂度也是一致的。

为了更准确地说明动态规划算法和贪心算法在较小问题规模下的执行情况，修改程序 7.1.1 和程序 7.1.2 的实验参数，使其与程序 7.1.3 的实验参数一致。同样执行程序 7.1.1 和程序 7.1.2 四次，每次不同问题规模下的执行时间记录如表 7.4 和表 7.5 所示。并根据表中数据通过 Gnuplot 绘制三种算法在较小问题规模下解决 0-1 背包问题的执行时间对比图，如图 7.9 所示。

表 7.4　动态规划算法在较小问题规模下的时间耗费

物品数量	时间耗费/ms				
	第一次	第二次	第三次	第四次	平均执行时间
3	1	0	1	0	0.5
6	0	0	0	1	0.25
9	0	1	0	0	0.25
12	0	0	0	0	0
15	0	0	1	1	0.25
18	0	0	0	0	0
21	0	1	0	0	0.25
24	2	0	1	0	0.75
27	0	0	0	1	0.25
30	0	1	0	0	0.25

表 7.5 贪心算法在较小问题规模下的时间耗费

物品数量	时间耗费/ms				
	第一次	第二次	第三次	第四次	平均执行时间
3	1	0	1	0	0.5
6	0	1	0	1	0.5
9	0	0	1	0	0.25
12	1	0	0	0	0.25
15	0	0	0	1	0.25
18	0	1	0	0	0.25
21	1	0	1	0	0.5
24	0	0	0	1	0.25
27	0	0	0	0	0
30	0	1	1	0	0.5

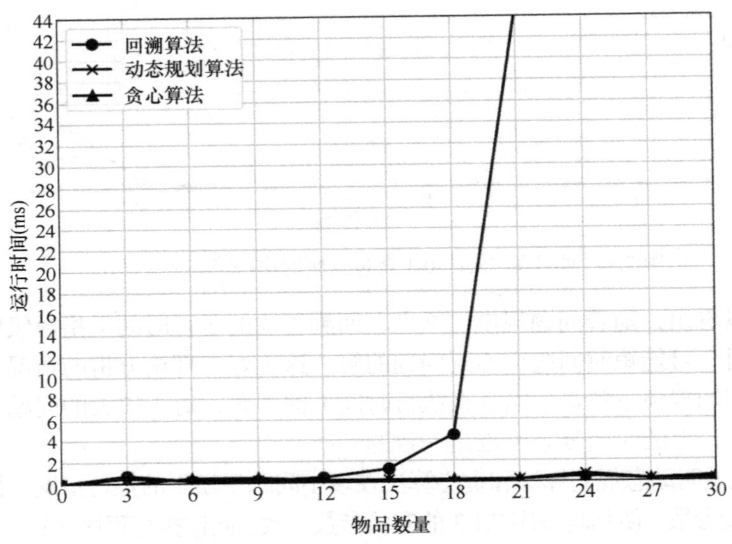

图 7.9 动态规划算法、贪心算法和回溯算法在较小问题规模下的执行时间对比图

从图 7.9 可以发现，当问题规模很小的时候，三种算法都表现出较好的稳定性，计算时间相差得并不多。随着问题规模的增大，各算法的计算时间的差别逐渐显现出来。

对比以上三种算法可以看出，三种算法都有自己的特性。用动态规划算法解决 0-1 背包问题得到的最优解与穷举法是一致的，所以动态规划算法解决 0-1 背包问题是非常可行的，但动态规划算法的不足之处是空间开销大，数据的存储需要用到二维数组，属于“以空间换时间”；贪心算法速度比较快，但是所得到的解有时可能只是问题的局部最优解；回溯算法虽然确保了问题解的正确性，但是是以牺牲算法的运行时间为代价的。

7.2 求解最短路径问题的算法综合应用与实践

问题描述：图 $G=(V, E)$可分为非带权图和带权图，若图 $G=(V, E)$为非带权图，定义从

顶点 u 到任一顶点 v 的最短路径 $d(u,v)$为从 u 到 v 的任何路径中最少的边数，若从 u 到 v 没有通路，则 $d(u,v)=\infty$；若图 $G=(V,E)$为带权图，把从顶点 u 到图中任一顶点 v 的一条路径(可能不止一条)所经过边上的权重之和定义为该路径的带权路径长度，把带权路径长度最短的那条路径称为最短路径。

问题分析：对于非带权图，可以使用 BFS(广度优先搜索)算法求解单源最短路径问题，即求图中某一顶点到其他顶点的最短路径。带权图的最短路径问题一般可分为两类：一是单源最短路径，可通过经典的 Dijkstra(迪杰斯特拉)算法求解；二是求每对顶点间的最短路径，可通过 Floyd(弗洛伊德)算法来求解。

1) BFS 算法

BFS 算法求解的是无权图的单源最短路径问题，无权图即默认边上的权重为 1。BFS 算法的思想在 2.9.1 节已经做过详细介绍，本节在此基础上做一些微小的改动，加入 dist 数组来存放源点到其他顶点的最短距离，同时加入 visit 数组来标记已访问的顶点。实现思路如下。

(1) 定义队列 q，并将起点 s 入队。

(2) 定义 while 循环，循环条件是 q 非空。

(3) 在 while 循环中，先取出队首的元素 front，然后访问 front，访问结束后令 front 出队。

(4) 将 front 下一层结点中未曾入队的结点全部入队，同时设置该结点已经入过队；如果需要记录层号，此时层号加一，此层号即表示该点到源点的距离，并将其存入 dist 数组中。

(5) 返回步骤(2)，直到队列为空或满足其他终止条件。

算法设计：BFS 算法解决无权图的最短路径问题的伪代码描述如下。

算法 7.2.1：最短路径问题的 BFS 算法

输入：顶点数量 n、图的矩阵 a、访问数组 visit、距离数组 dist

输出：从源点 s 到其他顶点的距离矩阵 dist[i]，其中，$i=1,2,\cdots,n$

```
const int MAX = 1000;   //最大顶点数
int a[MAXV][MAXV];   //图的矩阵
int dist[MAXV];   //起点到达各点的最短路径
bool visit[MAXV] = {false};   //标记是否被访问
```

void BFS( ) //BFS 算法核心

```
queue<int> q;   //定义队列
tag = 0;   //标记为 0
visit[0] = true;   //源点的标记改为 1
q.push(0);  //源点进队列
count = 1;  //记录层数
while q.empty()! =Null   //判断条件
    tag = 0;
    tmp = q.front();   //存储队首元素
    q.pop();  //队首元素出栈
    for i = 0 to vertexnum do   //开始遍历
        if a[tmp][i] && !visit[i] then   //判断是否有邻接结点
```

```
                visit[i] = true;
                tag = 1;
                q.push(i);
                dist[i] = count;
            endif
        endfor
        if   tag = = 1 then
            count ++;
        endif
    endwhile
```

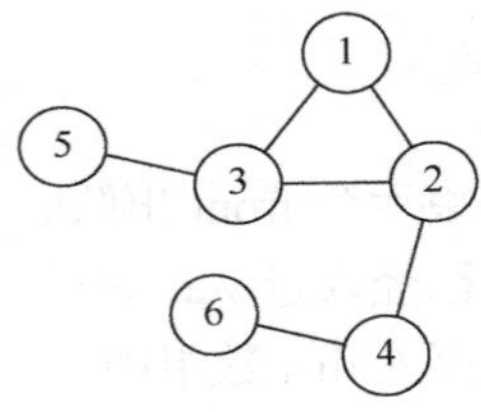

图 7.10　无向图 G_1

以图 7.10 中的无向图 G_1 为例，BFS 算法求解无权图单源最短路径问题的演示如下。

(1) 定义队列 q，并将顶点 1(默认为源顶点)入队，并且修改 visit[1]=1，表示顶点 1 已被访问。

(2) 将顶点 1 出队，并且访问顶点 1，并将顶点 1 的下一层的相邻顶点入队，即顶点 2 和顶点 3 入队，并改变其 visit 数组的值，此时层数加 1。

(3) 接着将顶点 2 和顶点 3 出队，并且访问顶点 2 和顶点 3，将顶点 2 和顶点 3 的下一层的相邻顶点入队，即顶点 4 和顶点 5 入队，此时层数加 1。

(4) 接着将顶点 4 和顶点 5 出队，并且访问顶点 4 和顶点 5，将顶点 4 和顶点 5 的下一层的相邻顶点入队，即顶点 6 入队，此时层数加 1。

(5) 最终得到顶点 1 到顶点 2 和顶点 3 的距离为 1，到顶点 4 和顶点 5 的距离为 2，到顶点 6 的距离为 3。

在使用邻接矩阵存储图时，BFS 算法的空间复杂度为 $O(n^2)$，时间复杂度也是 $O(n^2)$，其中 n 为图的顶点个数。

程序设计：算法 7.2.1 的 C++程序 7.2.1 如下。

```
#include <iostream>
#include <queue>
#include<ctime>
#include<cstdlib>
#include<cstring>
#include<iomanip>
#include<windows.h>
#define MaxVertexNum  9999
using namespace std;
int vertexnum;  //顶点数
int edgenum;  //边数
bool visit[MaxVertexNum];  //访问数组
int edgeList[MaxVertexNum][MaxVertexNum];  //图的矩阵
```

```
int dist[MaxVertexNum];  //距离矩阵
```

```
void clearmap()//初始化
{
    memset(visit, 0, MaxVertexNum*sizeof(int)); //将visit数组中的
    MaxVertexNum个int型内存空间全初始化为零
    memset(edgeList, 0, MaxVertexNum*sizeof(int));
    memset(dist, 0, MaxVertexNum*sizeof(int));
    for(int i = 0; i < vertexnum; i++)
    {
        visit[i] = false;
        dist[i] = 999;  //即距离无穷远
        for(int j = 0; j < vertexnum; j++)  //初始化边
        {
            edgeList[i][j] = 0;
        }
    }
}
```

```
void BuildGraph()  //自动生成图
{
    int ra, rb;
    srand(time(0));
    cout<<"自动生成的无向图为: "<<endl;
    for(int i = 0; i < edgenum; i++)
    {
        ra = rand() % vertexnum;  //生成数组随机位置
        rb = rand() % vertexnum;
        while(ra == rb)
            rb = rand() % vertexnum;  //这两个随机数必须是不相等的
        if(!edgeList[ra][rb])
        {
            edgeList[ra][rb] = edgeList[rb][ra] =1;  //生成对称邻接矩阵，
                                                      随机生成权重
        }
    }
    for(int i = 0; i < vertexnum; i++){
        for(int j = 0; j < vertexnum; j++)
            cout << " " << edgeList[i][j] << " ";
        cout << endl;
    }
}
```

```
void BFS()  //BFS核心代码，参考BFS伪代码
{
    queue<int> q;
    bool tag = 0;
```

```
    visit[0] = true;
    q.push(0);
    int count = 1;
    while(!q.empty())
    {   tag = 0;
        int tmp = q.front();
        q.pop();
        for(int i = 0; i < vertexnum; i++)
        {
            if(edgeList[tmp][i] && !visit[i])
            {
                visit[i] = true;
                tag = 1;
                q.push(i);
                dist[i] = count;
            }
        }
         if(tag == 1){
            count++;
         }
    }
}
```

```
int main(){
time_t start_time,end_time;
for(vertexnum = 10;vertexnum <= 15;vertexnum++){
   cout<<"自动生成顶点的数量为: " <<vertexnum<<endl;
   edgenum = rand()%(vertexnum*(vertexnum - 1)/2 + 1);
   cout<<"自动生成边的个数为: "<<edgenum<<endl;
   while(edgenum > (vertexnum*(vertexnum - 1)/2 + 1)) //判断边数是否输入正确，若要满足无向图即要满足边数 < 顶点数 * (顶点数 - 1)/2
   {
        edgenum = rand()%(vertexnum * (vertexnum - 1)/2 + 1);
        cout << "自动生成边的个数为: " << edgenum;
    }
   clearmap(); //初始化各个数组
   BuildGraph();
   start_time = clock();
   BFS();
   end_time = clock();
   cout << double(end_time-start_time) << "ms!" << endl;
   for(int i = 1;i <= vertexnum - 1;i++){
   if(visit[i] == false)
     cout << "顶点 V0 到顶点 V" << i << "不可达" << endl;
   else
     cout << "顶点 V0 到顶点 V" << i << "的距离为: " << dist[i] << endl;
```

```
        }
    }
    return 0;
}
```

程序执行：在程序 7.2.1 中，我们定义了 visit 数组、edgeList 数组以及 dist 数组。visit 数组用来标记顶点是否被访问过；edgeList 数组用来存储图的边权值信息；dist 数组用来存储源点到其他顶点的距离。同时，还定义了 clearmap 函数、BuildGraph 函数。clearmap 函数用来初始化上述三个数组；BuildGraph 函数用来构造图。接下来是核心算法函数，在这一部分可以编写实现求最短路径的程序。最后是主函数。在主函数中：自动生成顶点数 vertexnum 以及自动生成满足条件边的个数 edgenum；接着调用 clearmap 函数对数组进行初始化；然后调用 BuildGraph 函数自动生成图；接着调用核心算法函数，实现图的最短路径求解；最后在主函数中输出 dist 数组。开始时，可以随机设置顶点数 vertexnum 的值，然后通过断点或输出以检查所设计的算法是否正确，在正确的前提下，将顶点数增加，记录所需的时间。

在计算机 C++语言环境下执行程序 7.2.1，则得到图 7.11 所示的结果。

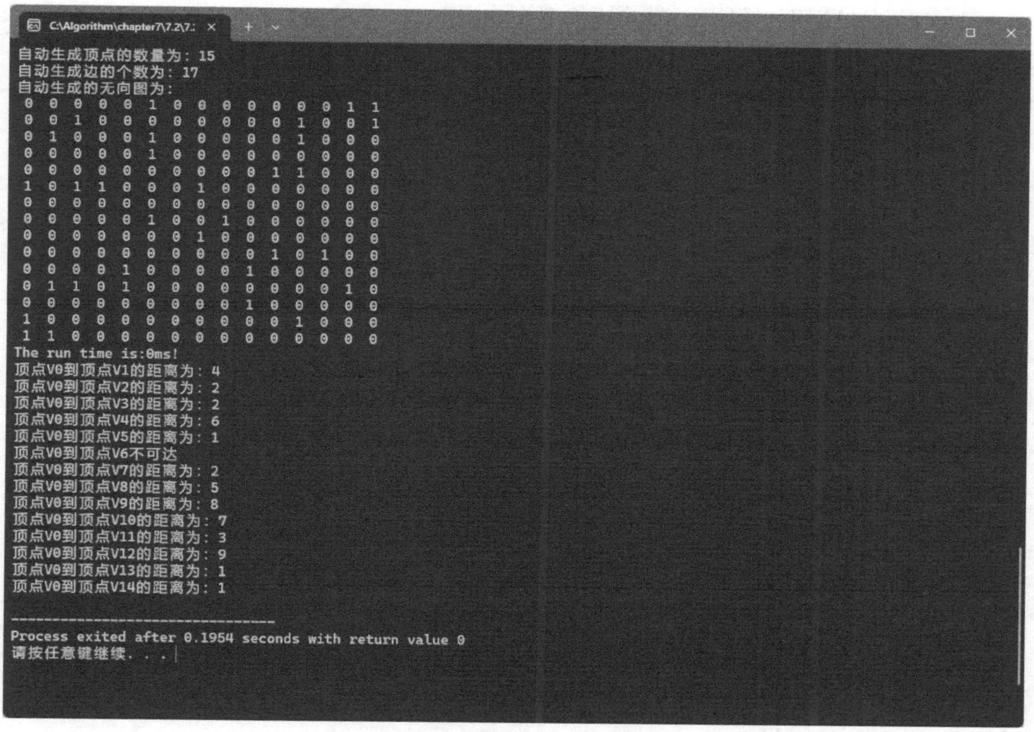

```
C:\Algorithm\chapter7\7.2\7.
自动生成顶点的数量为: 15
自动生成边的个数为: 17
自动生成的无向图为:
 0  0  0  0  0  1  0  0  0  0  0  0  0  1  1
 0  0  1  0  0  0  0  0  0  0  0  1  0  0  1
 0  1  0  0  0  1  0  0  0  0  0  1  0  0  0
 0  0  0  0  0  1  0  0  0  0  0  0  0  0  0
 0  0  0  0  0  0  0  0  0  0  1  1  0  0  0
 1  0  1  1  0  0  0  1  0  0  0  0  0  0  0
 0  0  0  0  0  0  0  0  0  0  0  0  0  0  0
 0  0  0  0  0  1  0  0  1  0  0  0  0  0  0
 0  0  0  0  0  0  0  1  0  0  0  0  0  0  0
 0  0  0  0  0  0  0  0  0  0  1  0  1  0  0
 0  0  0  0  1  0  0  0  0  1  0  0  0  0  0
 0  1  1  0  1  0  0  0  0  0  0  0  0  1  0
 0  0  0  0  0  0  0  0  0  1  0  0  0  0  0
 1  0  0  0  0  0  0  0  0  0  0  1  0  0  0
 1  1  0  0  0  0  0  0  0  0  0  0  0  0  0
The run time is:0ms!
顶点V0到顶点V1的距离为: 4
顶点V0到顶点V2的距离为: 2
顶点V0到顶点V3的距离为: 2
顶点V0到顶点V4的距离为: 6
顶点V0到顶点V5的距离为: 1
顶点V0到顶点V6不可达
顶点V0到顶点V7的距离为: 2
顶点V0到顶点V8的距离为: 5
顶点V0到顶点V9的距离为: 8
顶点V0到顶点V10的距离为: 7
顶点V0到顶点V11的距离为: 3
顶点V0到顶点V12的距离为: 9
顶点V0到顶点V13的距离为: 1
顶点V0到顶点V14的距离为: 1

--------------------------------
Process exited after 0.1954 seconds with return value 0
请按任意键继续. . .
```

图 7.11　程序 7.2.1 的运行结果

2) Dijkstra 算法

Dijkstra 算法是解决有权图单源最短路径问题的经典算法，它采用的是一种贪心的策略，其基本思想如下。

(1) 声明一个数组 dist 来保存源点到各个顶点的最短距离和一个保存已经找到最短路径

的顶点的集合 T；初始时，源点 s 的路径权重被赋为 0 (dist[s] = 0)。若对于顶点 s，存在能直接到达的边(s, m)，则把 dist[m]设为 $w(s, m)$，同时把所有其他(s 不能直接到达的)顶点的路径长度设为无穷大。初始时，集合 T 中只有顶点 s。

(2) 从 dist 数组中选择最小值，该值就是源点 s 到该值对应的顶点的最短路径，并且把该点加入 T 中(贪心策略体现在这里)。

(3) 查看新加入的顶点是否可以到达其他顶点并且查看通过该顶点到达其他顶点的路径长度是否比源点直接到达短，如果是，那么就替换这些顶点在 dist 中的值。

(4) 再从 dist 中找出最小值，重复上述动作，直到 T 中包含图的所有顶点。

算法设计：Dijkstra 算法解决图的最短路径问题的伪代码描述如下。

算法 7.2.2：最短路径问题的 Dijkstra 算法

输入：顶点数量 n、边数量 m、图的矩阵 a、访问数组 visit、距离数组 dist

输出：从源点 s 到其他顶点的距离矩阵 dist[i]，其中，i=1,2, ⋯ , n

```
const int MAX = 1000;   //最大顶点数
int a[MAXV][MAXV];   //图的矩阵
int dist[MAXV];   //起点到达各点的最短路径
bool visit[MAXV] = {false};   //标记是否被访问
```

void Dijkstra( ) //执行函数

```
visit[0] = true;
min = MAX;
index = 0;
for i = 0 to m − 1 do
   min = MAX ;
      for j = 0 to m − 1 do
         if !visit[j] && dist[j] < min then //寻找最短边
            min = dist[j];
            index = j;
         endif
         visit[index] = true;
            for j = 0 to m do
               if !visit[j] && dist[index] + a[index][j] < dist[j] then //比较从顶点 i 经过顶点 index 再到达顶点 j 的距离和从顶点 i 直接到顶点 j 的距离的大小
                  dist[j] = dist[index] + a[index][j];
               endif
            endfor
      endfor
endfor
```

下面以图 7.12 中的无向图 G_2 为例进行 Dijkstra 算法的演示。

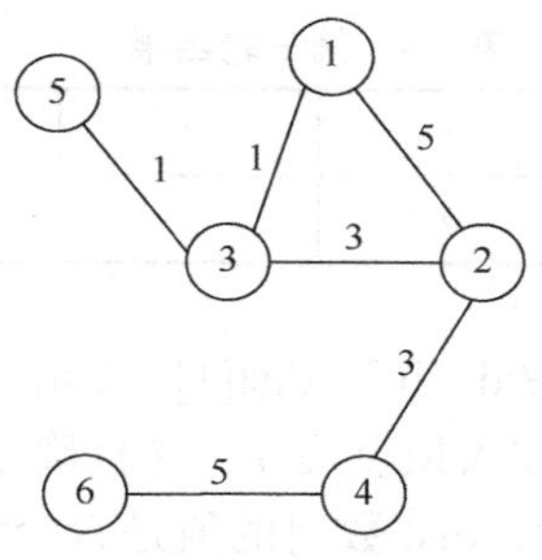

图 7.12　无向图 G_2

首先声明一个 dist 数组，该数组初始化的值如表 7.6 所示。

表 7.6　数组初始化的值

dist 数组	顶点	1	2	3	4	5	6
	距离	0	5	1	∞	∞	∞

顶点集 T 的初始化为：T={1}，接着确定距离顶点 1 最近的顶点。通过数组 dist 可知，当前离顶点 1 最近的是顶点 3。当选择了顶点 3 后，dist[2](下标从 0 开始)的值就已经从“估计值”变为“确定值”，即顶点 1 到顶点 3 的最短距离就是当前 dist[2]的值。将顶点 3 加入顶点集 T 中，此时顶点集 T 为：T={1, 3}。

顶点 3 可到达顶点 1(已访问)、顶点 2、顶点 5 并且路径(1, 3, 2)的长度小于路径(1, 2)的长度，路径(1, 3, 5)的长度小于路径(1, 5)的长度，于是更新 dist[1]=4，dist[4]=2，此时 dist 数组可更新为表 7.7。

表 7.7　第一轮结果

dist 数组	顶点	1	2	3	4	5	6
	距离	0	4	1	∞	2	∞

接着从除 dist[0]和 dist[2]以外继续寻找最小值，可以发现此时 dist[4]的值最小，根据之前解释的原理，可以知道顶点 1 到顶点 5 的最短距离就是 dist[4]的值，然后，我们把顶点 5 加入集合 T 中，此时顶点 T 为：T={1, 3, 5}。

然后我们考虑加入顶点 5 后，dist 数组的值是否会发生变化，经过比较可以发现，dist 数组的值没有变化，此时 dist 数组如表 7.8 所示。

表 7.8　第二轮结果

dist 数组	顶点	1	2	3	4	5	6
	距离	0	4	1	∞	2	∞

接着进行下一轮搜索，在不考虑 dist[0]，dist[2]，dist[4]的情况下，可以发现此时 dist[1]的值最小，我们把顶点 2 加入顶点集 T，并且确定顶点 1 到顶点 2 的最短距离为 dist[1]的值。然后我们考虑加入顶点 2 后，dist 数组的值是否会发生变化，通过比较可以发现，路径(1, 3,

2, 4)的值小于路径(1, 4)的值，于是更新 dist[3]=7，此时 dist 数组的值如表 7.9 所示。

表 7.9　第三轮结果

dist 数组	顶点	1	2	3	4	5	6
	距离	0	4	1	7	2	∞

接着进行新一轮搜索，在不考虑 dist[0]，dist[1]，dist[2]，dist[4]的情况下，可以发现此时 dist[3]的值最小，我们把顶点 4 加入顶点集 *T*，并且确定顶点 1 到顶点 4 的最短距离为 dist[3]的值。然后考虑加入顶点 4 后，dist 数组的值是否会发生变化，通过比较可以发现，路径(1, 3, 2, 4, 6)的值小于路径(1, 6)的值，于是更新 dist[5]=12，此时 dist 数组如表 7.10 所示。

表 7.10　第四轮结果

dist 数组	顶点	1	2	3	4	5	6
	距离	0	4	1	7	2	12

最后用同样的原理，确定顶点 1 到顶点 6 的最短距离为 12。最终 dist 数组如表 7.11 所示。

表 7.11　最终结果

dist 数组	顶点	1	2	3	4	5	6
	距离	0	4	1	7	2	12

最终我们可以得到顶点 1 到顶点 2 的最短距离为 4，顶点 1 到顶点 3 的最短距离为 1，顶点 1 到顶点 4 的最短距离为 7，顶点 1 到顶点 5 的最短距离为 2，顶点 1 到顶点 6 的最短距离为 12。

在使用邻接矩阵存储图时，Dijkstra 算法的空间复杂度为 $O(n^2)$，时间复杂度也是 $O(n^2)$，其中 n 为图的顶点个数。

程序设计：算法 7.2.2 的 C++程序如下。

```
#include<iostream>
#include<ctime>
#include<cstdlib>
#include<cstring>
#include<iomanip>
#define MAX 9999
using namespace std;
int a[MAX][MAX];  //图的矩阵
bool visit[MAX];  //记录是否被访问过
int m, n;  //m 表示结点个数，n 表示边的条数
void randcreat();  //随机生成图，计算各结点的度，并输出矩阵
int dist[MAX];  //距离矩阵
```

```
void clearmap()//初始化
```

```
{
    for(int i = 0; i < m; ++i)
        visit[i] = false;
    memset(dist, 0, MAX*sizeof(int));
    for(int i = 0; i < m; i++)
    {
        for(int j = 0; j < m; j++)
        {
            a[i][j] = 0;
        }
    }
}
```

```
void Dijkstra()  //Dijkstra算法代码
{
    for(int i = 0; i < m; ++i)
        visit[i] = false;
    visit[0] = true;
    int min = MAX;
    intindex = 0;
    for(int i = 0; i < m; ++i)
    {
        min = MAX ;
        for(int j = 0; j < m; ++j)
        {
            if(!visit[j] && dist[j] < min) //寻找最短边
            {
                min = dist[j];
                index = j;
            }
        }
        visit[index] = true;
        for(int j = 0; j < m; ++j)
        {
         if(!visit[j] && dist[index] + a[index][j] < dist[j])  //比较从顶点i经过顶点index再到达顶点j的距离和从顶点i直接到顶点j的距离的大小
            {
                dist[j] = dist[index] + a[index][j];
            }
        }
    }
    for(int i = 1; i < m; ++i)
    {
      if(dist[i] == 999){
        cout <<"顶点V0到顶点V"<< i <<"不可达！ " <<endl;
```

```
        }
        else
          cout <<"顶点 V0 到顶点 V"<<i<<"的距离为"<<dist[i] <<endl;
    }
}
```

```
void randcreat() //随机生成图，计算各结点的度，并输出矩阵
{
    int ra, rb;  //两个随机数，用于记录各结点的度
    int count = 0;   //只有 m 条边，count 来记录当前生成的边数
    srand(time(0));   //按照当前的时间值种下随机种子数，使任意时刻产生的随机数都是不同的
    while(count<n)
    {
        ra = rand() % m;    //生成数组随机位置
        rb = rand() % m;
        while(ra == rb)
            rb = rand() % m;  //这两个随机数必须是不相等的
        if(!a[ra][rb])
        {
            a[ra][rb] = a[rb][ra] = rand() % 999 + 1;//对称生成邻接矩阵，随机生成权重
            count++;
        }
    }
    cout<<"自动生成的无向图为："<<endl;
    for(int i = 0; i < m; i++)
    {
        for(int j = 0; j < m; j++){
            if(a[i][j] == 0){
               a[i][j] = 999;
               a[i][i] = 0;
            }
            cout << " " << a[i][j] << " ";
        }
        cout << endl;
    }
}
```

```
int main()
{
    time_t start_time,end_time;
    for(m = 10;m <= 15; m
++ ){
        cout<<"顶点的个数为："<<m<<endl;
        n = rand() % (m * (m - 1)/2 + 1);
```

```
        cout<<"自动生成边的个数为: "<<n<<endl;
        while(n > (m * (m - 1)))
        {
          n = rand() % (m * (m - 1)/2 + 1);
          cout<<"自动生成边的个数为: "<<n;
        }
        clearmap();  //初始化各个数组
        randcreat(); //随机生成无向图
        dist[0] = 0;
        for(int i = 1;i < m; ++i)
            dist[i] = a[0][i];
        start_time = clock();
        Dijkstra();
        end_time = clock();
        cout<<double(end_time-start_time)<<"ms!"<<endl;//输出运行时间
        clearmap();//初始化各个数组
    }
    return 0;
}
```

程序执行：程序 7.2.2 中变量和函数的含义与 BFS 算法程序相似。在 C++环境下运行程序 7.2.2，可得到图 7.13 所示的结果。

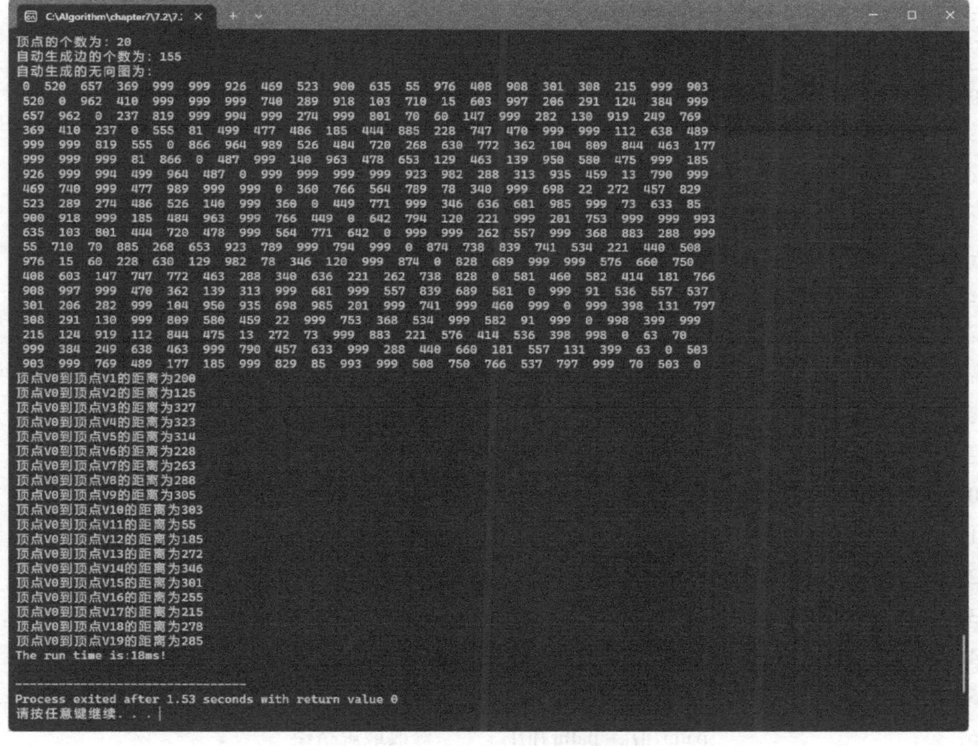

图 7.13　程序 7.2.2 的运行结果

3) Floyd 算法

Floyd 算法是求解任意两点间的最短路径的一种算法，可以正确处理正权或负权有向图(但不可存在负权回路)的最短路径问题，通过 Floyd 算法计算图 $G=(V, E)$中各个顶点间的最短路径时，需要引入两个矩阵：矩阵 D 中的元素 $a[i][j]$表示顶点 i(第 i 个顶点)到顶点 j(第 j 个顶点)的距离，矩阵 P 中的元素 $b[i][j]$表示顶点 i 到顶点 j 经过了 $b[i][j]$记录的值所表示的顶点。Floyd 算法使用了动态规划的思想，将问题的求解分成多个阶段，其基本思想如下。

假设图 G 中的顶点个数为 N，需要对矩阵 D 和矩阵 P 进行 N 次更新。

初始时，矩阵 D 中顶点 $a[i][j]$为顶点 i 到顶点 j 的权重；如果 i 和 j 不相邻，则 $a[i][j]=\infty$，$b[i][j]$设置为−1，若 i 和 j 相邻，$b[i][j]=i$。

接下来开始对矩阵 D 进行 N 次更新。第 1 次更新时，如果 $a[i][j]>a[i][0]+a[0][j]$($a[i][0]+a[0][j]$表示“i 与 j 之间经过第 1 个顶点的距离”)，则更新 $a[i][j]$为 $a[i][0]+a[0][j]$，更新 $b[i][j]=b[i][0]$。同理，第 k 次更新时，如果 $a[i][j] > a[i][k-1]+a[k-1][j]$，则更新 $a[i][j]$为 $a[i][k-1]+a[k-1][j]$，$b[i][j]=b[i][k-1]$。

更新 N 次之后，操作完成。

Floyd 算法解决图的最短路径问题的伪代码如下：

算法 7.2.3：最短路径问题的 Floyd 算法

输入：顶点数量 m，图的矩阵 a，路径存储矩阵 path

输出：两顶点间的最短距离矩阵 A，路径存储矩阵 path

```
const int MAX = 999;    //最大顶点数
int a[MAX][MAX];        //图的矩阵
int A[MAX][MAX];        //最短距离矩阵
int path[MAX][MAX];     //路径矩阵
```

```
void Floyd( )   //执行函数
    for i = 0 to m-1 do
        for j = 0 to m-1 do
          A[i][j] = a[i][j];
          if i != j && a[i][j] < 999 then
              path[i][j] = i;    //顶点 i 到顶点 j 有边时
          else
              path[i][j] = −1;   //顶点 i 到顶点 j 无边时
          endif
        endfor
    endfor
    for k = 0 to m − 1 do   //依次考察所有顶点，所有的顶点都将作为中转顶点
        for i = 0 to m − 1 do
            for j = 0 to m − 1 do
                if (A[i][j] > A[i][k] + A[k][j]) then
                    A[i][j] = A[i][k] + A[k][j]   //修改最短路径长度
                    path[i][j] = path[k][j]       //修改最短路径
```

```
                endif
            endfor
        endfor
    endfor
```

以图 7.14 中的有向图 G_3 为例进行 Floyd 算法的演示如下。

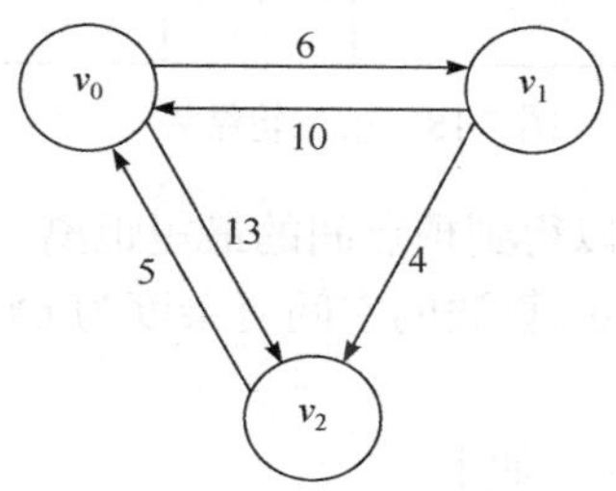

图 7.14　有向图 G_3

(1) 初始化两个矩阵，得到图 7.15 所示的两个矩阵。

D 矩阵		v_0	v_1	v_2	P 矩阵		v_0	v_1	v_2
	v_0	0	6	13		v_0	−1	0	0
	v_1	10	0	4		v_1	1	−1	1
	v_2	5	∞	0		v_2	2	−1	−1

图 7.15　初始矩阵

(2) 以 v_0 为中转点，此时 $a[2][0]+a[0][1]<a[2][1]$，则 $a[2][1]=11$，$p[2][1]=0$，更新这两个矩阵为图 7.16 所示。

D 矩阵		v_0	v_1	v_2	P 矩阵		v_0	v_1	v_2
	v_0	0	6	13		v_0	−1	0	0
	v_1	10	0	4		v_1	1	−1	1
	v_2	5	11	0		v_2	2	0	−1

图 7.16　第一轮结果

(3) 以 v_1 为中转点，此时 $a[0][2]>a[0][1]+a[1][2]=10$，则 $a[0][2]=10$，$p[0][2]=1$，更新这两个矩阵为图 7.17 所示。

D 矩阵		v_0	v_1	v_2	P 矩阵		v_0	v_1	v_2
	v_0	0	6	10		v_0	−1	0	1
	v_1	10	0	4		v_1	1	−1	1
	v_2	5	11	0		v_2	2	0	−1

图 7.17　第二轮结果

(4) 以 v_2 为中转点，此时 $a[1][0]>a[1][2]+a[2][0]=9$，则 $a[1][0]=9$，$p[1][0]=2$，更新这两个矩阵为图 7.18 所示。

D 矩阵		v_0	v_1	v_2	P 矩阵		v_0	v_1	v_2
	v_0	0	6	10		v_0	−1	0	1
	v_1	9	0	4		v_1	2	−1	1
	v_2	5	11	0		v_2	2	0	−1

图 7.18　第三轮结果

最终通过这两个矩阵，我们可以得到顶点间的最短距离。

在使用邻接矩阵存储图时，Flyod 算法的空间复杂度为 $O(n^2)$，时间复杂度是 $O(n^3)$，其中 n 为图的顶点个数。

程序设计：算法 7.2.3 的 C++程序如下。

```
include<iostream>
#include<ctime>
#include<cstdlib>
#include<cstring>
#include<iomanip>
#define MAX 9999
using namespace std;
int a[MAX][MAX];  //图的矩阵
bool visit[MAX];  //记录是否被访问过
int m, n;  //m 表示结点个数，n 表示边的条数
int c[MAX][MAX];
int A[MAX][MAX];
int path[MAX][MAX];
```

```
void clearmap()  //初始化
{
    for(int i = 0; i <m; ++i)
      visit[i] = false;
    memset (b, 0, MAX * sizeof(int));  //将 b 数组中的 MAX 个 int 型内存空间全初始化为零
    memset (c, 0, MAX * sizeof(int));  //将 c 数组中的 MAX 个 int 型内存空间全部初始化为零
    memset(dist, 0, MAX*sizeof(int));
    for(int i = 0; i < m; i++)
    {
        for(int j = 0; j < m; j++)
        {
            a[i][j] = 0;
            c[i][j] = 0;
        }
```

```
    }
}
```

```
void Floyd() {
    int i, j, k;
    time_t start_time,end_time;
    for(i = 0; i < m; i++) {
        for(j = 0; j < m; j++) {
            A[i][j] = a[i][j];
            if(i != j && a[i][j] < 999) {
                path[i][j] = i;  //顶点 i 到顶点 j 有边时
            }
            else {
                path[i][j] = -1;  //顶点 i 到顶点 j 无边时
            }
        }
    }
    start_time=clock();
    for(k = 0; k < m; k++) {    //依次考察所有顶点
        for(i = 0; i < m; i++) {
            for(j = 0; j < m; j++) {
                if(A[i][j] > A[i][k] + A[k][j]) {
                    A[i][j] = A[i][k] + A[k][j];  //修改最短路径长度
                    path[i][j] = path[k][j];  //修改最短路径
                }
            }
        }
    }
    end_time = clock();
    cout<<"运行时间为:"<< double(end_time - start_time)<< "ms!" << endl;
}
```

```
void displayPath(){
    int i, j, k;
    int s;
    int aPath[MAX]; //存放一条最短路径(逆向)
    int d;
    for(i = 0; i < m; i++) {
        for(j = 0; j < m; j++) {
         if(A[i][j] != 999 && i != j) {//若顶点 i 和 顶点 j 之间存在
                                         路径
            cout<<"从顶点 V"<<i<<"到顶点 V"<<j<<"的距离为:";
            k = path[i][j];
            d = 0;
            aPath[d] = j;   //路径上添加终点
            while(k != -1 && k != i) {   //路径上添加中间点
              d++;
```

```
                  aPath[d] = k;
                  k = path[i][k];
                }
                d++;
                aPath[d] = i;         //路径上添加起点
                cout << aPath[d];    //输出起点
                for(s = d - 1; s >= 0; s--) {    //输出路径上其他顶点
                  cout << "->" << aPath[s];
                }
                cout << "  路径长度为: " << A[i][j] << endl;
                }
            }
        }
}
```

```
void randcreat()  //随机生成图，计算各结点的度，并输出矩阵
{
int ra, rb;        //两个随机数，用于记录各结点的度
int count = 0;    //只有 m 条边，count 来记录当前生成的边数
srand(time(0));  //按照当前的时间值种下随机种子数，使得任意时刻产生的随机数都是不同的
while(count < n)
{
    ra = rand() % m;  //生成数组随机位置
    rb = rand() % m;
    while(ra == rb)
       rb = rand() % m;  //这两个随机数必须是不相等
    if(!a[ra][rb])
    {
        a[ra][rb] = a[rb][ra] = rand() %99 + 1;  //对称生成邻接矩阵，随机生成权重
        count++;
        b[ra]++;
        b[rb]++;
    }
 }
    cout<<"自动生成的无向图为: "<<endl;
    for(int i = 0; i < m; i++)
    {
        for(int j = 0; j < m; j++){
            if(a[i][j] == 0){
              a[i][j] = 999;
              a[i][i] = 0;
            }
          cout << " " << a[i][j] << " ";
        }
```

```
            cout << endl;
        }
}
```

```
int main()
{
    for(m = 100;m <= 2500;m = m + 200){
      cout<<"顶点的个数为："<<m<<endl;
      n = rand()%(m*(m-1)/2+1);
      cout<<"自动生成边的个数为："<<n<<endl;
      while (n>(m*(m - 1)/2))  //判断边数是否输入正确
      {
         n = rand()%(m*(m-1)/2+1);
      }
      clearmap();   //初始化每个数组
      randcreat(); //随机生成邻接矩阵
      Floyd();
      displayPath();
      clearmap(); //初始化每个数组
    }
    return 0;
}
```

程序执行：程序 7.2.3 中变量的函数的含义与程序 7.2.1 和 7.2.2 相似。在 C++语言环境下，运行程序 7.2.3 的结果如图 7.19 所示。

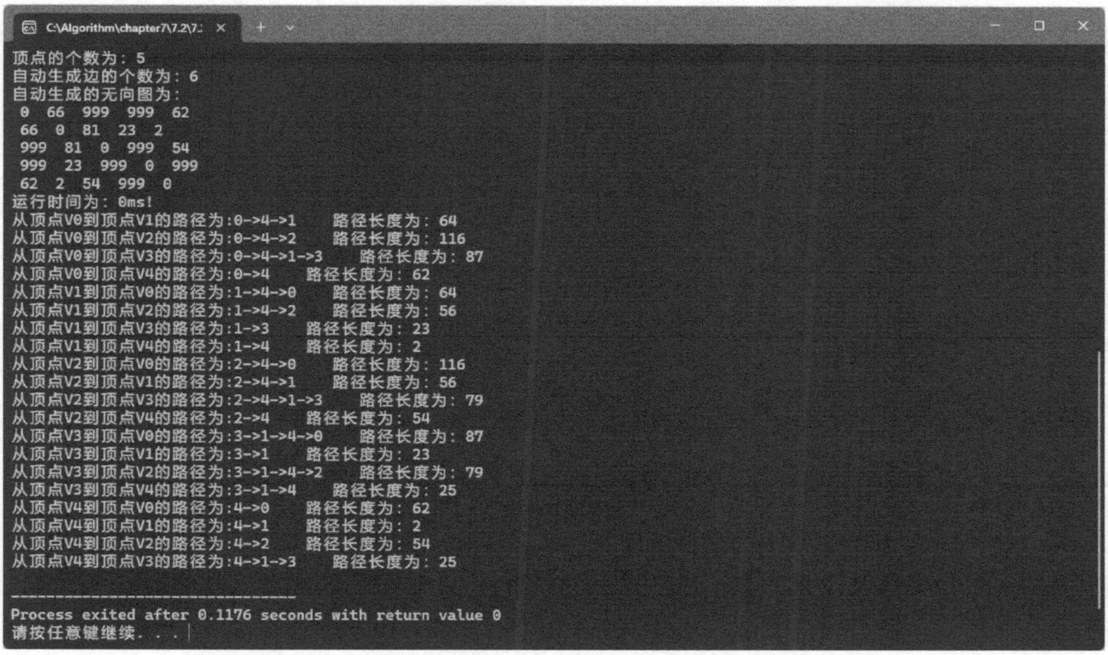

```
C:\Algorithm\chapter7\7.2\7.
顶点的个数为：5
自动生成边的个数为：6
自动生成的无向图为：
 0  66  999  999  62
 66  0  81  23  2
 999  81  0  999  54
 999  23  999  0  999
 62  2  54  999  0
运行时间为：0ms!
从顶点V0到顶点V1的路径为:0->4->1    路径长度为：64
从顶点V0到顶点V2的路径为:0->4->2    路径长度为：116
从顶点V0到顶点V3的路径为:0->4->1->3    路径长度为：87
从顶点V0到顶点V4的路径为:0->4    路径长度为：62
从顶点V1到顶点V0的路径为:1->4->0    路径长度为：64
从顶点V1到顶点V2的路径为:1->4->2    路径长度为：56
从顶点V1到顶点V3的路径为:1->3    路径长度为：23
从顶点V1到顶点V4的路径为:1->4    路径长度为：2
从顶点V2到顶点V0的路径为:2->4->0    路径长度为：116
从顶点V2到顶点V1的路径为:2->4->1    路径长度为：56
从顶点V2到顶点V3的路径为:2->4->1->3    路径长度为：79
从顶点V2到顶点V4的路径为:2->4    路径长度为：54
从顶点V3到顶点V0的路径为:3->1->4->0    路径长度为：87
从顶点V3到顶点V1的路径为:3->1    路径长度为：23
从顶点V3到顶点V2的路径为:3->1->4->2    路径长度为：79
从顶点V3到顶点V4的路径为:3->1->4    路径长度为：25
从顶点V4到顶点V0的路径为:4->0    路径长度为：62
从顶点V4到顶点V1的路径为:4->1    路径长度为：2
从顶点V4到顶点V2的路径为:4->2    路径长度为：54
从顶点V4到顶点V3的路径为:4->1->3    路径长度为：25

--------------------------------
Process exited after 0.1176 seconds with return value 0
请按任意键继续. . .
```

图 7.19　程序 7.2.3 的运行结果

为了更直观地对比三种算法解决最短路径问题的效率，我们分别在不同问题规模(即顶点数量)下比较三种算法的执行时间。实验环境：CPU 为 i5-12500H；内存(RAM)为 16GB；集成开发工具为 Dev-C++。

在相同的实验环境下，分别增大顶点数 *n*，三种算法的运行时间如表 7.12 所示，其中运行时间为同一环境下各算法分别运行 10 次后的平均值。

表 7.12　三种算法运行时间的比较

算法	顶点数											
	100	300	500	700	900	1100	1300	1500	1700	1900	2100	2300
BFS	0ms	1ms	3ms	5ms	7ms	10ms	14ms	20ms	27ms	36ms	49ms	50ms
Dijkstra	0ms	1ms	2ms	5ms	8ms	12ms	19ms	25ms	30ms	38ms	50ms	57ms
Floyd	3ms	90ms	437ms	1.2s	2.5s	4.8s	7.9s	～～	～～	～～	～～	～～

说明：表中～～表示运行时间过长，此处不做统计。

将表 7.12 中的数据整理成 txt 文件，然后在画图工具 Gnuplot 中执行绘图模板所提供的代码，做出三种算法的比较矢量图，绘图模板所提供的代码如表 7.13 所示。

表 7.13　生成矢量图的 Gnuplot 命令文件

```
reset
set xlabel "顶点个数" #设置 x 轴标题
set ylabel "运行时间 (ms)"  #设置 y 轴标题
set size ratio 0.75 #设置图的长宽比例
set xrange [300:3000] #设置 x 坐标轴上下界
set xtics 300 #设置 x 坐标递增值
set grid
set yrange [0:800] #设置 y 坐标轴上下界
set ytics 100 #设置 y 坐标递增值
set key top left #设置图例位置
set key samplen 2
set key box
set key Left reverse
set terminal postscript eps color solid "Helvetica" 25
set output 'fig1.eps' #图的名称
plot "data.txt" u 1:2 with lp pt 7  pointsize 2 lt 7 lc "red" title "广度优先搜索算法" ,"data.txt" u 1:3 w lp pt 9 pointsize 2 lt 3 lc "blue" title "迪杰斯特拉算法", "data.txt" u 1:4 w lp pt 10 ps 2 lc "red" lt 2 title "弗洛伊德算法"
set output #输出
```

表 7.13 给出了绘制矢量图的命令文件的内容，其中，符号“#”后面是简要的解释。依据表 7.13 的命令和表 7.12 的数据，通过 Gnuplot 执行，可生成图 7.20 所示的矢量图。

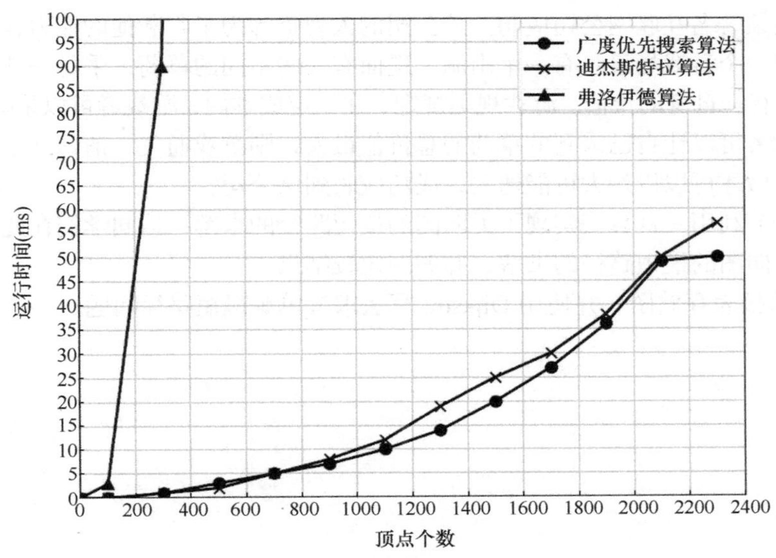

图 7.20　三种算法的运行时间图

通过比较，在使用邻接矩阵存储图时，BFS 算法和 Dijkstra 算法在求解最短路径时程序所运行的时间大致相同。一般来说，动态规划算法(如 Floyd 算法)在时间效率上的优势是搜索算法无法比拟的，但动态规划算法总要遍历所有的状态，而搜索算法(如 BFS 算法和 Dijkstra 算法)可以排除一些无效状态，因此在时间开销上搜索算法往往比动态规划算法要低很多，这就使得在比较图中，Floyd 算法的执行时间远远大于其他两个算法。

> 判定认识或理论之是否真理，不是依主观上觉得如何而定，而是依客观上社会实践的结果如何而定。真理的标准只能是社会的实践。①
>
> ——毛泽东

只通过书本上对各个算法的描述来了解其时间和空间复杂度情况是远远不够的，前面我们通过亲自测试不同算法在解决同一问题时实际运行的时间对比了算法之间的时间复杂度情况，最终验证了其特性。根据辩证唯物主义认识论，在任何情况下，实践是检验真理的唯一标准。同学们一定要养成动手实践的好习惯，纸上得来终觉浅，只有亲自做实验，才能真正领悟到各个算法的特性。

本次三个算法都是用邻接矩阵存储图的，而图也可以用邻接表来存储，采用不同的存储方式，这三个算法在时间和空间的花销上是有区别的，期待同学们进行更深层次的研究。

习　　题

1. 完全背包问题是 0-1 背包问题的变形。与 0-1 背包问题的不同之处在于约束条件的不同：每种物品可以被选取装入背包无限次。请模仿 7.1 节对 0-1 背包问题的求解方式，建立完全背包问题的形式化数学模型，然后使用至少两种算法对其进行求解，并进行实验对比，分析各个算法的优缺点。

2. 小军是某名校计算机专业的应届本科毕业生，他的梦想是成为一名优秀的算法工程

① 毛泽东.1991.毛泽东选集(第一卷)[M].2 版.北京：人民出版社.

师。因此，他去某著名互联网公司应聘。该公司的人力资源为了判断他的能力，给他出了一道难题。该题是一个游戏场景：有一个山洞，里面有一些不同的草药，采每一株都需要一些成本，每一株也有它自身的价值。游戏规则规定，在一定成本内，游戏者可以采摘一些草药。那么，如果游戏者可以让自己采到的草药的总价值最大，则游戏通关。请帮助小军思考一下通关策略，如何做才可以以最大可能通关，成功应聘到该公司？

3. 本书 7.2 节利用三种算法实现了无向图的最短路径的求解，请同学们在此基础上利用两种算法实现有向图的最短路径的求解，并做图比较结果。

4. 请使用邻接表存储图，并使用 Dijkstra 算法求解单源最短路径问题。

参 考 文 献

陈慧南，2018. 算法设计与分析——C++语言描述[M]. 3 版. 北京：电子工业出版社.
吕国英，李茹，王文剑，等，2015. 算法设计与分析[M]. 3 版. 北京：清华大学出版社.
王晓东，2012. 计算机算法设计与分析[M]. 4 版. 北京：电子工业出版社.
王晓东，2012. 计算机算法设计与分析习题解答[M]. 2 版. 北京：电子工业出版社.
朱大铭，马绍汉，2009. 算法设计与分析[M]. 北京：高等教育出版社.
Robert Sedgewick，Kevin Wayne，2012. 算法[M]. 4 版. 谢路云，译. 北京：人民邮电出版社.
Thomas H. Cormen，Charles E. Leiserson，等，2020. 算法导论（原书第 3 版）[M]. 殷建平，徐云，王刚，等译. 北京：机械工业出版社.